"十二五"职业教育国家规划教材
经全国职业教育教材审定委员会审定

电器控制与 PLC

（第二版）

主　编　丁学恭
副主编　陆长明　杨正川　楼晓春

ZHEJIANG UNIVERSITY PRESS
浙江大学出版社
·杭州·

图书在版编目（CIP）数据

电器控制与 PLC / 丁学恭主编. —2 版. —杭州：浙江大学
出版社，2014.8(2023.1 重印)
ISBN 978-7-308-13616-7

Ⅰ.①电… Ⅱ.①丁… Ⅲ.①电气控制－高等职业教
育－教材 ②plc 技术－高等职业教育－教材 Ⅳ.①TM571.2
②TM571.6

中国版本图书馆 CIP 数据核字（2014）第 170983 号

内容简介

本书较系统地介绍了常用低压电器，电器控制线路基本环节及设计方法，三菱 F2 系列、欧姆龙 C 系列、松下 FP 系列可编程控制器的基本结构，工作原理，指令系统，编程方法，PLC 控制系统的设计，并附有应用实例和适量的习题。本书注重实用，联系实际，深入浅出，便于教学，可作为高职高专院校自动化、机电一体化、电气工程及相近专业的教材，也可作为电子技术、电气技术、自动化技术工程人员的参考书。

电器控制与 PLC(第二版)

丁学恭　主编

封面设计	刘依群	
责任编辑	王　波	
出版发行	浙江大学出版社	
	（杭州市天目山路 148 号　邮政编码 310007）	
	（网址：http://www.zjupress.com）	
排　　版	杭州青翊图文设计有限公司	
印　　刷	广东虎彩云印刷有限公司绍兴分公司	
开　　本	787mm×1092mm　1/16	
印　　张	20.5	
字　　数	498 千	
版 印 次	2014 年 8 月第 2 版　2023 年 1 月第 3 次印刷	
书　　号	ISBN 978-7-308-13616-7	
定　　价	58.00 元	

前　　言

本书是在原高教"十一五"国家级规划教材基础上，根据高等职业教育要求编写而成。本书将"工厂电气控制设备"、"可编程控制器及应用"课程进行了有机整合，并融合了企业岗位维修电工应用技术、机床线路维修技术的知识和技能，系统阐述了企业生产过程中典型电器控制系统和 PLC 控制系统设计与应用的一般方法。

本书以电气控制工程技术应用和维修电工岗位职业技能要求为重点，编写内容上及时反映新元件、新产品和新技术，注重职业能力的培养，突出企业岗位需求的技术能力训练项目、典型性和实用性案例分析与设计，并附有适量的习题、训练项目和案例。

本书在教学内容设计上，注重应用，联系实际，深入浅出，便于教学，可以作为高职高专院校、成人教育学院以及自学考试电气自动化、机电一体化、电气工程及相关专业的教材，也可以作为企业电子技术、电气技术、自动化技术工程人员的参考用书。

全书分为两篇共六章。第一篇电器控制，内容包括：常用的低压电器、电器控制线路的基本原则和基本环节、典型设备电器控制系统分析，以及技能考核、故障分析排除及基本控制电路的装接等。第二篇 PLC 控制，内容包括：PLC（三菱 F2 系列、欧姆龙 C 系列、松下 FP 系列可编程控制器）基本结构、工作原理、指令系统和编程方法；PLC 控制系统的设计和应用实例。

由于编者水平有限，书中难免有不足之处，敬请读者批评指正。

编　者
2014 年 4 月

目　　录

第一篇　电器控制

第二篇 PLC 控制

第1章 常用低压电器

随着科学技术进步与经济发展,电能的应用越来越广泛,电器对电能的生产、输送、分配与应用起着控制、调节、检测和保护的作用。在电力输配电系统、电力传动系统和自动控制设备中电器得到了广泛应用。

电器是能根据外界的信号和要求,自动或手动接通或断开电路,断续或连续地改变电路参数,以实现对电路或非电路对象的切换、控制、保护、检测、变换和调节用的电气设备。简言之,电器就是一种能控制电能的器件。

按使用电器的电路额定电压的高低,电器分为高压电器和低压电器。低压电器通常指用于交流额定电压1200V、直流额定电压1500V以下的电路中的电器。低压电器根据它在电气电路中所处的地位和作用不同,可分为低压配电电器和低压控制电器两大类。低压配电电器,如刀开关、熔断器、低压断路器等,主要用于低压配电系统及动力设备中。低压控制电器,如接触器、控制继电器、起动器、主令电器、控制器、电阻器、变阻器、电磁铁等,主要用于电力拖动系统和自动控制设备中。对于自动化专业的技术人员来说,重要的是能正确地选用电器元件,因此本教材不涉及元件的设计,侧重于应用,并主要学习电力传动系统中常用的低压电器。

1.1 电磁式低压电器的结构和工作原理

电力传动系统一般分为两大部分:一部分是主电路,由电动机和接通、分断、控制电动机的电器元件所组成,一般主线路的电流较大(为电动机的工作电流);另一部分是控制电路,由接触器线圈、继电器等组成,控制电路的任务是根据给定的指令,依照自动控制系统的规律和具体的工艺要求对主电路系统进行控制,控制电路中的电流较小(为线圈的工作电流)。

1.1.1 低压电器的分类

低压电器按使用系统间的关系,习惯上分为以下两类:

1. 低压配电电器

低压配电电器主要用于低压供电系统。当电路出现过载、短路、欠压、失压、断相或漏电等不正常状态时,低压配电电器应起保护作用,自动断开故障电路。因而对低压配电电器的主要技术要求是:在故障情况下工作可靠,有足够的动稳定性及热稳定性。电器的动稳定性是指电器受短路(冲击)电流的电动力作用而不致损坏的能力;电器的热稳定性是指电器承受规定时间内短路电流产生的热效应而不致损坏的能力。这类低压电器有低压断路器、熔断器、刀开关和转换开关等。

2.低压控制电器

低压控制电器主要用于电力传动控制系统。这类低压电器有接触器、继电器、控制器及主令电器等。对这类电器的主要技术要求是有一定的通断能力,操作频率要高,电气和机械寿命要长。低压控制电器应能接通与分断过载电流,但不能分断短路电流。

低压电器按使用场合可分为一般工业用电器、特殊工矿用电器、安全电器、船用电器以及牵引电器等;按操作方式分为自动电器和手动电器;按工作原理分为电磁式电器、非电量控制电器等。

电磁式低压电器的特征是采用电磁现象完成信号检测及工作状态转化。电磁式低压电器是传统低压电器中结构最典型、应用最广泛的一种。

各种电磁式电器的工作原理和结构基本上是相同的,从结构上看由两部分组成:感测部分和执行部分。感测部分接受外界输入的信号,并通过转换、放大、判断,作出有规律的反应,使执行部分动作,输出相应的指令,实现控制的目的。对于有触点式的电磁式低压电器,感测部分就是电磁机构,而执行部分则是触点系统。对于低压断路器类的低压电器,还有中间部分将感测部分和执行部分联系起来,使两部分协同一致,按一定的规律动作。对于非电磁式的自动电器,感测部分的工作原理各有差异,但执行部分仍是触点系统。

1.1.2 电磁机构

电磁机构的主要作用是通过电磁感应原理将电能转化成机械能。当给电磁机构输入一定的电信号(电压或电流)时,产生电磁吸力,将衔铁吸向铁芯,带动触点动作,完成接通或分断电路的功能。

1.电磁机构的结构形式

电磁机构由线圈、铁芯(亦称静铁芯)和衔铁(亦称动铁芯)三部分组成。电磁铁的结构形式大致有如下几种:

(1)E形电磁铁(如图 1-1(a)所示)。有单 E 形(仅铁芯为 E 形)和双 E 形(铁芯和衔铁均为 E 形)之分。对于柱形电磁铁可看作 E 形电磁铁的一个特例。E 形结构的电磁铁多用作交流接触器、交流继电器以及其他交流电磁系统。

(2)螺管式电磁铁(如图 1-1(b)所示)。多用作索引电磁机构和自动开关的操作电磁机构,但也有少数过电流继电器采用这种形式的电磁铁。

(3)拍合式电磁铁(如图 1-1(c)所示)。广泛用于直流继电器和直流接触器,有时也用于交流继电器。

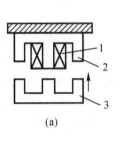
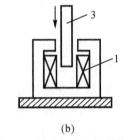
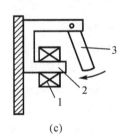

(a)　　　　　　　　　　(b)　　　　　　　　　　(c)

图 1-1　常用电磁机构的结构形式

1—吸引线圈;2—铁芯;3—衔铁

2.电磁机构的线圈

线圈是电磁机构的重要组成部分。线圈按连线方式可分为串联和并联两种,前者称为电流线圈,后者称为电压线圈。电流线圈串接在主电路中,如图1-2(a)所示,电流较大,所以常用扁铜条带或粗铜线绕制,匝数少;电压线圈并接在电源上,如图1-2(b)所示,线径小匝数多,阻抗大,电流小,常用绝缘较好的漆包线绕制。

从结构上看,线圈可分为有骨架和无骨架两种。交流电磁铁的线圈多为有骨架式,且线圈形状做成矮胖型,这是因为考虑到铁芯中有磁滞损耗和涡流损耗,为便于散热。直流电磁机构的线圈则多是无骨架式,其线圈形状做成瘦高型。

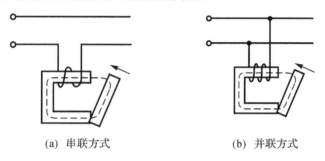

(a)　串联方式　　　　　　　(b)　并联方式

图1-2　电磁机构中线圈接入电路的方式

3.电磁特性

当电磁铁的线圈接上电源时,线圈中就有了励磁电流,使磁路中产生磁通。该磁通作用于衔铁,在电磁吸力的作用下使衔铁吸合并做功。所以,电磁机构实质上是一种将电能转换为机械能的转换装置。电磁吸力是电磁式电器的一个重要参数。电磁吸力的近似计算公式为

$$F = \frac{1}{2\mu_0}B^2 S = \frac{1}{2\mu_0} \cdot \frac{\Phi^2}{S} \tag{1-1}$$

式中:$\mu_0 = 4\pi \times 10^{-7} \mathrm{H/m}$。当 S 为常数时,F 与 B^2 成正比。

电磁机构的工作情况常用吸力特性和反力特性来表征。电磁吸力与气隙的关系曲线称为吸力特性。电磁吸力随线圈励磁电流种类、线圈连接方式的不同而有所差异。电磁机构转动部分的静阻力与气隙的关系曲线称为反力特性。阻力的大小与作用弹簧、摩擦阻力以及衔铁的重量有关。下面分析吸力特性和反力特性及两者的配合关系。

对于具有电压线圈的直流电磁机构,因外加电压和线圈电阻不变,则流过线圈的电流为常数(与磁路的气隙大小无关)。根据磁路定律

$$\Phi = \frac{IN}{R_m} \propto \frac{1}{R_m} \tag{1-2}$$

则有

$$F \propto \Phi^2 \propto \frac{1}{R_m^2} \propto \frac{1}{\delta^2} \tag{1-3}$$

式(1-3)说明吸力 F 与气隙 δ^2 成反比,所以特性为二次曲线形状,如图1-3所示,它表明衔铁闭合前后吸力变化很大。

对于具有电压线圈的交流电磁机构,其吸力特性与直流电磁机构有所不同。设外加电压不变,交流吸引线圈的阻抗主要决定于线圈的电抗,电阻可以忽略,则

$$U(\approx E) = 4.44 f \Phi N \tag{1-4}$$

$$\Phi = \frac{U}{4.44fN} \tag{1-5}$$

当频率 f、匝数 N 和电压 U 都为常数时，Φ 为常数，由式(1-1)可知 F 为常数，说明 F 与 δ 大小无关。实际上考虑到漏磁的作用，F 随 δ 的减少略有增加。当气隙 δ 变化时 I 与 δ 成线性关系，图 1-4 为 $F = f(\delta)$ 与 $I = f(\delta)$ 的关系曲线。

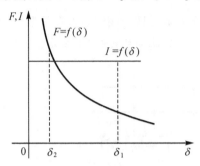
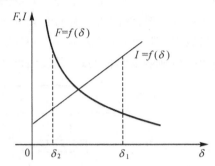

图 1-3　直流电磁机构的吸力特性　　　　　图 1-4　交流电磁机构的吸力特性

由以上分析可以看出：对于一般的 U 形交流电磁机构，在线圈通电而衔铁尚未吸合瞬间，电流将达到吸合后额定电流的 $5\sim6$ 倍，E 形电磁机构将达到 $10\sim15$ 倍。如果衔铁卡住不能吸合，或者频繁动作，线圈可能烧毁。因此对于可靠性要求高，或频繁动作的控制系统采用直流电磁机构，而不采用交流电磁机构。

4. 反力特性与吸力特性的配合

反力特性与吸力特性的配合关系如图 1-5 所示。要使电磁铁正常工作，衔铁在吸合的过程中，吸力必须大于反力。反力的特性如图 1-5 中的曲线 3 所示，直流和交流接触器的吸力特性分别如曲线 1 和曲线 2 所示。

在 $\delta_1\sim\delta_2$ 的区域内，反力随气隙减小略有增大。当到达 δ_2 位置时，动触点开始与静触点接触，这时触点上的初压力作用到衔铁上，反力骤增，曲线突变。其后在 δ_2 到 0 区域内，气隙越小接触点压得越紧，反力越大，较 $\delta_1\sim\delta_2$ 段陡。

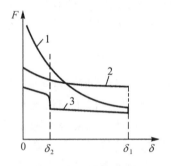

图 1-5　吸力特性和反力特性
1—直流接触器的吸力特性；2—交流接触器的吸力特性；3—反力特性

为了保证吸合过程中衔铁能正常闭合，吸力在各个位置上必须大于反力，但也不能过大，否则会影响电器的机械寿命。反映在图 1-4 上就是要保证吸力特性高于反力特性。上述特性对于继电器同样适用。在使用中常常通过调整反力弹簧或触点初压力以改变反力特性，就是为了使之与吸合特性有良好的配合。

返回系数是反映电磁机构吸力特性与反力特性紧密配合程度的一个参数。当电压或电流达到一定值时，电磁铁动作，动作后当电压或电流减小到某一值时，电磁铁释放而返回。为此，以电磁机构返回电压(电流)与动作电压(电流)的比值称为电磁机构返回系数。

5. 短路环的作用

交流电磁机构按所接入电源的类型分单相和三相两种，在电力拖动控制系统中所用的交流电磁式电器都采用单相交流电磁机构。在单相交流电磁机构中，由于磁通是交变的，磁通过零时吸力也为零,吸合后的衔铁在反作用弹簧的作用下将被拉开;磁通过零后吸力又增大,当吸力大于反力时,衔铁又被吸合。由于交流电源频率的变化,衔铁的吸力随之每个周期两次过零,从而使衔铁产生强烈的振动和噪音,易使电器结构松散,寿命降低,同时使触头接触不良,易于熔焊与烧毁。因此在交流电磁铁的铁芯端面上嵌装一个铜制的分磁环,也称其为短路环(见图1-6)。使铁芯通过两个在时间上相位不同的磁通,问题就解决了。

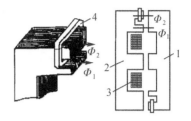

图 1-6　交流电磁机构中短路环
1—衔铁;2—铁芯;3—线圈;4—短路环

　　由于短路环通常包围 2/3 的铁芯截面,当电磁机构的交变磁通通过短路环后,在短路环中产生涡流。根据电磁感应定律,该涡流的磁通 $\varPhi_2$ 在相位上落后于没穿过短路环的磁通 $\varPhi_1$ 一个角度。这两个磁通产生各自的吸力,如图1-7所示。从图中可见吸力 F_1 和吸力 F_2 不同时到达零,只要其合力始终大于反力,衔铁的振动现象就消除了。

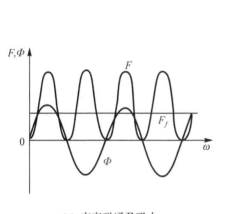

(a) 交变磁通及吸力

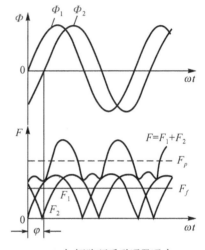

(b) 加短路环后磁通及吸力

图 1-7　交流电磁机构吸力特性

　　交流接触器的吸引线圈的电压在 $85\% \sim 105\% U_N$ 时能保证可靠工作。应该指出,电压升高时,交流接触器磁路趋于饱和,线圈电流将显著增大,有烧毁线圈的危险。

　　使用时要特别注意线圈的额定电压,如把额定电压为 220V 的线圈接至 380V 电源上,线圈将烧毁;反之,衔铁不动作,线圈也可能因过热而烧毁。

1.1.3　触点系统

　　触点系统是电器的执行元件,起分断和接通电路的作用。因此,触点工作的好坏直接影响到整个电器的工作性能。触点机构的形式很多,按其接触形式可分为三种,即点接触、线接触和面接触(见图1-8)。

　　图1-8(a)所示为点接触,由两个半球形触点或一个半球形与一个平面触点构成,常用于

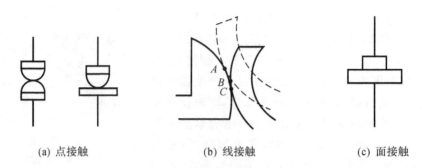

(a) 点接触　　　　　　　(b) 线接触　　　　　　　(c) 面接触

图 1-8　触点的三种接触形式

小电流的电器中,如接触器的辅助触点或继电器触点。图 1-8(b)所示为线接触,接触区域是一条直线,触点在通断过程中是滚动接触。开始接触时,静、动触点在 A 点接触,靠弹簧压力经 B 滚动到 C 点。断开时作相反运动。这样,可以自动清除触点表面的氧化膜,同时长期工作的位置不是在易烧灼的 A 点而是在 C 点,保证了触点的良好接触。这种滚动线接触多用于中等容量的触点,如接触器的主触点。图 1-8(c)所示为面接触,可允许通过较大电流。这种触点一般在接触表面上镶有合金,以减少触点电阻和提高耐磨性,多用作较大容量接触器的主触点。

　　触点在闭合状态下动、静触点完全接触并有工作电流通过时,称为电接触。电接触情况的好坏将影响触点的工作可靠性和使用寿命。影响电接触工作情况的主要因素是触点的接触电阻,因为接触电阻大时,易使触点发热而温度升高,从而使触点产生熔焊现象,这样既影响工作可靠性又降低了触点的使用寿命。触点的接触电阻不仅与触点的接触形式有关,而且还与接触压力、触点材料及触点表面状况有关。为了使触头接触得更紧密,以减小接触电阻、消除开始接触时产生的振动,在触头上装有触点弹簧,使触点在刚刚接触时会产生初压力,并随着触点闭合增大触点互压力。

　　触点闭合过程中,当动触点刚与静触点接触时,触点弹簧预先压缩了一段,因而产生一个初压力 F_1,如图 1-9(b)所示。触点闭合后由于弹簧在超行程内继续变形而产生一终压力 F_2,如图 1-9(c)所示。弹簧压缩的距离称为触点的超行程,即从静、动触点开始到触点压紧,整个触点系统向前压紧的距离。有了超行程,在触点磨损情况下,仍有一定压力。如果磨损严重则应予更换。

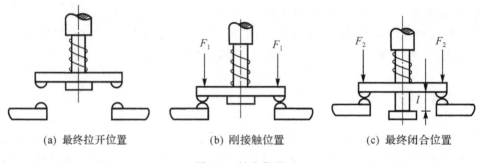

(a) 最终拉开位置　　　　　(b) 刚接触位置　　　　　(c) 最终闭合位置

图 1-9　触点位置

1.1.4　电弧的产生和灭弧装置

电弧是在触点由闭合状态过渡到断开状态的过程中产生的。当触点在分断电路时,如果电路中的电压超过 10~20V 和电流超过 80~100mA,在拉开的两个触点之间将出现强烈的火花,这实际上是气体放电的现象,通常称之为"电弧"。

触点在分离的瞬间,其间隙很小,电路的电压几乎全部降落在触点之间,在触点间形成很强的电场强。金属内部的自由电子从阴极逸出到气隙并向阳极加速运动。自由电子在电场中高速运动时要撞击中性气体分子,使之分离为正离子和电子,而后者在强电场作用下继续向阳极移动,并撞击其他中性分子,这种现象称之为撞击电离。撞击电离的正离子向阴极运动,撞击阴极时使阴极温度升高。当阴极的温度升高到一定的程度时,一部分电子从阴极逸出再参与撞击电离。由于高温使电极发射电子的现象称为热电子发射。当电弧的温度达到 3000℃ 或更高时,触点间的原子以很高的速度作不规则的运动并相互撞击,使原子产生电离,这种因为高温使原子撞击所产生的电离称为热电离。上述几种电离的结果,在触点间形成了炽热的电子流,即电弧。电弧产生后,热电离占主导地位。电弧一方面烧灼触点,降低电器的寿命和电器工作的可靠性;另一方面会使触点的分断时间延长,严重时会产生事故,因此要采取措施进行灭弧。根据电弧产生的物理过程可知,欲使电弧熄灭,应设法降低电弧的温度和电场强度。常用的灭弧装置有:

1. 磁吹式灭弧装置

磁吹式灭弧装置的原理如图 1-10 所示。在触点电路中串一个吹弧线圈 3,它产生的磁通通过导磁颊 4 引向触点周围。可见在弧柱下吹弧线圈产生的磁通与电弧产生的磁通是相加的,而在弧柱上面则彼此抵消,因此就产生一向上运动的力将电弧拉长并吹入灭弧罩 5 中,熄弧角 6 和静触点相连接,其作用是引导电弧向上运动,将热量传递给罩壁,促使电弧熄灭。

由于这种灭弧装置是利用电弧电流本身灭弧,因此电弧电流越大,吹弧能力也越强。它广泛应用于直流接触器中。

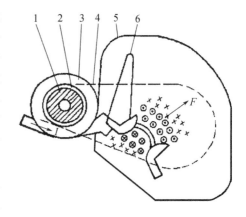

图 1-10　磁吹式灭弧装置
1—铁芯;2—绝缘管;3—吹弧线圈;4—导磁颊;
5—灭弧罩;6—熄弧角

2. 灭弧栅

灭弧栅的灭弧原理如图 1-11 所示。灭弧栅片 3 由许多镀铜薄钢片组成,片间距离为 2~3mm,安放在触点上方的灭弧罩(图中未画出)内。一旦发生电弧,电弧周围产生磁场,导磁钢片将电弧吸入栅片,电弧被栅片分成许多串联的短电弧.当交流电压过零时电弧自动熄灭。两栅片之间必须有 150~250V 电压,电弧才能重燃。这样一来,一方面电源电压不足以维持电弧,同时由于栅片的散热作用,电弧熄灭后很难重燃。这是一种常用的交流灭弧装置。

3. 灭弧罩

比灭弧栅更为简单的是采用一个用陶土和石棉水泥做的耐高温的灭弧罩,用以降温和

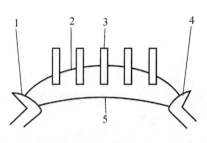

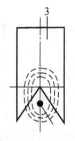

(a) 栅片的工作原理　　　　　　(b) 电弧进入栅片的图形

图 1-11　灭弧栅工作原理

1—静触点；2—短电弧；3—灭弧栅片；4—动触点；5—长电弧

隔弧，可用于交流和直流灭弧。

4. 多断点灭弧

在交流电路中也可采用桥式触点，如图 1-12 所示。动触点 1 和静触点 2 在弧区内产生磁场，根据左手定则，电弧电流将受到均指向外侧方向的电磁力 F 的作用而使电弧向外侧移动。一方面，使电弧被拉长；另一方面，使电弧温度降低，有助于电弧熄灭。其有两处断开点，相当于两对电极。若有一处断点，要使该处电弧熄灭后重燃需要 150～250V 电压，若有两处断点就需要 $2\times(50\sim250)$V 电压，而通常低压电器断点间的电压达不到此值，所以实际上起到了灭弧的作用。若采用双极或三极接触器控制一个电路时，根据需要可灵活地将两个极或三个极串联起来当作一个触点使用，这组触点变成为多断点，加强了灭弧效果。

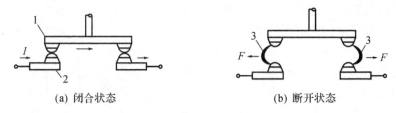

(a) 闭合状态　　　　　　　　　(b) 断开状态

图 1-12　桥式触点

1—动触点；2—静触点；3—电弧

1.2　接　触　器

接触器用来频繁地接通或切断电动机或其他负载主电路的一种控制电器。接触器具有控制容量大、工作可靠、寿命长等特点，适用于频繁操作和远距离控制，它不仅能中远距离通断电路，还具有欠电压、零电压释放保护，操作频率高、使用寿命长及维护方便等优点。接触器按其主触点通过的电流种类可分为交流接触器和直流接触器。

1.2.1　接触器结构

交流接触器的种类很多，常用的有 CJ0、CJ10 及 CJ20 等系列，常用的电磁式交流接触

器主要由电磁机构、触点系统、灭弧装置及辅助部件等四部分组成,其外形结构如图 1-13
所示。

CJ20系列　　　　　　　　　　CJ10系列

图 1-13　CJ 系列交流接触器

电磁式接触器包括以下几部分,如图 1-14 所示。

1.电磁机构

电磁机构由线圈、铁芯和衔铁组成。

2.主触点和灭弧装置

根据容量大小,主触点有桥式触点和指形触点
之分,且直流接触器和电流 20A 以上的交流接触器
均装有灭弧罩,有的还带有栅片或磁吹的灭弧
装置。

注意不能将交直流接触器的主触点互换使用,
否则可能使灭弧发生困难。

3.辅助触点

辅助触点有常开和常闭之分,在结构上两者都
为桥式触点,且触点的容量较小。辅助触点主要用

图 1-14　接触器的结构
1—电磁机构;2—主触点和灭弧装置;
3—释放弹簧;4—辅助触点;5—底座

于控制电路中起联锁、逻辑运算作用。辅助触点没有灭弧装置,一般不能用来分断主电路。

4.释放弹簧机构或缓冲装置

5.支架与底座

1.2.2　接触器的型号及符号含义

1.接触器的型号及代表意义

交流接触器的型号及其代表的意义如下所示:

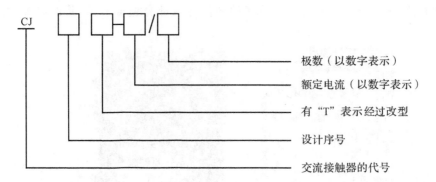

例如,CJ12-250/3 为 CJ12 系列交流接触器,额定电流 250A,有三个主触点。

CJ12T-250/3 为 CJ12 系列改型后的交流接触器,额定电流 250A,有三个主触点。

我国生产的交流接触器常用的有 CJ1,CJ0,CJ10,CJ12,CJ20 等系列产品。CJ0 系列是专为机床配套的产品,全系列分为 10A,20A,40A 及 75A 四个等级。CJ10 系列是应用最广泛的一个系列,它用于交流 500V 及以下电压等级。全系列分为 5A,10A,20A,40A,60A,100A 及 150A 七个等级。CJ10,CJ12 新系列产品上的所有受冲击的部件均采用了缓冲装置,合理地减小触点开距和行程,运动系统布置合理,结构紧凑,结构连接不用螺钉,维修方便。CJ20 可供远距离接通及分断电路用,并适宜于频繁地起动及控制交流电机。

直流接触器的型号及其代表的意义如下所示:

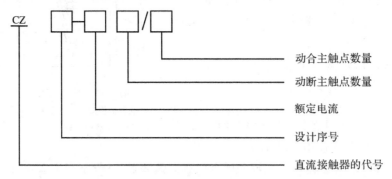

例如,CZ0-100/20 为 CZ0 系列直流接触器,额定电流 100A,两个常开主触点。

直流接触器常用的有 CZ1,CZ3 等系列和新产品 CZ0 系列。新系列接触器具有寿命长、体积小、工艺性好、零部件通用性强等优点。

2. 接触器的图形符号和文字符号

接触器的图形符号和文字符号如图 1-15 所示。

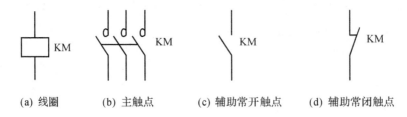

| (a) 线圈 | (b) 主触点 | (c) 辅助常开触点 | (d) 辅助常闭触点 |

图 1-15　接触器的图形符号和文字符号

1.2.3 接触器的主要技术参数

1. 额定电压

接触器铭牌上额定电压是指主触点上的额定电压。通常的电压等级为

直流接触器：220V,440V,660V；

交流接触器：220V,380V,500V。

2. 额定电流

接触器铭牌上额定电流指主触点的额定电流。常用的电流等级为

直流接触器：25A,40A,60A,100A,150A,250A,400A,600A；

交流接触器：5A,10A,20A,40A,60A,100A,150A,250A,400A,600A。

3. 线圈的额定电压

线圈工作电压等级为

直流线圈：24V,48V,220V,440V；

交流线圈：36V,127V,220V,380V。

选用时交流负载用交流接触器,直流负载用直流接触器,但交流负载频繁动作时可采用直流吸引线圈的接触器。通常采用的额定电压是直流 110V,220V；交流 127V,220V,380V。

4. 额定操作频率

额定操作频率是指每小时接通次数。交流接触器最高为 600 次/h；直流接触器可高达1200 次/h。

CJ10 和 CZ0 系列产品的主要技术参数如表 1-1 和 1-2 所示。

表 1-1 CJ10 系列交流接触器的主要参数

型 号	额定电压值（V）	额定电流值（A）	可控制电动机最大功率值（kW）			最大操作频率（次/h）	1.05 倍额定电压及功率因数为 0.35 ± 0.05 时的通断能力值（A）		机械寿命（万次）	电寿命（万次）
			220V	380V	500V		380V	500V		
CJ10-5		5	1.2	2.2	2.2		50	40		
CJ10-10		10	2.2	4	4		100	80		
CJ10-20	380	20	5.5	10	10	600	200	160		
CJ10-40	500	40	11	20	20		400	320	300	60
CJ10-60		60	17	30	30		600	480		
CJ10-100		100	30	50	50		1000	800		
CJ10-150		150	43	75	75		1500	1200		

表 1-2　CZ0 系列交流接触器的主要参数

型　　号	额定电压值U (V)	额定电流值I (A)	额定操作频率 (次·h⁻¹)	主触点极数 动合	主触点极数 动断	最大分断电流值I (A)	辅助触点型式及数目 动合	辅助触点型式及数目 动断	吸引线圈电压值U (V)	吸引线圈消耗功率值P (W)
CZ0-40/20		40	1200	2	—	160	2	2		22
CZ0-40/02		40	600	—	2	100	2	2		24
CZ0-100/10		100	1200	1	—	400	2	2		24
CZ0-100/01		100	600	—	1	250	2	1		24
CZ0-100/20		100	1200	2	—	400	2	2	24,48, 110,220	30
CZ0-150/10	440	150	1200	1	—	600	2	2		30
CZ0-150/01		150	600	—	1	375	2	1		25
CZ0-150/20		150	1200	2	—	600	2	2		40
CZ0-250/10		250	600	1	—	1000	5 (其中 1 对动合,另 4 对可任意组合成动合或动断)			31
CZ0-250/20		250	600	2	—	1000				40
CZ0-400/10		400	600	1	—	1600				28
CZ0-400/20		400	600	2	—	1600				43
CZ0-600/10		600	600	1	—	2400				50

1.2.4　接触器的选用

选用接触器的步骤如下：

(1)根据负载性质确定工作任务类别。交流负载用交流接触器,直流负载用直流接触器,用直流线圈的接触器。

(2)根据类别确定接触器系列(参考电工标准)。

(3)根据负载额定电压确定接触器的额定电压。如某负载是 380V 的三相感应电动机,则应选 380V 的交流接触器。

(4)根据负载电流确定接触器的额定电流,并根据外界实际条件加以修正。

如果接触器安装在箱柜内,由于冷却条件变差,电流要降低 10%～20% 使用;当接触器工作于长期工作制,通电持续率不超过 40% 时,若敞开安装,电流允许提高 10%～25%,若在箱框内安装,允许提高 5%～10%。

(5)选定吸引线圈的额定电压。

(6)根据负载情况复核操作频率,看是否在额定范围之内。

1.2.5　接触器的维护、常见故障及处理

(1)应定期检查接触器的各部件,要求可动部分不卡住、紧固无松脱,零部件如有损坏应及时检修。

(2)触头表面应经常保持清洁,当触头表面因电弧作用而形成金属小球时应及时铲除。当触头严重磨损后,超程应及时调整,当厚度只剩下 1/3 时,应及时调换触头。银合金触头表面因电弧而生成黑色氧化膜时,不会造成接触不良现象,因此不必锉修,否则将会大大缩

短触头寿命。

（3）本来有灭弧罩的接触器一定要带灭弧罩使用，以免发生短路事故。

表1-3列出了接触器使用的常见故障、原因及处理方法。

表 1-3 接触器使用的常见故障、原因及处理方法

故障现象	可 能 原 因	处 理 方 法
（一）触点已经闭合，但铁芯却没有完全闭合	1.电源电压过低或波动太大 2.操作回路电源容量不足或出现断线、配线错误或控制点接触不良 3.线圈技术参数及使用技术条件不符 4.产品本身受损，如线圈断线或烧毁、机械可动部分被卡住、转轴生锈或歪斜等 5.触头弹簧压力与超程过大	1.调高电源电压 2.增加电源容量，更换线路，修理控制触头 3.更换线圈 4.更换线圈，排除卡住故障，修理受损零件 5.按要求调整触头参数
（二）不释放或释放缓慢	1.触头弹簧压力过小 2.触点熔焊 3.机械可动部分被卡住，转轴生锈或歪斜等 4.反力弹簧损坏 5.铁芯极面有污物或尘埃黏着 6.E形铁芯，当寿命终了时，因去磁气隙消失，剩磁增大，使铁芯释放	1.调整触头参数 2.排除熔焊故障，修理或更换触头 3.排除卡住现象，修理受损零件 4.更换反力弹簧 5.清理铁芯极面 6.更换铁芯
（三）电磁铁（交流）噪音大	1.电源电压过低 2.触头弹簧压力过大 3.磁系统歪斜或机械上卡住，使铁芯不能吸平 4.极面生锈或因异物（如油垢，尘埃）侵入铁芯极面 5.短路环断裂 6.铁芯极面磨损过度而不平	1.提高操作回路电压 2.调整触头弹簧压力 3.排除机械卡住现象 4.清理铁芯极面 5.调换铁芯或短路环 6.更换铁芯
（四）线圈过热或烧毁	1.电源电压过高或过低 2.线圈技术参数与实际使用条件不符 3.操作频率（交流）过高 4.线圈制造不良或由于机械损伤，绝缘损坏等 5.使用环境条件特殊；如空气潮湿，含有腐蚀性气体或环境温度过高 6.运动部分被卡住 7.交流铁芯极面不平或中间气隙过大 8.交流接触器派生直流操作的双线圈，因常闭联锁触头熔焊不释放，而使线圈过热	1.调整电源电压 2.调换线圈或接触器 3.选择其他合适的接触器 4.更换线圈，排除引起线圈机械损伤的故障 5.采用特殊设计的线圈 6.排除卡住现象 7.清除极面或调换铁芯 8.调整联锁触头参数及更换烧坏线圈

续表

故障现象	可 能 原 因	处 理 方 法
（五）触点熔焊	1.操作频率过高或产品超负载使用 2.负载侧短路 3.触头弹簧压力过小 4.触头表面有金属颗粒突起或异物 5.操作回路电压过低或机械上卡住,致使吸合过程中有停滞现象,触头停顿在刚接触位置上	1.调换合适的接触器 2.排除短路故障,更换触头 3.调整触头弹簧压力 4.清理触点表面 5.提高操作电源电压,排除机械卡住故障,使接触器吸合可靠
（六）触点过热或灼伤	1.触头弹簧压力过小 2.触点上有油污,或表面高低不平,有金属颗粒突起 3.环境温度过高或使用在密闭的控制箱中 4.铜触点用于长期工作制 5.操作频率过高,或工作电流过大,触点的断开容量不够 6.触点的超程太小	1.提高触头弹簧压力 2.清理触点表面 3.接触器降容使用 4.调换容量较大的接触器 5.调整触点超程或更换触点
（七）触头过度磨损	1.接触器选用欠妥,在以下场合时容量不足: （1）反接制动 （2）有较多密接操作 （3）操作频率较高 2.三相触头动作不同步 3.负载侧短路	1.接触器降容使用或改用适用于繁重任务的接触器 2.调整至同步 3.排除短路故障,更换触头
（八）相间短路	1.可逆转换的接触器联锁不可靠,由于误动作,致使两接触器同时投入运行而造成相间短路,或因接触器动作过快,转换时间短,在转换过程中发生电弧短路 2.产品零部件损坏(如灭弧室碎裂) 3.尘埃堆积或粘有水气、油垢,使绝缘变坏	1.检查电器联锁与机械联锁,在控制线路上加中间环节或调换动作时间长的接触器,延长可逆转换时间 2.经常清理,保持清洁 3.更换损坏的零部件

1.3 继电器

　　继电器是一种根据特定形式的输入信号的变化来接通或断开小电流电路的自动控制电器。其输入信号可以是电流、电压等电量,也可以是转速、时间、温度等非电量,而输出是触点的动作或电量的变化。

本节主要介绍在自动控制系统中用得最多的电磁式继电器、时间继电器、热继电器和速度继电器。

1.3.1　电磁式继电器

常用的电磁式继电器有电流继电器、电压继电器和中间继电器。中间继电器实际上也是一种电压继电器,只是具有数量较多、容量较大的触点,起到中间放大的作用。典型继电器外观如图 1-16 所示。

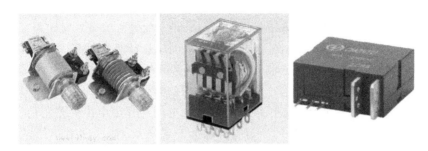

图 1-16　典型继电器外观

电磁式继电器的结构与接触器类似,由静铁芯、动铁芯(衔铁)、线圈、释放弹簧和触点等部分组成,如图 1-17 所示。只是继电器的触点无主触点、辅助触点之分。继电器的触点容量较小,没有灭弧装置。

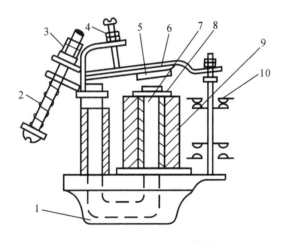

图 1-17　电磁式继电器的结构

1—底座;2—反力弹簧;3,4—调整螺钉;5—非磁性垫片;6—衔铁;7—铁芯;8—极靴;
9—线圈;10—触点系统

1. 电磁式电压继电器

触点动作与否与线圈的动作电压大小有关的继电器称为电压继电器。电压继电器在电力拖动控制系统中起电压保护和控制作用。电压继电器的线圈是电压线圈,与负载并联,其线圈匝数多且导线细。按其线圈电流种类,电压继电器可分为交流电压继电器和直流电压继电器。按吸合电压大小其又可分为过电压继电器和欠电压继电器。

（1）过电压继电器

过电压继电器在电路中起过电压保护作用。过电压继电器线圈在额定电压时，衔铁不产生吸合动作，只有当线圈的电压高于其额定电压时衔铁才产生吸合动作，故称为过电压继电器。过电压继电器衔铁吸合动作时，常利用其常闭触点断开需要保护电器的电源。由于直流电路一般不会产生波动较大的过电压现象，所以在产品中没有直流过电压继电器。交流过电压继电器吸合电压的调节范围为

$$U_X = (1.05 \sim 1.2)U_N$$

式中：U_X 表示吸合电压；U_N 表示额定电压。

（2）欠电压继电器

欠电压继电器在电路中起欠电压保护作用。电路中的电气设备在额定电压下正常工作时，欠电压继电器的衔铁处于吸合状态；如果电路中的电压降低至线圈的释放电压时，衔铁由吸合状态转为释放状态。欠电压继电器常利用其常开触点断开需要保护电器的电源。

通常，直流欠电压继电器的吸合电压与释放电压的整定范围分别为 $U_X = (0.3 \sim 0.5)U_N$ 和 $U_F = (0.07 \sim 0.2)U_N$；交流欠电压继电器的吸合电压与释放电压的整定范围分别为 $U_X = (0.6 \sim 0.85)U_N$ 和 $U_F = (0.1 \sim 0.35)U_N$。以上各式中 U_X 表示吸合电压；U_N 表示额定电压；U_F 表示释放电压。

（3）电压继电器的选用及动作电压的整定

在选用电压继电器时，首先要注意线圈的种类和电压等级应与控制电路一致；另外，应根据在控制电路中的作用（是过电压保护还是欠电压保护）进行选型。

电压继电器的动作电压的整定如图 1-18 所示。电压表并联于线圈两端，用滑线电阻调节加在线圈的电压。如欲整定吸合电压，将电压调节到所要求的吸合值，再断开电源（滑线电阻不要改变），调节反作用弹簧，每调一次，合上一次电源，直到合上电源后，衔铁刚好吸合为止。如欲整定释放电压，则主要改变非导磁垫片的厚度（如果吸合电压没有固定要求，也可调节反作用弹簧）。这时应先让继电器闭合，再改变滑线电阻，将线圈电压减小，直到电压达到所要求的值，再调节非导磁垫片的厚度（每次调节都应断开线圈电压才能进行），直到刚好达到在所要求的释放电压下衔铁打开为止。

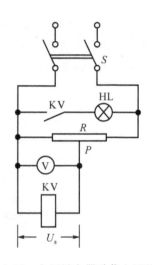

图 1-18　电压继电器动作电压整定

电压继电器的图形符号和文字符号如图 1-19 所示。

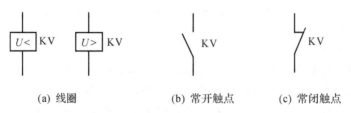

(a) 线圈　　　　　　　(b) 常开触点　　　　(c) 常闭触点

图 1-19　电压继电器的图形符号和文字符号

2. 电磁式电流继电器

触点动作与否与线圈中的电流大小有关的继电器称为电流继电器。电流继电器在电力拖动控制系统中起电流保护和控制作用。电流继电器的线圈是电流线圈,其与负载串联,线圈匝数少且导线粗。按其线圈电流种类,电流继电器可分为交流电流继电器和直流电流继电器。按吸合电流大小,其又可分为过电流继电器和欠电流继电器,常用继电器外形见图1-20。

过流继电器外形

欠流继电器外形

图1-20

(1)过电流继电器

过电流继电器正常工作时线圈中虽有负载电流,但衔铁不产生吸合动作。当出现比整定电流大的吸合电流时衔铁才产生吸合动作,故称为过电流继电器。

由于在电力拖动控制系统中,容易出现冲击性的过电流故障,因此,常采用过电流继电器进行过电流保护。当电路出现上述故障时,过电流足以使衔铁吸合,利用其常闭触点来使接触器线圈断电而切断电气设备的电源,起到过电流保护作用。

通常,交流过电流继电器的整定值的整定范围为

$$I_X=(1.1\sim3.5)I_N$$

式中:I_X 表示吸合电流;I_N 表示额定电流。

(2)欠电流继电器

欠电流继电器正常工作时,衔铁处于吸合状态。当电路的负载电流降低至释放电流时,衔铁释放。在直流电路中,当负载电流的降低或消失往往会导致严重的后果(如直流电动机的励磁回路断线),因此在产品上有直流欠电流继电器,而没有交流欠电流继电器。当在直流电路中出现欠电流或零电流的故障时,利用其常开触点切断电气设备的电源。直流欠电流继电器吸合电流与释放电流调整范围分别为

$$I_X=(0.3\sim0.65)I_N \ 和 \ I_F=(0.1\sim0.2)I_N$$

式中:I_X 表示吸合电流;I_N 表示额定电流;I_F 表示释放电流。

(3)电流继电器的选用及动作电流整定

选用电流继电器时,首先要注意线圈的种类和电流等级应与控制电路一致;另外,应根据其在控制电路中的作用(是过电流保护还是欠电流保护)进行选型。

电流继电器的整定方法与电压继电器一样,只不过改用电流表串接在线圈内。

电流继电器的图形符号和文字符号如图1-21所示。

3. 中间继电器

中间继电器实质上是一个电压继电器,起到中间放大的作用。具有触点多(六对甚至更多)、触点电流大(额定电流为 5～10A)、动作灵敏(动作时间小于 0.05s)等特点。当电动机的额定电流不超过中间继电器的额定电流时,可以替代接触器直接控制电动机。中间继

(a) 线圈　　　　　　　(b) 常开触点　　　　　　(c) 常闭触点

图 1-21　电流继电器的图形符号和文字符号

器外形见图 1-22。

中间继电器有以下两方面的作用：

(1)当电压或电流继电器触点容量不够大时,可以将中间继电器作为执行元件,把触点容量放大。

(2)当其他继电器的触点数量不够时,可以利用中间继电器来增加控制电路。

中间继电器的图形符号和文字符号如图 1-23 所示。

4.电磁式继电器的主要技术参数

常用的国产电磁式继电器有 JL3,JL7,JL9,JL12,JL14,JL15,JT3,JT4,JT9,JT10,JZ1,JZ7,JZ8,JZ14,JZ15 和 JZ17 等系列。

图 1-22　中间继电器外形

(a) 线圈　　　　　　　(b) 常开触点　　　　　　(c) 常闭触点

图 1-23　中间继电器的图形符号和文字符号

电磁式继电器的型号示意如下：

主要技术参数见表 1-4。

表 1-4　电磁式继电器的主要技术参数

型　　号	额定电流 （A）	动作电流整定范围		触点组合形式与数量 （常开、常闭）	复位方式
JL3-□□	1.5,2.5,10,25,50,100,150, 300,600,1200	70%～300%	I_{RT}	01,10,11,02,20	自动
JL3-□□S	1.5,2.5,10,25,50,100,150, 300,600,1200	70%～300%	I_{RT}	01,10,11,02,20	手动
JL3-□□J	1.5,2.5,5,10,25,40,50,80, 100,150,200,300,400,600	75%～200%	I_{RT}	01	自动

1.3.2　时间继电器

凡是在敏感元件获得信号后，执行元件要延迟一段时间才动作的电器叫时间继电器。时间继电器可以分为通电延时继电器和断电延时继电器。通电延时继电器当有输入信号后要延时一段时间，输出信号才发生变化，输入信号消失后，输出瞬时恢复。断电延时继电器当有输入信号时，输出瞬时变化；输入信号消失后，输出信号延时一段时间才恢复。

时间继电器的种类很多，目前应用较多的是电磁式时间继电器、空气阻尼式时间继电器和晶体管式时间继电器等。本教材介绍前两种。

1. 直流电磁阻尼式时间继电器

直流电磁阻尼式时间继电器是利用阻尼铜（铝）套产生延时。在继电器铁芯上装上一只铜（铝）套。这个铜（铝）套将在继电器断电过程中感生涡流，它将阻碍穿过铜（铝）套的磁通变化，因而对原吸合磁通起了阻尼作用，从而实现断电释放延时。阻尼套结构示意图如图 1-24 所示。

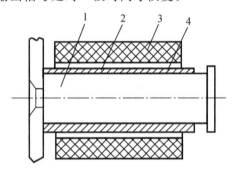

图 1-24　带有阻尼铜套的铁芯式结构
1—铁芯；2—阻尼铜（铝）套；
3—线圈；4—绝缘层

当继电器通电时，由于衔铁处于释放位置，气隙大，磁阻大，磁通小，所以阻尼铜（铝）套的作用很小，衔铁吸合延时作用不明显，故延时可以不计。因此，这种时间继电器为断电延时，这种延时继电器的延时较短（JT 系列最长不超过 5s），而且准确度较低，一般只用于要求不高的场合，如电动机的延时起动。

2. 空气阻尼式时间继电器

空气阻尼式时间继电器又称气囊式时间继电器，它的延时范围为 0.4～180s，可用作断电延时，也可以方便地改变电磁机构位置获得通电延时。常用的有 JS7-A 系列，根据触点延时特点可分为通电延时型和断电延时型两种，主要由电磁机构、触点系统、气室、传动机构和基座等组成。其外形结构如图 1-25 所示。

空气阻尼式时间继电器结构如图 1-26 所示。当线圈得电吸下衔铁和支撑杆时，连接在一起的胶木块下降，但空气室中的空气受进气孔处调节螺钉的阻碍，在活塞下降过程中空气室内造成的稀薄空气则使活塞下降缓慢，到达最终位置时压合微动开关，触点闭合送出信号。可见由线圈得电到触点动作的一段时间即时间继电器的延时时间，其大小可以通过调

图 1-25　JS7-1A 时间继电器

节螺钉调节进气孔气隙来加以改变。当线圈失电时，活塞在恢复弹簧作用下迅速复位，这时空气可由出气孔及时排出。

将图 1-26 中的电磁机构翻转 180°安装时，则成为断电延时型。空气阻尼式时间继电器的优点是：延时范围大，结构简单，寿命长，价格低廉。缺点是：延时误差大（±10%～±20%），无调节刻度指示，难以精确整定延时时间。对延时精度要求高的场合，不宜使用这种类型的时间继电器。

常用的空气阻尼式时间继电器有 JS7 系列、JS23 系列、JSK 系列、JSS 系列等。

3. 电子式时间继电器

电子式时间继电器具有延时时间长、调节范围宽、体积小、延时精度高和使用寿命长等特点。电子式时间继电器利用电子电路来达到延时的目的，又称为电子延时电路。一般电子式延时电路除了执行继电器外，全部由电子元器件和线路组成，多用于电力传动、自动顺序控制及各种生产过程的控制系统中。电子式时间继电器按其结构原理可分为两大类：RC 式晶体管时间继电器和数字式时间继电器。按延时原理分有阻容充电延时型和数字电路型。常用的产品有JSJ、JS20、JSS、JSZ7、3PU、ST3P、AH3 和 SCF 系列等。两类时间继电器的外形结构如图 1-27 所示。

时间继电器的图形符号和文字符号如图 1-28 所示。

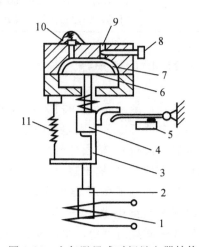

图 1-26　空气阻尼式时间继电器结构
1—线圈；2—铁芯；3—支撑杆；4—胶木块；
5—微动开关；6—活塞；7—橡皮膜；
8—调节螺钉；9—进气孔；10—出气孔；
11—恢复弹簧

(a) 数字式　　(b) 晶体管式

图 1-27　电子式时间继电器
的外形结构

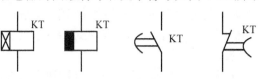

(a) 通电延　　(b) 断电延　　(c) 通电延时　　(d) 通电延时　　(e) 断电延时　　(f) 断电延时
　时线圈　　　时线圈　　　闭合触点　　　断开触点　　　断开触点　　　闭合触点

图 1-28　时间继电器的图形符号和文字符号

1.3.3 热继电器

电动机在实际运行中若过载不大,时间较短,只要电动机绕组不超过允许温升,这种过载是允许的。但当长时间过载,绕组超过允许温升时,将会加剧绕组绝缘的老化,缩短电动机的使用年限,严重时会将电动机烧毁。因此,应采用热继电器进行电动机的过载保护和电动机的断相保护。

按相数来分,热继电器有单相、两相和三相式共三种类型。三相式热继电器常用于三相交流电动机过载保护。

按职能来分,三相式热继电器又有不带断相保护和带断相保护两种类型。

热继电器的种类很多,常用的有 JR0、JR16、JR15、JR14、JR9、JR20、JR28、JR29、JRS2 系列,有国外引进的 T 系列等。几种类型热继电器的外形结构如图 1-29 所示。

图 1-29 几种热继电器

1. 热继电器的工作原理

热继电器的工作原理如图 1-30 所示。热元件(双金属片)是由膨胀系数不同的两种金属片压轧而成。上层称主动层,采用膨胀系数高的铜或铜镍合金或铁镍铬合金制成,下层称被动层,采用膨胀系数低的铁镍合金制成。使用时将两只热元件分别串联在两相电路中。当负载电流超过允许值时,双金属片(热元件)被加热超过一定温度,压下压动螺钉 4,锁扣机构 5 脱开,热继电器触点 8、9 切断控制电路使主电路停止工作。继电器动作后一般不能自动复位,要等双金属片冷却后,按下复位按钮 7 才能复位。改变压动螺钉 4 的位置,还可以用来调节动作电流。

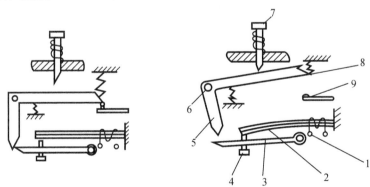

图 1-30 热继电器工作原理

1—加热元件;2—双金属片;3—扣板;4—压动螺钉;5—锁扣机构;

6—支点;7—复位按钮;8—动触点;9—静触点

JR1 系列、JR2 系列采用了上述原理。它的主要缺点是双金属片靠发热元件间接加热,热偶合较差。双金属片的弯曲程度受环境温度影响不能正确反映保护对象的发热特性,容易引起误动作。

新系列产品 JR0 和 JR15,从结构上做了改进。JR0 系列热继电器采用了双金属片共热元件同时串联在负载电路里的所谓复合加热方式,再加上使用温度补偿元件,使上述缺点得以克服。JR15 系列与 JR0 系列的工作原理相同,只是 JR15 系列的触点由拉簧式跳跃机构改为弓簧片式跳跃机构,使触点具有更快的瞬跳动作。

2. 断相保护热继电器

上述 JR1,JR2,JR0,JR15 系列热继电器都是两相结构的,它们可用作感应电动机均衡过载时的保护,但不适用于感应电动机定子为△接法的断相保护。如果三相电动机有一根线断线或一相保险丝熔断,由于热继电器动作电流是按电动机额定电流整定的,在 Y 形接法时相电流等于线电流,所以 Y 形接法可以用两只热元件或不带断相保护的三只热元件的继电器保护。△接法时其相电流只有线电流的 $1/\sqrt{3}$。因流过电动机绕组的相电流小于线电流,而热元件串接在线路中,因此要按额定线电流整定,整定值较大,若一相断线其余两相热继电器可能达不到动作值而电机绕组已过热,所以△接法必须采用带断相保护的热继器。

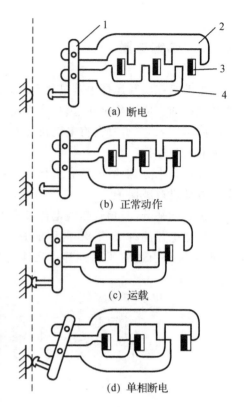

图 1-31 带断相保护的热继电器结构
1—杠杆;2—上导板;3—双金属片;4—下导板

JR16 系列为断相保护热继电器。部分结构如图 1-31 所示,其中剖面 3 为双金属片,虚线表示动作位置,图 1-31(a)为断电时的位置。

当电流为额定值时,三个热元件均正常发热,其端部均向左弯曲推动上、下导板同时左移,但到不了动作线,继电器不会动作,如图 1-31(b)所示。

当电流过载到达整定值时,双金属片弯曲较大,把导板和杠杆推到动作位置,继电器动作,如图 1-31(c)所示。

当一相(设 A 相)断路时,A 相(右侧)热元件温度由原正常发热状态下降,双金属片由弯曲状态伸直,推动上导极右移。同时由于 B,C 相电流较大,推动下导板向左移,使杠杆扭转,继电器动作,起到断相保护作用。

3. 热继电器型号

常用的继电器有 JR20,JRS1,JR16,JR10,JR0 等系列。

JR0 系列有 20A,40A,60A,100A 四种,除 40A 为二热元件外,其余都是三热元件。电流为 0.35~160A,可用于交流电压 500V 以下的电路中,热元件按照负载电流选择。当电流超过额定电流的 20% 时,在 20min 内动作,超过额定电流的 50% 时,在 2min 内动作。

热继电器型号示意如下:

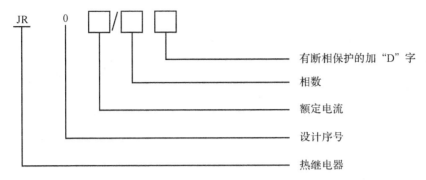

有断相保护的加"D"字

相数

额定电流

设计序号

热继电器

热继电器的图形符号和文字符号如图 1-32 所示。

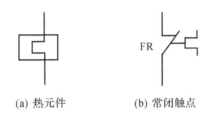

(a) 热元件　　　　(b) 常闭触点

图 1-32　热继电器的图形符号和文字符号

1.3.4　速度继电器

速度继电器也称反接制动继电器,常用于反接制动电路中,亦称反接制动继电器。速度继电器的外形结构如图 1-33 所示。

图 1-33　速度继电器的外形

JY1 型速度继电器结构原理如图 1-34 所示。速度继电器主要由转子、定子和触点三部分组成。转子是一块永久磁铁,固定在轴上;定子的结构与鼠笼型异步电动机的转子相似,由硅钢片叠成,并装有鼠笼型绕组。定子与轴同心且能独自偏摆,与转子间有气隙。速度继电器的轴与电动机的轴相连接。当电动机旋转时,速度继电器的转子跟着一起转,永久磁铁产生旋转磁场,定子上的笼型绕组切割磁通而产生感应电势和电流,导体与旋转磁场相互作用产生转矩,使定子跟着转子的转动方向偏摆,转子速度越高,定子导体内产生的电流越大,转矩也就越大。当定子偏摆到一定角度时,通过定子柄拨动触点,使速度继电器相应的触点动作。当转子的速度下降到接近零时(约 100r/min),定子柄在动触点弹簧力的作用下恢复到原来的位置。

常用的速度继电器有 JY1 型和 JFZ0 型。JY1 型能在 3000r/min 以下可靠地工作,JFZ0-1 型适用于 300~1000r/min;JFZ0-2 适用于 1000~3600r/min。速度继电器主要根据电动机的额定转速进行选择,还可以通过调节螺钉(图中没有画出)的松紧来调节反力弹簧的反作用力,改变速度继电器动作的转速,以适应控制电路的要求。

速度继电器的图形符号和文字符号如图 1-35 所示。

1.4 熔断器

熔断器是一种结构简单、使用方便、价格低廉的保护电器。熔断器主要由熔体和熔断管两部分组成。使用时,熔断器串接于被保护电路中。当电路发生短路故障或严重过载时,熔体被瞬时熔断而分断电路,故熔断器主要用于短路保护。熔断器主要由熔体、熔管、填料、盖板、接线端、指示器和底座等组成。常用熔断器的类型有瓷插式熔断器、螺旋式熔断器、无填料封闭管式熔断器、有填料封闭管式熔断器、自复式熔断器和高分断能力熔断器等。几种熔断器的外形结构如图 1-36 所示。

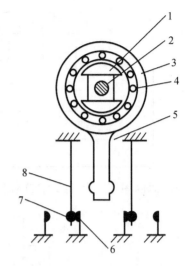

图 1-34　速度继电器结构原理

1—转子;2—电动机轴;3—定子;4—绕组;5—定子柄;
6—静触点;7—动触点;8—簧片

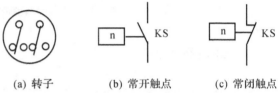

(a) 转子　　(b) 常开触点　　(c) 常闭触点

图 1-35　速度继电器的图形符号和文字符号

RL1-60　　NGT100　　RCIA-5

图 1-36　几种熔断器外形

电气设备的电流保护有两种主要形式:过载延时保护和短路瞬时保护。过载一般是指 10 倍额定电流以下的过电流,而短路则是指超过 10 倍额定电流以上的过电流。

1.熔断器的分类与安秒特性

熔断器种类很多,通常按以下方式分类:按发热时间常数(热惯性)分为无热惯性、大热惯性、小热惯性三种;热惯性越小,熔化越快;按熔体形状分为丝状、片状、笼状(栅状)三种;按支架结构分为螺旋塞式和管式两种。管式又分为有填料与无填料两种,填料采用石英砂等材料用以增加灭弧能力。

图 1-37(a)及图 1-37(b)为插入式和螺旋式熔断器的结构图。

熔体一般要求在负载电流为其 1.25 倍额定电流以内时不被熔断,当出现过大电流和短

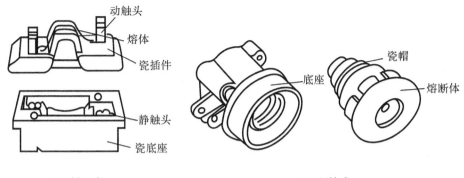

(a) 插入式　　　　　　　　　　　(b) 螺旋式

图 1-37　熔断器的结构

路电流时,熔体熔断。一般电器设备在通过电流时产生的热量与电流平方和电流通过的时间成正比。因此,电流越大,则要求熔断时间越短,从而才能保证被保护的设备不超过允许的温升。熔断器的熔体就具有这种保护特性,即安秒特性。所谓安秒特性,是指熔化电流与熔化时间的关系,如表 1-5 和图 1-38 所示。

表 1-5　熔断器的熔化电流与熔化时间

熔断电流	$1.25I_{RT}$	$1.6I_{RT}$	$2I_{RT}$	$2.5I_{RT}$	$3I_{RT}$	$4I_{RT}$
熔断时间	∞	1h	40s	8s	4.5s	2.5s

2.熔断器的选择

熔断器的选择原则是保证设备正常工作(包括设备起动电流的影响)时不熔断,只有当出现过大电流和短路电流时才熔断。根据被保护设备对熔体熔断速度的要求选择合适型号。

熔断器用于不同负载,其额定电流的选择方法不同。

当用于保护无起动过程的平稳负载,如照明、电阻电炉等时,可按下式计算:

$$\left.\begin{array}{l} U_{RTR} \geqslant U_{RT} \\ I_{RTR} \geqslant I_{RT} \end{array}\right\} \qquad (1\text{-}6)$$

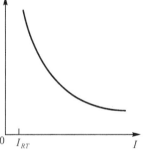

图 1-38　熔断器的安秒特性

式中:U_{RTR}——熔断器额定电压;

$\quad\ I_{RTR}$——熔断器额定电流;

$\quad\ U_{RT}$——线路额定电压;

$\quad\ I_{RT}$——负载额定电流。

如果用于保护单台长期工作的电动机,按下式计算:

$$I_{RTR} \geqslant (1.5 \sim 2.5)I_{RT} \qquad (1\text{-}7)$$

如果用于保护多台电动机,则应按下式计算:

$$I_{RTR} \geqslant (1.5 \sim 2.5)I_{RT\max} + \sum I_{RT} \qquad (1\text{-}8)$$

式中:$I_{RT\max}$——多台电动机中容量最大的一台电动机的额定电流;

$\quad\ \sum T_{RT}$——其余电动机额定电流之和。

3.熔断器的主要参数

（1）额定电压，是指熔断器长期工作时和分断后能够耐受的电压，其值一般等于或大于电气设备的额定电压。

（2）额定电流，是指熔断器长期工作时，各部件温升不超过规定值时所承受的电流。厂家为了减少熔断管额定电流的规格，熔断管的额定电流等级比较少，而熔体的额定电流等级比较多，也即在一个额定电流等级的熔断管内可以分装几个额定电流等级的熔体，但熔体的额定电流最大不能超过熔断管的额定电流。

（3）极限分断能力，是指熔断器在规定的额定电压和功率因数（或时间常数）的条件下，能分断的最大电流值。在电路中出现的最大电流值一般是指短路电流值。所以，极限分断能力也反映了熔断器分断短路电流的能力。

常用的熔断器有管式熔断器 R1 系列（R 代表熔断器，1 为设计序号）、螺旋塞式熔断器 RL1 系列（L 代表螺旋式）、有填料封闭式熔断器新产品 RT0 系列以及快速熔断器 RS0 和 RS3 系列等多种产品。

表 1-6 为 RL1 和 RT0 系列熔断器的主要技术数据。

表 1-6   RL1 和 RT0 系列熔断器的主要技术数据

型　号	熔断器额定电流（A）	额定电压（V）		熔体额定电流（A）	额定分断电流（kA）	
RL1-15	15	380		2,4,5,10,15	25($\cos\alpha$＝0.35)	
RL1-60	60	380		20,25,30,35,40,50,60	25($\cos\alpha$＝0.35)	
RL1-100	100	380		60,80,100	50($\cos\alpha$＝0.25)	
RL1-200	200	380		100,125,150,200	50($\cos\alpha$＝0.25)	
RT0-50	50	(AC) 380	(DC) 440	5,10,15,20,30,40,50	(AC) 50	(DC) 25
RT0-100	100	(AC) 380	(DC) 440	30,40,50,60,80,100	(AC) 50	(DC) 25
RT0-200	200	(AC) 380	(DC) 440	80,100,120,150,200	(AC) 50	(DC) 25
RT0-400	400	(AC) 380	(DC) 440	150,200,250,300,350,400	(AC) 50	(DC) 25

1.5 主令电器

主令电器用来闭合和断开控制电路，用以控制电力拖动系统中电动机的起动、停车、制动以及调速等。主令电器可直接作用于控制电路，也可以通过电磁式电器间接作用于控制电路。在控制电路中由于它是一种专门发布命令的电器，故称为主令电器。主令电器不允许分合主电路。

主令电器的应用十分广泛，种类也繁多，常用的有控制按钮、行程开关、接近开关、万能转换开关和主令控制器等。

1.5.1 控制按钮

控制按钮简称按钮,是一种结构简单,使用广泛的手动主令电器,在控制电路中作远距离手动控制电磁式电器用,也可以用来转换各种信号电路和电气联锁电路等。国产常用的按钮开关外形如图 1-39 所示。

LA19系列   LA10-3H

图 1-39 按钮开关

控制按钮一般由按钮、复位弹簧、触点和外壳等部分组成,其结构示意图如图 1-40 所示,其在电路图中的图形符号和文字符号如图 1-41 所示。按钮中触点的形式和数量根据需要可以装配成一常开一常闭到六常开六常闭形式。接线时,也可以只接常开或常闭触点。

当按下按钮时,先断开常闭触点,而后接通常开触点。按钮释放后,在复位弹簧作用下触点复位。

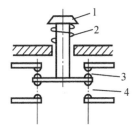

图 1-40 按钮的结构
1—按钮;2—复位弹簧;
3—常闭触点;4—常开触点

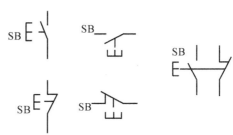

图 1-41 按钮的图形符号和文字符号

控制按钮可做成单式(一个按钮)、复式(两个按钮)和三联式(有三个按钮)的型式。为便于识别各个按钮的作用,避免误操作,一般红色表示停止按钮,绿色或黑色表示起动按钮。按钮的结构形式有多种,适用于多种场合:紧急式按钮,装有突出的蘑菇形按帽,以便于紧急操作;旋钮式按钮,通过旋转进行操作;指示灯式按钮,在透明的按钮内装入信号灯,以作信号显示;钥匙式按钮,为使用安全起见,必须用钥匙插入方可旋转操作,等等。

1.5.2 行程开关

行程开关是一种根据运动部件的行程位置切换电路的器件。它的工作原理与按钮类似,所不同的是按钮由人按动,而行程开关由机械挡块或顶标碰撞而动作。机械式行程开关的外形结构如图 1-42 所示,这 3 种不同外形的行程开关分别为直杆式、转臂式和叉式。

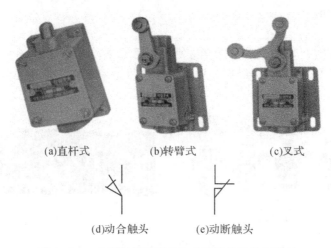

(a)直杆式　　　(b)转臂式　　　(c)叉式

(d)动合触头　　　(e)动断触头

图 1-42　3 种不同行程开关的外形结构及图形符号

常用 JLXK\LX\XCK 系列的行程开关的外形如图 1-43 所示。

JLXK1-211　　　LX19-111　　　XCK 系列

图 1-43　行程开关外形

　　若行程开关安装在生产行程终点处以限制其行程,则称该行程开关为限位开关、终点开关或极限开关。行程开关广泛用于各类机床、起重机等机械上,以控制这些机械行程。当机械到达某预定位置时行程开关可动部分被撞击,机械能转换为电能,其触点动作,实现对生产机械的电气控制。

　　行程开关主要由操作机构、触头系统和外壳三部分组成。行程开关按其结构可分为直动式(LX1,JLXK1 系列)、滚动式(LX2,JLXK1 系列)和微动式(IXW-11,JLXK1-11 型)三种。

　　直动式的缺点是触点分合速度取决于挡块移动速度。当挡块移动速度低于 0.4m/min时,触点切断太慢,易受电弧烧灼。这时应采用盘形弹簧机构能瞬时动作的滚轮式行程开关,或具有弯形片状弹簧的更为灵敏、轻巧的微动开关。直动式和滚轮式行程开关的外形及动作原理分别示于图 1-44 和 1-45 中,微动开关动作原理如图 1-46 所示。这些均为自动复位式,另外还有非自动复位式,它们的动作原理不再详述。

　　行程开关的图形符号和文字符号如图 1-47 所示。

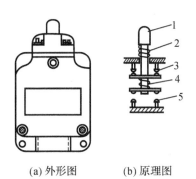

(a) 外形图 (b) 原理图

图 1-44 直动式行程开关

1—顶杆;2—弹簧;3—常闭触点;4—触点弹簧;
5—常开触点

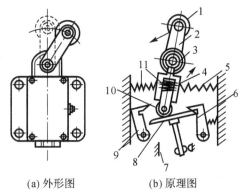

(a) 外形图 (b) 原理图

图 1-45 滚轮式行程开关

1—滚轮;2—上转臂;3,5,11—弹簧;4—套架;
6,9—压板;7—触点;8—触点推杆;10—小滑轮

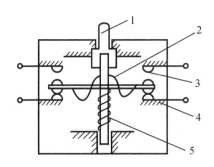

图 1-46 微动行程开关原理图

1—推杆;2—弯形片状弹簧;

3—常开触点;4—常闭触点;5—恢复弹簧

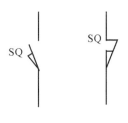

图 1-47 行程开关的图形符号和文字符号

1.5.3 接近开关

接近开关是基于半导体及集成电路基础上的一种无触点开关,可理解成非接触式行程开关或无触点行程开关。当运动部件接近它到一定距离范围时,无须对它施加机械力,通过其余被测物体间介质能量的变化,它能发出信号。接近开关不仅能代替有触头行程开关来完成行程控制和限位保护,还可以用于高频计数、测速、液面控制、零件尺寸检测、加工程序的自动衔接等。

1. 接近开关结构及工作原理

接近开关可分为高频振荡型、感应电桥型、霍尔效应型、光电型、永磁及磁敏元件型、电容型及超声波型等,其中以高频振荡型最为常见,我国生产的接近开关大部分为此类型,它最主要由感应头、振荡器、开关元件、输出器和稳压器等部分组成。常用的接近开关的外形如图 1-48 所示。

高频振荡型接近开关检测示意图如图 1-49,当安装在生产机械运动部件上的金属检测体(通常为铁磁件)接近感应头时,由于电磁感应作用,使处于高频振荡器线圈磁场中的检测体内部产生涡流及磁滞损耗,以致振荡回路因内阻增大、损耗增加而使振荡减弱,直至停止

图 1-48 接近开关

振荡。此时,晶体管开关元件就导通,并通过输出器(电磁式继电器)输出信号,从而起到控制作用。

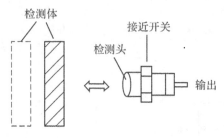

图 1-49 高频振荡型接近开关检测

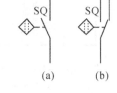

图 1-50 接近开关的图形符号
及文字符号
(a)常开触点 (b)常闭触点

2. 接近开关型号及电气符号

接近开关的产品种类十分丰富,型号繁多,目前国产的接近开关有 3SG、LJ、CJ、SJ、AB、LX10 等系列。

接近开关的图形符号及文字符号如图 1-50 所示,其文字符号与行程开关相同,可视为行程开关的一种。

3. 接近开关的选用

此开关能无接触、无压力、无火花并迅速发出电气指令,准确反映出运动部件的位置和行程,而且其具有定位精度高、响应速度快、使用寿命长、安装调整方便、适用能力强等优点。但价格高,因此常用于工作频率高、可靠性及精度要求均较高的场合。

在选择时,应根据应答距离、输出要求、响应速度等合理选择型号、规格及输出形式。

1.5.4 万能转换开关

万能转换开关是一种多挡式、控制多回路的主令电器。其一般可作为各种配电装置的远距离控制,也可作为电压表、电流表的转换开关,还可作为小容量电动机的起动、调速和换向之用。由于其换接的线路多,用途广,故有"万能"之称。

常用万能转换开关的外形如图 1-51 所示。

目前用得最多的万能转换开关有 LW5 和 LW6 等系列。

LW5 系列的结构如图 1-52 所示。

万能转换开关由操作机构、面板、手柄及数个触点座等主要部件组成,用螺栓组装成整体。其操作位置有 2~12 个,触点座有 1~10 层,其中每层均可装三对触点,并由底座中间

LW6-3　　　　　　　HZ10-10/3

图 1-51　万能转换开关

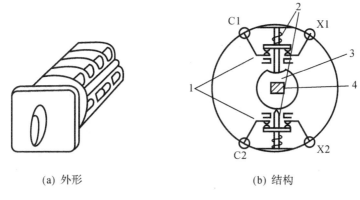

(a) 外形　　　　　　　　　　(b) 结构

图 1-52　LW5 系列万能转换开关

1—触点；2—触点弹簧；3—凸轮；4—转轴

的凸轮进行控制。由于每层凸轮可做成不同的形状，因此，当手柄转到不同位置时，通过凸轮可使各对触点按需要的规律接通和分断。

在图 1-53 中手柄有左、零、右三个位置，控制着 4 层触点通断。操作手柄的位置与多层触点通断的逻辑关系可用真值表（也称接通表）表示，如图 1-53（b）所示。其中触点接通用×表示；也可以用图形符号表示，如图 1-53（a）所示。其中"●"表示手柄在该位置时触点接通。

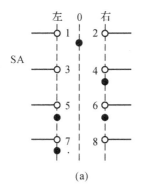

(a)

触点	位置		
	左	0	右
1-2		×	
3-4			×
5-6	×		×
7-8	×		

(b)

图 1-53　万能转换开关的图形符号和文字符号

1.5.5 主令控制器

主令控制器是用来较为频繁地切换复杂的多回路控制电路的主令电器。主令控制器不是直接控制电动机,而是切换接触器控制电路,再由接触器控制电动机。因此,主令控制器的触头是按小电流设计的,尺寸小,一般不需要灭弧装置。

图1-54(a)为主令控制器的外形,图1-54(b)为主令控制器的结构示意图。当转动手柄时,凸轮的突出部分顶开装在杠杆上的滚轮,使杠杆克服弹簧力绕轴转动,装在杠杆端部的动触头离开静触头,使电路分断。当凸轮转至凹部时,杠杆在弹簧力的作用下,触点闭合。所有的凸轮都安装在方轴上,方轴的一端与手柄相连。由于凸轮的形状不一样,手柄处在不同位置时,使相应的触点断开或闭合。

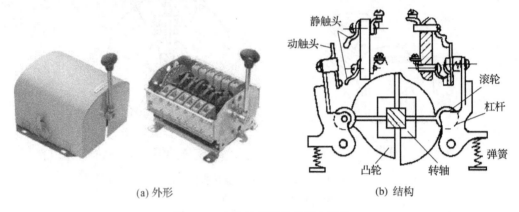

(a) 外形   (b) 结构

图 1-54 主令控制器的外形和结构

主令控制器按结构型式可分为:

1. 凸轮非调整式主令控制器

凸轮不能调整,其触点只能按一定的触点开闭表动作。

2. 凸轮调整式主令控制器

凸轮片上开有孔和销,它装在凸轮盘上的位置可以调整,因此其触点开合次序也可以调整。

一般主令控制器的手柄是停留在需要的工作位置上,但在带有特殊反作用弹簧的主令控制器中,它的手柄能自动恢复到零位。

国产主令控制器主要有 LK4,LK14,LK15 和 LK16 等系列产品。其中 LK4 系列是调整式主令控制器。LK14,LK15 和 LK16 系列是非调整式主令控制器。非调整式主令控制器采用较多。

1.6　刀开关

　　刀开关是低压配电电器中结构最简单、应用最广泛的电器,主要用在低压成套配电装置中,作为不频繁地手动接通和分断交直流电路或作隔离开关用。也可用于不频繁地接通与分断额定电流以下的负载,如小型电动机等。

　　常用 HK 系列刀开关外形如图 1-55 所示。

图 1-55　HK 系列刀开关

　　刀开关的典型结构如图 1-56 所示。

　　由图 1-56 可知,刀开关由手柄、触刀、静插座和底板组成。

　　为了使用方便和减小体积,在刀开关上安装有熔丝或熔断器,组成兼有通、断电路和短路保护作用的开关电器,如胶盖闸刀开关、熔断器式开关等。

　　刀开关在安装时,手柄要向上,不得倒装或平装。如果倒装,手柄有可能因自动下落而引起误动作合闸,将造成人身或设备事故。接线时,应将电源线接在上端,负载线接在下端,这样拉闸后刀片与电源隔离,可防止意外事故发生。

1. 胶盖闸刀开关

　　胶盖闸刀开关主要用于交流频率 50Hz、电压380V、电流 60A 及以下的线路中,三极刀开关适当降低容量后,可作为小型电动机的手动不频繁操作的直接起动及分断用。常用的有 HK1,HK2 系列。HK2 系列胶盖闸刀开关技术数据见表 1-7。

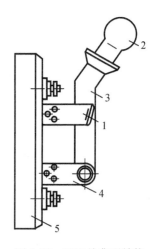

图 1-56　刀开关典型结构
1—静插座;2—手柄;3—触刀;
4—铰链支座;5—绝缘底板

表 1-7 HK2 系列胶盖闸刀开关技术数据

额定电压 （V）	额定电流 （A）	极 数	熔体极限分断 能力 （A）	控制最大电动机 功率 （kW）	机械寿命 （次）	电寿命 （次）
200	10	2	500	1.1	10000	2000
	15		500	1.5		
	30		1000	3.0		
330	15	3	500	2.2	10000	2000
	30		1000	4.0		
	60		1500	5.5		

2. 刀开关的选用

刀开关的额定电压应等于或大于电路的额定电压,其额定电流应等于或稍大于电路工作电流。若用刀开关来控制电动机,则必须考虑电动机的起动电流比较大,应选用比额定电流大一级的刀开关。此外,刀开关的通断能力,动、热稳定电流值等均应符合电路的要求。

刀开关的图形符号及文字符号如图 1-57 所示。

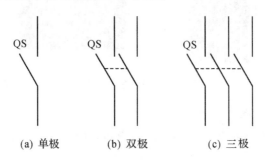

图 1-57 刀开关的图形符号和文字符号

1.7 低压断路器

低压断路器也称为自动空气断路器,简称自动开关。低压断路器在功能上相当于刀闸开关、熔断器、热继电器和欠压继电器的组合,其作用是不但可以正常工作时频繁接通或断开电路,而且在电路发生过载、短路或失压等故障时,能自动跳闸切断故障电路,是一种能自动切断电路故障的保护电器。低压断路器与接触器不同的是允许切断短路电流,但允许操作的次数较低。低压断路器的外形结构如图 1-58 所示,文字符号为 QF。

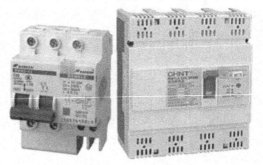

图 1-58 低压断路器的外形

1. 低压断路器的结构和基本工作原理

低压断路器主要由主触点及灭弧系

统、各种脱扣器、操作机构和自由脱扣机构三部分组成。低压断路器的结构如图 1-59 所示。

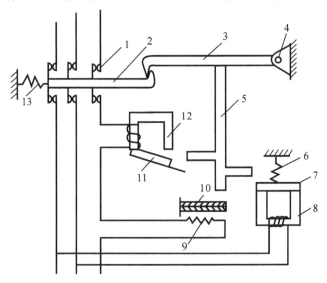

图 1-59　低压断路器的结构

1—触点；2—锁键；3—搭钩；4—转轴；5—杠杆；6—弹簧；7—衔铁；8—欠电压脱扣器；
9—加热电阻丝；10—热脱扣器双金属片；11—衔铁；12—过电流脱扣器；13—弹簧

（1）主触点及灭弧系统

主触点及灭弧系统是断路器的执行机构，用于通断主电路。主触点由耐弧合金（如银钨合金）制成，采用灭弧栅片灭弧。

（2）脱扣器

脱扣器是断路器的感测元件，当电路出现故障时，脱扣器经过自由脱扣机构使触点分断。根据所感测的信号种类，脱扣器又有如下几种：

1）分励脱扣器。用于远距离分闸的脱扣器，由于分励脱扣器是短时工作制的，其线圈不允许长期通电，所以，在分闸时线圈有电，而分闸后线圈应断电。

2）失压脱扣器。失压脱扣器的线圈并接于电路中。正常工作时，其衔铁吸合，当电路电压过低或消失时衔铁打开，带动自由脱扣机构，使断路器跳闸，从而达到失压保护的目的。

3）过电流脱扣器。过电流脱扣器的线圈串接于电路中。当电路出现瞬时过电流或短路电流时，衔铁动作并带动自由脱扣机构使断路器跳闸，从而达到过电流或短路保护目的。

4）过载脱扣器。当电路出现过载电流时，过载脱扣器的双金属片弯曲，带动自由脱扣机构动作而使断路器跳闸，达到过载保护目的。

实际使用中并非每种类型的断路器均具有上述四种脱扣器，根据断路器使用场合而定。

（3）自由脱扣机构和操作机构

自由脱扣机构和操作机构是断路器的机械传动部件，其作用是由脱扣器接收信号后由它实现断路器的自动跳闸和手动合闸的任务。但触点通断时瞬时动作与手柄的操作速度无关。

2. 低压断路器的主要技术参数和典型产品

(1)主要技术参数

1)额定电压,指断路器在电路中长期工作时的允许电压,通常,它等于或大于电路的额定电压。

2)额定电流,指断路器在电路中长期工作时的允许持续电流。

3)通断能力,指断路器在规定的电压、频率以及规定的线路参数(交流电路为功率因数,直流电路为时间常数)下,所能接通和分断的短路电流值。

4)分断时间,指切断故障电流所需的时间,它包括固有断开时间和燃弧时间。

(2)低压断路器的典型产品

这里介绍低压断路器的典型产品——框架式断路器和装置式断路器。

框架式断路器是将所有的组件均进行绝缘后,安装在一框架结构底座中。框架式断路器一般有较高的短路分断能力,也有较高的动稳定性,故多用作电路的主保护开关。

目前,我国自行设计并生产的框架式断路器有 DW10 系列断路器和 DW15 系列断路器。DW15 系列断路器的外形如图 1-60 所示。

装置式断路器有一绝缘塑料外壳,触点系统、灭弧室及脱扣器等均安装于外壳内,而手动柄露在正面壳外中央,可手动或电动分合闸。装置式断路器也有较高的分断能力和动稳定性以及比较完善的选择性保护功能,广泛用于配电线路,也可用于控制不频繁起动电动机和照明电路。我国目前生产的装置式断路器有 DZ5,DZ10,DZX10,DZ12,DZ15,DZX19 及 DZ20 等系列的产品。DZ10 系列断路器的外形如图 1-61 所示。

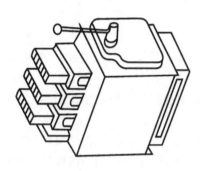

图 1-60 DW15 系列断路器的外形

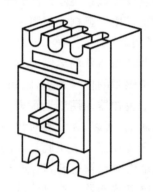

图 1-61 DZ10 系列断路器的外形

1.8 其他控制电器

1.8.1 电磁铁

电磁铁的基本组成部分是线圈、铁芯和有关机械部件。当线圈通电后依靠电磁系统产生的电磁吸力使衔铁作机械运动而带动其他的执行部件。

电磁铁在工业中的地位十分重要,是一种基本的电器,号称为"电器之王"。电磁铁包括起重电磁铁、制动电磁铁、牵引电磁铁、推拉式电磁铁、框架式电磁铁、管状式电磁铁、旋转式电磁铁、保持式电磁铁、双向转角电磁铁、吸盘式电磁铁、直流湿式阀用电磁铁、交流湿式阀用电磁铁、绣花机电磁铁、磁钢转角电磁铁、汽车电磁铁、旋转电磁铁、拍打式电磁铁、气阀式电磁铁等。

其中牵引电磁铁是一种应用广泛的自动化元件,用来操作或牵引机械装置完成动作要求。常用的牵引电磁铁有 MQ3 系列和 MQZ1 系列;阀用电磁铁有 MFZ1-YC 系列和 MFB1-YC 系列;阀门电磁铁有 MFZ6-YC 系列和 MFJ6-YC 系列;另外还有 MZS1 系列和 MZZ2 系列制动电磁铁、GTB5 系列和 LPB 系列起重电磁铁等。常见 MQZ1 系列直流牵引电磁铁外形如图 1-62 所示。

图 1-62   MQZ1 直流牵引电磁铁

1.8.2   液压控制元件

随着自动控制技术的不断发展,液压传动和电气控制结合得越来越紧密,液压传动以其运动传送平稳、可在大范围内实现无级调速、易实现功率放大等特点,广泛地应用于工业生产的各个领域。液压元件又是液压传动系统的基本组成元件,液压传动系统由四种主要元件组成,即动力元件——液压泵,执行元件——液压缸和液压马达,辅助元件——油箱、油路、滤油器等,控制元件——各种电磁阀,主要有换向阀、节流阀、调速阀、溢流阀、减压阀等。常用的液压控制元件的外形结构如图 1-63 所示。

图 1-63   液压控制元件

1.8.3   气动控制元件

机械设备的自动化程度越高,控制要求越高,控制形式趋向多样化。气动控制在实际中应用越来越广泛,它能根据压力源气压压力的变化情况,决定触点的断开或闭合,以便对机械设备提供某种保护或控制。气动控制元件的广泛应用,为机电一体化提供了更广阔的前景。常用气动控制元件的外形结构如图 1-64 所示。

图 1-64   气动控制元件

习题与思考题

1. 控制电器的基本功能是什么？

2. 电弧是怎样产生的？灭弧的主要途径有哪些？

3. 交流接触器频繁操作后线圈为什么会过热？其衔铁卡住后会出现什么后果？

4. 交流电磁铁的短路环断裂或脱落后，在工作中会出现什么现象？为什么？

5. 三相电磁铁有无短路环？为什么？

6. 为什么交流电磁线圈不能串联使用？

7. 时间继电器和中间继电器在电路中各起什么作用？

8. 电磁阻尼式时间继电器的延时原理是什么？

9. 空气阻尼式时间继电器的延时原理是什么？如何调节延时的长短？

10. 热继电器在电路中的作用是什么？带断相保护和不带断相保护的三相式热继电器各用在什么场合？

11. 熔断器在电路中的作用是什么？

12. 行程开关、万能转换开关及主令控制器在电路中各起什么作用？

13. 低压断路器在电路中可以起到哪些保护作用？说明各种保护作用的工作原理。

14. 画出下列电器元件的图形符号，并标出其文字符号。

①熔断器；②热继电器的常闭触点；③复合按钮；④时间继电器的通电延时闭合触点；⑤时间继电器的通电延时打开触点；⑥热继电器的热元件；⑦时间继电器的断电延时打开触点；⑧时间继电器的断电延时闭合触点；⑨接触器的线圈；⑩中间继电器的线圈；⑪欠电流继电器的常开触点；⑫时间继电器的瞬动常开触点；⑬复合限位开关；⑭中间继电器的常开触点；⑮通电延时时间继电器的线圈；⑯断电延时时间继电器的线圈。

第2章 电器控制线路的基本原则和基本环节

广泛使用的生产机械,一般都是由电动机拖动的。也就是说,生产机械的各种动作都是通过电动机来实现的。因此需要对电动机实行控制,常见的是继电接触器控制方式,又称电器控制。电器控制线路是由按钮、继电器、接触器等低压电器组成,具有线路简单、维护方便、便于操作、价格低廉等许多优点。在各种生产机械的电气控制领域中,一直获得广泛的应用。

本章主要介绍组成电器控制线路的基本规律和典型线路环节。

2.1 电器控制线路的绘制

电器控制线路是用导线将电机、电器、仪表等电器元件连接起来,并实现特定的控制要求。电器控制线路应本着简单易懂、分析方便的原则,用规定的图形符号和文字符号进行绘制。

电器控制线路分为主电路和控制电路两种。以电动机为负载通过大电流的电路称主电路。以接触器、继电器线圈等为负载通过较小的电流的线路称为控制线路。

根据需要,电气线路图可以绘制成三种不同的形式:电气原理图、电器元件布置图、电气安装接线图。

2.1.1 电气原理图

电气原理图是根据电路工作原理用规定的图形符号和文字符号绘制的,并能够清楚地表明电路功能。由于电气原理图结构简单,层次分明,便于研究、分析电路的工作原理,因此无论在设计部门或现场及教学上都得到了广泛的应用。现以图 2-1 所示的三相鼠笼型异步电动机可逆运行电气原理图来说明原理线路图的绘制原则。

(1)在电气原理图中,主电路一般都画在控制电路的左侧或上面,复杂的系统则分图绘制。

(2)所有的电器元件都用规定的文字符号和图形符号表示。图形符号应符合GB 4728《电气图用图形符号》的规定,文字符号应符合 GB 7159—1987《电气设备常用基本文字符号》的规定。在图形符号附近用文字符号标注,例如接触器的吸引线圈及触点都用文字符号 KM 标注。

(3)同一电器元件的不同部件(如接触器的线圈和触点)在图中的位置,可以不画在一起,但必须用相同的文字符号。

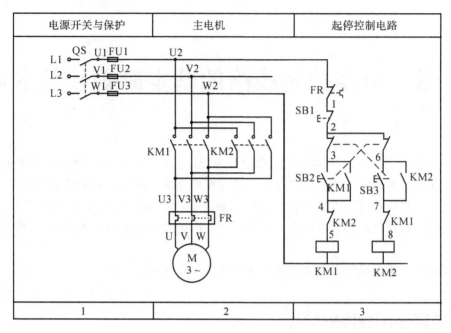

图 2-1　三相鼠笼型异步电动机可逆运行电气原理图

（4）元件、器件和设备的可动部分通常应表示在非激励或不工作的状态或位置。

（5）表示导线、信号通路、连接导线等图线都应是交叉和折弯最少的直线。可以水平地布置，也可以采用斜的交叉线。

（6）电路或元件应按功能布置，并尽可能按工作顺序排列，对因果次序清楚的简图，其布局顺序应该是从左到右和从上到下。

（7）在原理图上方或右方将图分成若干图区，并标明该区电路的用途与作用。

（8）电器元件的数据和型号，一般用小号字体标注在电器代号下面。

2.1.2　电器元件布置图

电器元件布置图主要是用来表明电气原理图中所有电器元件、电器设备的实际位置，为生产机械电气控制设备的制造、安装提供必要的资料。图中各电器代号应与有关电路图和电器元件清单上所列的元器件代号相同。体积大的和较重的电器元件应该安装在电气安装板下面，发热元件应安装在电气安装板的上面。经常要维护、检修、调整的电器元件安装位置不宜过高或过低，图中不需要标注尺寸。图 2-2 为三相鼠笼电动机可逆运行控制电器元件布置图，KM1，KM2 为接触器，FR 为热继电器，QS 为刀开关，FU 为熔断器。

2.1.3　电气接线图

电气接线图按照电器实际的布置位置和实际接线，用规定的图形符号绘制，安装和检修调试时用，在生产现场得到广泛应用。

电气接线图的绘制原则是：

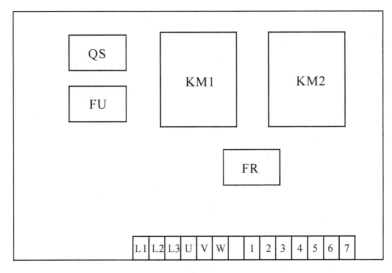

图 2-2　三相鼠笼电动机可逆运行控制电器元件布置图

（1）在接线图中,各电器元件的相对位置应与实际安装的相对位置一致。且各电器元件按实际尺寸以统一比例绘制。

（2）每个电器元件的所有部件都画在一个虚线框中。

（3）各电器元件的接线端子都应编号,且和电气原理图中的导线编号一致。

（4）接线图中应详细地标明配线用的导线型号、规格、标称面积及连接导线的根数。标明所穿管子的型号、规格等,并标明电源的引入点。

（5）安装在电气板内外的电器元件之间需通过接线端子板连线。

图 2-3 为三相鼠笼电动机可逆运行的电器元件实际接线图。电源进线、按钮板、电动机需接线端子板接入电器安装板。如按钮板与电器安装板的连接,按钮板有 SB1,SB2,SB3 三个按钮,按原理图 SB1 与 SB2,SB3 有一端相连为"2",SB2 与 SB3 有两端相连为"3"和"6",其引出端 1,3,4,6,7 通过 $5 \times 1 mm^2$ 导线接到安装板上相应的接线端。图中还标注了所采用的连接导线的型号、根数、截面积,如 $BVR5 \times 1mm^2$ 为聚氯乙烯绝缘软电线、5 根导线、导线截面积为 1 平方毫米。

2.2　鼠笼电动机简单的起、停控制

鼠笼电动机起、停的电器控制线路是应用广泛、也是最基本的控制线路,如图 2-4 所示。该线路可以实现对电动机起动、停止的自动控制、远距离控制和频繁操作,并具有必要的短路、过载和零压保护。

图 2-4 所示的电器控制线路中,鼠笼电动机和由其拖动的机械运动系统为控制对象,通过由接触器、熔断器、热继电器和按钮所组成的控制装置对控制对象进行控制。控制装置根据生产工艺过程对控制对象所提出的基本要求实现其控制过程。

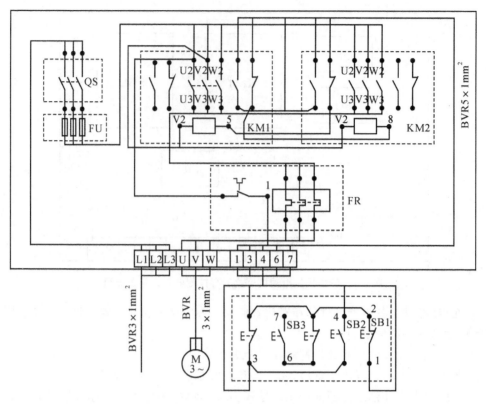

图 2-3　三相鼠笼电动机可逆运行的电器元件实际接线图

2.2.1　线路工作情况

起动时,合上电源开关 QS 引入三相电源。按下起动按钮 SB2,交流接触器 KM 的吸引线圈通电动作,KM 的主触头闭合,电动机接通电源起动运转。同时与起动按钮 SB2 并联的接触器 KM 的常开辅助触头闭合,使接触器吸引线圈经两条路通电。当按钮松开,即 SB2 自动复位时,接触器 KM 的线圈仍通过 KM 常开辅助触点 KM 使接触器线圈继续保持通电,从而保证电动机的连续运行。

这种依靠接触器自身辅助触点而使其线圈保持通电的现象称为自锁或自保持。这个起动自锁

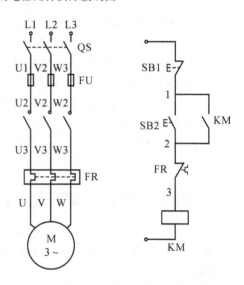

图 2-4　鼠笼电动机的起、停电器控制线路

作用的辅助触点,称为自锁触点。"自锁"环节由命令它通电的主令电器常开触点与本身的常开触点相并联组成。"自锁"对命令具有"记忆"功能,例如对起动命令,使其保持长期通电;对停车或停电出现后不会自起动。自锁环节不仅用于起、停控制中,凡是需要"记忆"的控制,都要用到自锁环节。

需要电动机停车时,按下停止按钮 SB1,接触器 KM 线圈断电,主触点和自锁触点部恢复常开状态,电动机脱离电源停止运转。当松开停止按钮 SB1 后,SB1 在复位弹簧的作用下恢复闭合状态,但控制电路已经断开,只有再次按下起动按钮 SB2,电动机才可能重新起动运行。

2.2.2　线路的保护环节

1. 短路保护

短路时通过熔断器 FU 的熔体熔断切断主电路。为了扩大保护范围,在线路中熔断器尽量靠近电源,一般直接装在刀开关下边。

2. 过载保护

通过热继电器 FR 实现过载保护。在电动机长期过载的情况下,FR 动作断开控制电路,使接触器 KM 线圈断电,切断主电路使电动机停止运转,实现电动机的过载保护。

3. 欠压保护与失(零)压保护

欠压保护与失(零)压保护是依靠接触器本身的电磁机构来实现的。当电源电压由于某种原因而严重欠压或失(零)压时,接触器的衔铁自动释放,主触点和自锁触点恢复常开状态,电动机停止工作。当电源电压恢复正常时,接触器线圈也不可能自行通电,只有在操作人员再次按下起动按钮 SB2 后,电动机才能重新起动运行。

电器控制线路具备了欠压和失(零)压保护能力后,有以下三个优点:

(1)可以防止电动机低压运行。

(2)可避免多台电动机同时起动造成的电网电压波动。

(3)可防止在电源恢复时,电动机突然起动运行而造成设备和人身事故。

通过上述电器控制线路的分析可以看出,电器控制的基本方法是通过按钮发布命令信号,而由接触器通过对输入能量的控制来实现对控制对象的控制,继电器则用以测量和反映控制过程中各个量的变化。例如热继电器能反映被控对象的温度变化,并在恰当时候发出控制信号使接触器实现对主电路的各种必要的控制。

2.3　电器控制线路的基本规律

2.3.1　联锁控制的规律

自锁和互锁统称为电器的联锁控制。联锁控制在电器控制中得到广泛的应用。

1. 互锁控制

各种生产机械常常要求具有上下、左右、前后等相反方向的运动,这就要求电动机能够正、反向工作。三相交流电动机可借助正、反向接触器改变定子绕组相序来实现。图 2-5(a)是用接触器实现正反转的控制线路,图中 KM1,KM2 分别为正反转接触器,KM1,KM2 的主触点接线的相序不同,KM1 按 L1—L2—L3 相序接线,KM2 按 L3—L2—L1 相序接线,即将 L1,L3 两相对调。所以两个接触器分别工作时,电动机的旋转方向不一样,实现电机可逆运转。为了避免正、反向接触器同时通电而造成电源短路故障,正、反向接触器之间需要有一种联锁关系,通常采用图 2-5(b)线路,正、反两个接触器线圈中互串一个常闭触点,则任一接触器线圈先通电,即使按下相反方向按钮,另一接触器也无法得电,这种联锁关系通常称为"互锁",即二者存在相互制约的关系。

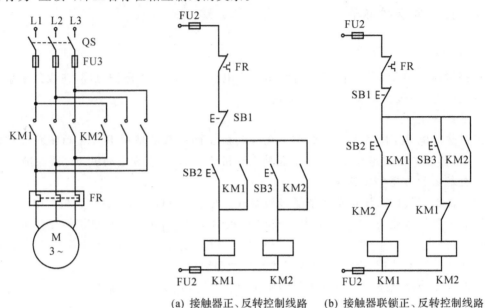

(a) 接触器正、反转控制线路　　(b) 接触器联锁正、反转控制线路

图 2-5　交流电动机正、反转工作的控制线路

由上可知,要求甲接触器工作时,乙接触器就不能工作,则在乙接触器的线圈电路中串接甲电接触器的常闭触点。要求甲接触器工作时乙接触器就不能工作,乙接触器工作时甲接触器就不能工作时,则在两接触器线圈电路中互串对方的常闭触点。

但是图 2-5(b)的控制线路也有一个缺点,即正转过程中要求反转时,必须先按停止按钮 SB1 让联锁触点 KM1 闭合后,才能按反转起动按钮使电动机反转,这给操作带来了不方便。为了解决这个问题,在生产上常采用复式按钮和触点联锁的控制电路,如图 2-6 所示。

注意复合按钮不能代替联锁触点的作用。例如,主电路中正转接触器 KM1 的触头发生熔焊(即静触点和动触点烧蚀在一起)故障时,由于同机械连接,串在反转接触器 KM2 线圈电路中的联锁触点 KM1 不能闭合,从而可防止接触器 KM2 通电使 KM2 主触点闭合而造成的电源相间短路故障。

除按钮外,还可用转换开关或主令控制器等电器进行正反转控制,如图 2-7 所示。

当要求甲接触器动作时,乙接触器不能动作,则需将甲接触器的常闭触点串在乙接触器的线圈电路中。

2.按顺序工作的联锁控制

生产机械或自动生产线都由许多运动的部件组成,不同的运动部件常要求按一定的顺序进行工作。例如,车床的主轴必须在油泵电机起动后才能起动;龙门刨床的工作台运动时不允许刀架移动,等等,即控制对象对控制线路提出了按一定顺序工作的联锁要求。

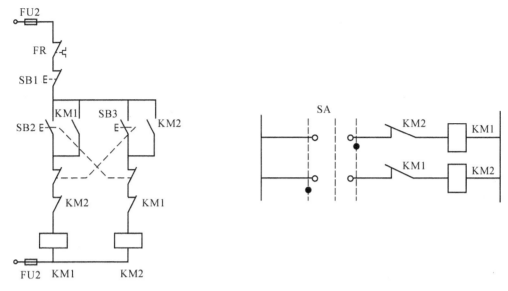

图 2-6　复合联锁的正、反转控制线路　　　　图 2-7　主令控制器控制的正、反转线路

车床主轴转动时要求油泵先给齿轮箱供油润滑,即要求保证润滑泵电动机起动后主拖动电动机才允许起动。图 2-8(a)所示是将油泵电动机接触器 KM1 的常开触点串入主拖动电动机接触器 KM2 的线圈电路中来实现的。改用图 2-8(b)的接法可以省去 KM1 的常开触点,使线路得到简化。

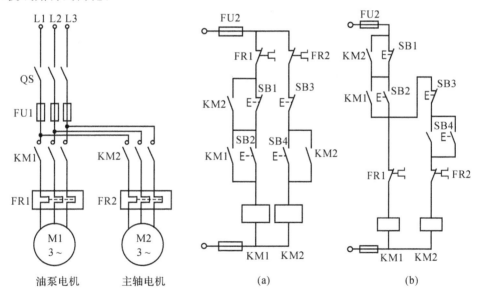

图 2-8　顺序控制线路

当要求甲接触器动作后乙接触器方能动作,则需将甲接触器的常开触点串在乙接触器的线圈电路中。

3. 正常工作和点动的联锁控制

在生产实际中,有的生产机械需要点动控制,如夹紧机构在夹紧过程中,在机床的快速进给中,还有的生产机械需要进行调整运动位置时,也需要点动控制。

图 2-9(a)为基本的点动控制线路。当按下起动按钮 SB1 时,接触器 KM 线圈通电,KM 主触点闭合,电动机接通电源起动运转。当手松开起动按钮 SB 时,接触器 KM 线圈断电释放,切断电源电动机停转。

某些生产机械常常要求既能正常起制动,又能实现调整时的点动工作。

图 2-9(b)所示的控制线路是将手动开关 SA 作为联锁触点串联在接触器 KM 的自锁触点电路中。当需要点动时将开关 SA 打开,操作 SB2 即可实现点动控制,当需要连续控制时,将开关 SA 闭合,操作 SB2 即可实现连续控制。

图 2-9(c)所示的控制线路是将点动按钮 SB3 的常闭触点作为联锁触点串联在接触器 KM 的自锁触点电路中。需要点动控制时按下点动按钮 SB3,其常闭触点先断开接触器 KM 自锁电路,常开触点后闭合,接通起动控制电路,KM 线圈通电,KM 主触点闭合接通电源电动机起动运转。当松开 SB3 时,KM 线圈断电,主触点断开,电动机停止转动。但需要电动机连续动作时,则按起动按钮 SB2。KM 线圈得电并自锁。停止时需按停止按钮 SB1。

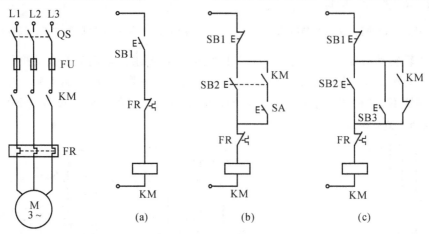

图 2-9 电动机的点动和长动控制线路

2.3.2 自动往复的行程控制规律

生产机械的运动部件在运动时,其几何位置是变化的,根据行程的变化来进行控制称为行程控制规律。行程控制是借助于行程开关来实现的,这种控制是将行程开关安装在事先设置好的位置,当生产机械运动部件上的撞块压合行程开关时,行程开关的触点动作,从而实现电路的切换,达到行程控制的目的。

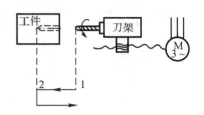

图 2-10 刀架的自动循环

以钻削加工时刀架的运动过程控制为例,说明行程原则控制的线路。钻削加工时刀架的运动过程如图 2-10 所示。现在要求刀架能实现自动单循环工作,即刀架在位置 1 起动后能自动地由位置 1 开始移动到位置 2 进行钻削加工,刀架到达位置 2 后自动退回到位置 1 时停车。

实现刀架自动单循环,对电动机的基本要求仍然是起动、停转和反向控制。所不同的是,当刀架运动到位置 2 时能自动地改变电动机工作状态。总之,控制对象要求根据控制过程中行程位置来改变或终止控制对象的运动;用行程开关直接测量刀架的行程位置,实现钻削加工自动单循环、自动往复的行程控制线路如图 2-11 所示。

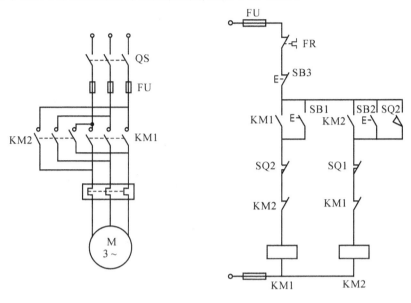

图 2-11　刀架自动循环的控制线路

SB1 为前进按钮、SB2 为后退按钮、SB3 为停止按钮,行程开关 SQ1 和 SQ2 分别作为刀架运动到位置 1 和 2 的测量元件,SQ1,SQ2 发出的控制信号通过接触器作用于控制对象。将 SQ2 的常闭触点串于正向接触器线圈 KM1 电路中,SQ2 的常开触点与反向起动按钮 SB2 并联。这样,SQ2 动作,将 KM1 切断;KM2 接通,刀架自动返回。SQ1 的任务是使电动机在刀架反向运动到位置 1 时自动停转,故将其常闭触点串联于反向接触器线圈 KM2 电路中,刀架退回到位置 1,撞块撞击 SQ1,KM2 断电,刀架自动停止运动。

该控制线路在安装时要注意电动机的转向与行程开关的一致性。

2.3.3　多点起、停联锁控制

在大型设备中,为了操作方便,常常要求能在多个地点进行控制。例如,重型龙门刨床,既能在操作台上控制,又能在机床四周用悬挂按钮控制;自动电梯,既可以在梯厢里控制,也可以在楼道上控制等等。

图 2-12 所示是一个鼠笼式电动机单方向旋转的两地控制线路。将两地起动按钮并联连接,停止按钮串联连接。这样按起动按钮 SB3 或 SB4 都可以实现电动机起动,按停止按钮 SB1 或 SB2 都可以停车。将 SB1 和 SB2,SB3

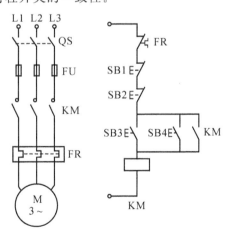

图 2-12　鼠笼式电动机的两地控制线路

和 SB4 分别装置在两个地方,就可以实现两地控制。将多个起动按钮、停止按钮按此方法连接,便可实现多地控制。

2.3.4　电液控制

电液控制是通过电气控制系统来控制液压传动系统,按给定的工作运动要求完成动作。液压传动系统能够提供较大的驱动力,并且传递运动平稳、均匀、可靠。当液压系统和电气控制系统组合构成电液控制系统时,就更容易实现传动自动化。因此电液控制被广泛地应用在各种自动化设备上,特别是数控机床之中。液压传动系统的工作原理及工作要求是分析电液控制电路工作的一个重要环节。

1. 液压系统的组成

液压传动系统主要由四个部分组成:动力装置,液压泵及驱动电机;执行机构,液压缸或液压马达;控制调节装置,压力阀、调速阀、换向阀等;辅助装置,油箱等。

液压泵由电动机拖动,为系统提供压力油。推动执行机构液压缸的活塞移动或液压马达转动,输出动力执行机构。例如,液压缸的活塞的移动方向由压力油进液压缸的左腔还是右腔的方向来决定,活塞移动速度由进油量和油压的大小来控制。控制调节装置中压力阀和调速阀用于调定系统的压力和执行件的运动速度。换向阀用于控制液流的方向或接通断开油路,控制执行件的运动方向和构成液压系统工作的不同状态以满足各种传动的要求。

液压系统工作时,压力阀和调速阀的工作状态是预先调定的不变值。只有换向阀根据工作循环的运动要求变化工作状态,形成各种工步液压系统的工作状态,完成不同的运动输出,因此对液压系统工作自动循环的控制就是对换向阀的工作状态进行控制。换向阀因其结构的不同,可用机械液压和电动方式改变阀的工作状态,从而改变液流方向或接通断开油路。在电液控制中采用电磁铁吸合推动阀芯移动来改变阀的工作状态实现控制。

由电磁铁推动改变工作状态的阀称为电磁换向阀,其图形符号如图 2-13 所示。

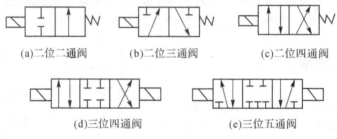

(a)二位二通阀　　(b)二位三通阀　　(c)二位四通阀

(d)三位四通阀　　　　(e)三位五通阀

图 2-13　电磁换向阀图形符号

从图 2-13(a)中可看出二位二通阀的工作状态为,当电磁铁线圈通电时,换向阀位于堵油状态。当电磁铁线圈失电时,在弹簧力的作用下,换向阀复位于通油状态。电磁阀线圈断电控制了油路的切换图,图 2-13(e)为三位五通阀,换向阀上装有两个电磁铁线圈,分别控制阀的两种通油状态,当两电磁铁线圈都不通电时,换向阀处于中间位的堵油状态,需注意的是两电磁铁线圈不能同时得电,以免阀的状态不确定。

电磁换向阀有两种,即交流电磁换向阀和直流电磁换向阀,实际选用时应根据控制系统和设备需要而定。

2．电气控制系统

在电液控制系统中，电气控制系统的任务是保证在进行每一个工步时，与各动作相应的有关电磁铁都正常工作，其工作过程是由继电接触器控制电磁铁线圈的通断电，从而控制电磁换向阀的通油状态，进而控制液压缸活塞的运动方向和速度，带动执行机构去完成各种动作。

3．电液控制系统的分析

分析通常分为三步：

①工作循环分析，确定工步顺序及每步的工作内容，明确各工步的转换主令。

②液压系统分析，分析液压系统的工作原理，确定每工步中应通电的电磁铁线圈并将分析结果和工作循环图给出的条件通过动作表的形式列出，动作表上列有每个工步的内容转换主令和电磁铁线圈的通电状态。

③控制系统分析，根据动作表给出的条件和要求逐步分析电路如何在转换主令的控制下完成电磁铁线圈通断电的控制。

液压动力滑台工作自动循环控制是一个典型的电液控制，液压动力滑台是机床加工工件时完成进给运动的动力部件，由液压系统驱动自动完成加工的自动循环。

液压动力滑台一次工作进给的控制电路如图 2-14 所示。

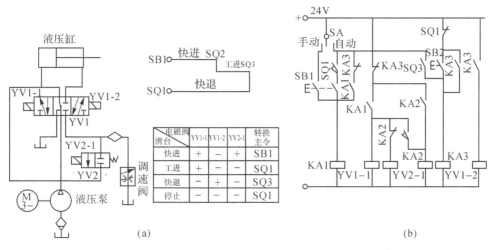

图 2-14　液压动力滑台电液控制系统

液压动力滑台的自动工作循环有 4 个工步：滑台快进、工进、快退及原位停止，分别由行程开关 SQ2、SQ3、SQ1 及按钮 SB1 控制循环的起动和工步的切换，对应于四个工步，液压系统有四个工作状态，以满足活塞的四个不同运动要求，其工作原理如下：

当动力滑台快进时，要求电磁换向阀 YV1 在左位，压力油经换向阀进入液压缸左腔，推动活塞右移，此时电磁换向阀 YV2 也要求位于左位，使得液压缸右腔回油返回液压缸左腔，以增大液压缸左腔的进油量，使活塞快速向前移动。为实现上述油路工作状态，电磁铁线圈 YV1-1 必须通电，使电磁换向阀 YV1 切换到左位，YV2-1 通电使 YV2 切换到左位。

当动力滑台快进到位，到达工进起点时，压下行程开关 SQ2，动力滑台进入工进的工步。工进时，活塞运动方向不变，但移动速度改变，此时 YV1 仍在左位，但控制右腔回油通路的 YV2 切换到右位，切断右腔回油进入左腔的通路，而使液压缸右腔的回油经调速阀流回油箱,调速阀节流控制回油的流量,从而限定活塞以给定的工进速度继续向右移动,让 YV1-1 保持通电,使阀 YV1 仍在左位,但 YV2-1 断电,使阀 YV2 在弹簧力的复位作用下切换到右位,就能满足工进油路的工作状态。

工进结束后,动力滑台在终点压动终点限位开关 SQ3,转入快退工步。滑台快退时,活塞的运动方向与快进、工进时相反,此时液压缸右腔进油,左腔回油,阀 YV1 必须切换到右位,改变油的通路,阀 YV1 切换以后,压力油经阀 YV1,进入液压缸的右腔,左腔回油经 YV1,直接回油箱,通过切断 YV1-1 的线圈电路使其失电,同时接通 YV1-2 的线圈电路使其通电吸合,阀 YV1 切换到右位,就满足快退时液压系统的油路状态。

当动力滑台快速退回到原位以后,压动原位行程开关 SQ1,即进入停止状态。此时要求阀 YV1 位于中间位的油路状态,YV2 处于右位,当电磁阀线圈 YV1-1、YV1-2、YV2-1 均失电时,即可满足液压系统使滑台停在原位的工作要求。

控制电路中 SA 为选择开关,用于选定滑台的工作方式。开关扳在自动循环工作方式时,按下起动按钮 SB1,循环工作开始,其工作过程如下:

原位行程开关 SQ1 压下(选择开关 SA 选自动工作方式)

按下 SB1 ──→ KA1 线圈得电 ──→ KA1 常开触点闭合 ──→ YV1-1 和 YV2-1 线圈得电 ──→ 滑台快进 ──→ 压下行程开关 SQ2 ──→ KA2 线圈得电 ──→ KA2 常闭触点断开 ──→ YV2-1 线圈失电 ──→ 滑台工进 ──→ 压下行程开关 SQ3 ──→ KA3 线圈得电 ──→ KA3 常闭触点断开/ KA3 常开触点闭合 ──→ KA1、KA2 线圈失电,YV1-1 和 YV2-1 线圈失电/YV1-2 线圈得电 ──→ 滑台快退 ──→ 压下行程开关 SQ1 ──→ KA3 线圈失电 ──→ 触点复位、YV1-2 线圈失电 ──→ 滑台停在原位。

SA 扳到手动调整工作方式时,电路不能自锁持续供电,按下按钮 SB1,可接通 YV1-1 与 YV2-1 线圈电路,滑台快进,松开按钮 SB1,则 YV1-1 和 YV2-1 线圈失电,滑台立即停止移动,从而实现点动向前调整的动作。SB2 为滑台快速复位按钮,若由于调整前移或工作过程中突然停电等原因,滑台没有停在原位,不能满足自动循环工作的起动条件,即原位行程开关 SQ1 没有处于受压状态时,通过压下复位按钮 SB2,接通 YV1-2 线圈电路,滑台即可快速返回至原位,压下 SQ1 后自动停机。

在上述控制电路的基础上,加上延时元件,可得到具有进给终点延时停留的自动循环控制电路,其工作循环图及控制电路图如图 2-15 所示。当滑台工进到终点时,压动终点限位开关 SQ3 接通时间继电器 KT 的线圈电路,KT 的常闭触点使 YV1-1 线圈失电,阀 YV1 切换到中间位置,使滑台停在终点位,经一定时间的延时后,KT 的延时常开触点接通,滑台快退控制电路,滑台进入快退工步,退回原位后行程开关 SQ1 被压下,切断 YV1-2 的电路,滑台停在原位。其他工步的控制和调整控制方式,带有延时停留的控制电路与无终点延时停留的控制电路相同。

2.4 三相异步电动机的起动控制

三相异步电动机分三相鼠笼式和绕线式两种。三相鼠笼式异步电动机的结构简单、价格便宜、应用广泛。但鼠笼式电动机有一个缺点,就是不便于调速。实际上中小型鼠笼电动

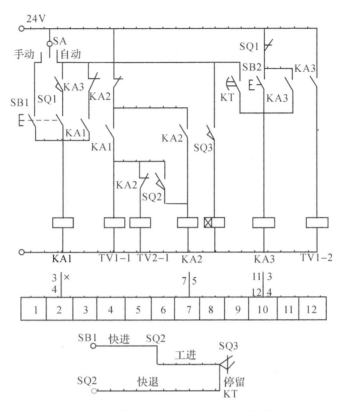

图 2-15　具有终点延时停留功能的滑台控制电路

机很少用于调速的场合。三相绕线式异步电动机,转子可以通过滑环串接外加电阻,从而可以减小起动电流和提高起动转矩,可以通过改变串接外加电阻值的大小而进行调速,适用于要求起动转矩高及调速的场合。

通过开关或接触器,将额定电压直接加在定子绕组上使电动机起动的方法,称为直接起动,也叫全压起动。这种方法的优点是起动设备简单,起动转矩较大,起动时间短,缺点是起动电流大(起动电流为额定电流的 5~7 倍)。当电动机的容量很大时,过大的起动电流将会造成线路的电压下降,这不仅影响到电动机的起动转矩,严重时,会导致电动机本身无法起动。因此直接起动只能用于电源容量较电动机容量大得多的情况。电源容量是否允许电动机在额定电压下直接起动,可根据下式判断:

$$\frac{I_{ST}}{I_N} \leqslant \frac{3}{4} + \frac{\text{电源容量(kVA)}}{4 \times \text{电动机额定功率(kW)}}$$

式中:I_{ST} 为电动机全压起动的起动电流;I_N 为电动机额定电流。

本节主要介绍降压起动控制线路。

2.4.1　鼠笼式电动机降压起动的控制

三相异步电动机在起动时,为减小起动电流,一般采用降压起动。降压起动的方法很多,如定子串电阻降压起动、定子串电抗器降压起动、定子串自耦变压器降压起动、Y-△降压起动、延边三角形降压起动等。下面介绍几种常用的降压起动方法。

1．Y-△降压起动控制线路

Y-△降压起动适用于额定电压为 380V、△接法的三相鼠笼式异步电动机。现在生产的 Y 系列鼠笼型异步电动机功率为 4.0kW 以上者均为△接法，故都可以采用 Y-△型起动方法。在起动过程中，将电动机定子绕组接成 Y 形，使电动机每相绕组承受的电压为额定电压的 $\frac{1}{\sqrt{3}}$，起动电流降低为△接法时的 1/3。

Y-△降压起动优点在于星形起动电流只是原来△接法的 1/3，起动电流特性好、线路简单、价格最便宜。缺点是起动转矩也相应下降为原来三角形接法的 1/3，转矩特性差，适用于空载或轻载状态下起动。

图 2-16 为电动机容量在 4～13kW 时常用的两个接触器的 Y-△降压起动控制电路。

起动时，按下起动按钮 SB2，时间继电器 KT 和交流接触器 KM1 线圈得电、且 KM1 自锁。KM1 主触点闭合，将电动机定子绕组接为 Y 形降压起动、而 KM2 线圈因 SB2 常闭触点和 KM1 常闭触头的相继断开而始终不通电。待起动结束时（电动机的转速接近额定转速），时间继电器 KT 延时断开的常闭触点断开，KM1 线圈失电，电动机瞬时断电。KM1 常闭触点及 KT 的延时闭合常开触头闭合、KM2 线圈得电且自锁，主电路中的主触点和常闭辅助触点动作将电动机定子绕组转接为△，同时常开辅助触点闭合 KM1 线圈得电，其主触点闭合接通电源，电动机进入正常运转状态。

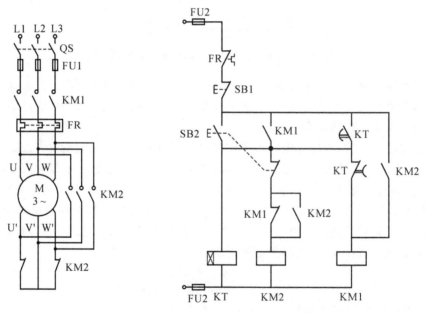

图 2-16　两个接触器的 Y-△降压起动控制电路

该线路的特点是：

（1）由于电动机三相绕组中性点的 KM2 常闭触点为辅助触点，如果工作电流太大，就会烧坏触点，因此，该控制线路只适用于功率较小（一般是 13kW 以下的）电动机的 Y-△降压起动。

（2）在由 Y 形接法转为△接法时，控制△接法的交流接触器 KM2 是在不带负载的情况下吸合的。转换完成后，KM1 才吸合接通电源，从而可以延长 KM2 的使用寿命。

（3）将起动按钮 SB2 常闭触点接于 KM2 线圈电路中,使电动机刚起动时不至于直接接成△起动运行。

如图 2-17 所示,为电动机容量在 13kW 以上的 Y-△降压起动控制线路。

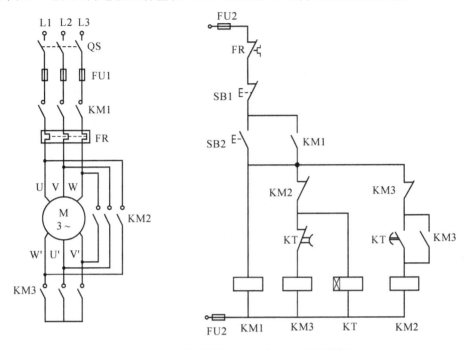

图 2-17　三个接触器的 Y-△降压起动控制线路

如图 2-17 所示的 Y-△降压起动控制线路的起动过程由读者自行分析,这里不再叙述。

2.定子电路串电阻的降压起动

定子电路串电阻降压起动适用于中等容量的鼠笼式异步电动机要求平稳起动的场合。刚起动时,利用电阻降低加在电动机定子上的电压,限制了起动电流。当电动机转速接近额定转速时,再将降压电阻短接,定子绕组承受额定电压,使电动机全压运转,这种降压起动的自动控制线路如图 2-18 所示。

电动机起动时,合上 QS,按下起动按钮 SB2,接触器 KM1 与时间继电器 KT 的线圈同时通电,接触器 KM1 的主触点闭合,而时间继电器 KT 具有延时特性,其常开触点延时闭合,因此接触器 KM2 线圈不能得电。这时主电路串联降压电阻（起动电阻）R,电动机进行降压起动。通过延时,通电延时闭合触点 KT 闭合,KM2 的线圈得电,KM2 主触点闭合,将 R 短接,电动机在额定电压下进入稳定正常运转。

在图 2-18(a)中,电动机起动结束进入全压正常运行后,KM1 和 KT 仍一直得电动作,这是不必要的,如果使 KM1 和 KT 断电,可减少能量损耗,延长接触器、时间继电器的寿命。解决方法为:在 KM2 线圈及 KT 线圈回路中串入 KM2 常闭辅助触点,组成互锁电路;同时加入 KM2 自锁电路。这样当接触器 KM2 得电后,其常闭辅助触点将切断 KM1 和 KT 线圈回路使其失电,同时 KM2 自锁,线路中只有 KM2 线圈得电,使电动机正常运行。

定子串电阻降压起动,能量损耗较大,为了节能可采用电抗器代替电阻,但其价格较贵,成本较高。

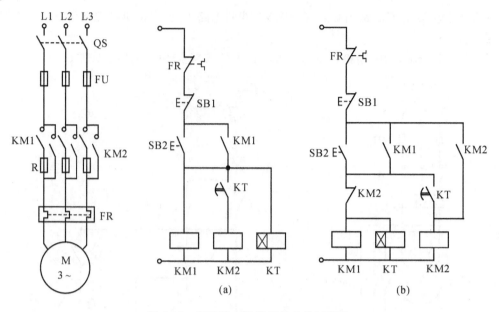

图 2-18　定子串电阻降压起动控制线路

3.串自耦变压器降压起动

在自耦变压器降压起动的控制线路中,电动机起动电流的限制是依靠自耦变压器的降压作用来实现的。起动时,把自耦变压器的原边接在电源上,副边接在电动机的定子绕组上,实现降压起动。起动完成后,再把自耦变压器的原、副边断开,电动机进入全压正常运行。

图 2-19 所示为采用两个接触器控制的自耦变压器降压起动线路。

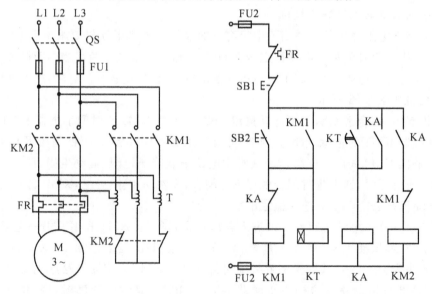

图 2-19　采用两个接触器控制的自耦变压器降压起动线路

合上电源开关 QS,按下起动按钮 SB2,KM1 线圈通电并自锁,电动机定子绕组经自耦变压器供电作降压起动,同时 KT 通电延时。当电动机转速上升到接近额定转速时,对应的

KT 延时时间结束,其通电延时闭合触点闭合,使中间继电器 K 线圈通电并自锁,K 的常闭触点断开,KM1 线圈失电;同时 K 的常开触点闭合使 KM2 线圈通电,将自耦变压器切除,电动机在全压下正常运行。该电路在电动机起动过程中会出现二次涌流冲击,仅适用于不频繁起动、电动机容量在 30kW 以下的设备中。

鼠笼式异步电动机起动时,应注意避免过大的起动电流对电网及传动机械的冲击作用,小容量的电动机(10kW 以内)允许直接起动。鼠笼式电动机的几种起动方法比较见表 2-1。

表 2-1　鼠笼式电动机几种起动方法比较

起动方法	适用范围	特　点
直接	电动机容量小于 10kW	不需要起动设备,但起动电流大
定子串电阻	电动机中等容量,起动次数不太多的场合	线路简单、价格低、电阻消耗功率大,起动转矩小
Y-△起动	额定电压为 380V,正常工作时为△接法的电动机,轻载或空载起动	起动电流和起动转矩为正常工作时的 1/3
串自耦变压器	电动机容量较大,要求限制对电网的冲击电流	起动转矩大,设备投入成本较高

4. TPL 系列鼠笼式电动机通用控制屏

TPL 系列鼠笼式电动机通用控制屏适用于全电压下不可逆重复短时工作制。采用主令控制器 SA 控制;带有电磁抱闸 YB 机械制动;控制电路采用 220V 直流电压供电,以增加接通频率和工作的可靠性。控制线路如图 2-20 所示。图中 KA 为堵转继电器。KB 为制动接触器,QS1 和 QS2 为自动开关。

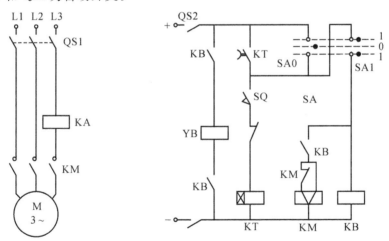

图 2-20　TPL 系列鼠笼式电动机通用控制屏

起动电动机之前,主令控制器 SA 放在"0"位,然后合上自动开关 QS1,主路三相交流电准备接通:合上自动开关 QS2,如果行程开关 SQ 的触头是接通的,而主令控制器 SA 的手柄放在零位(此时 SA0 接通),则时间继电器 KT 线圈通电,断电延时断开触点 KT 闭合,为线路接触器 KM 及制动接触器 KB 线圈通电做好准备。

当主令控制器手柄扳到"1"位时(SA1接通),制动接触器KB线圈通电;其三个常开触点闭合;一方面,使电磁抱闸线圈YB通电,松开机械抱闸;另一方面使线路接触器KM通电,其常开主触点闭合,接通电动机电源使电动机起动并运转。线路接触器的吸引线圈具有中间抽头,起动时只有一部分线圈通电,由于电阻小,线圈电流大,使在衔铁断开磁阻较大的情况产生足够的电磁吸力将衔铁吸合。在衔铁吸合后,接触器磁路磁阻减小,使衔铁保持吸合的线圈电流可大为减小,这时全部线圈串入以减小电流,电能消耗也借以降低。

采用自动开关QS1和QS2进行短路保护。主电路过载保护采用堵转继电器KA。当主电路过载时,KA动作使其常闭触点断开,从而使时间继电器KT线圈断电。经过延时后,断电延时断开触点KT断开,使接触器KB和KM的线圈皆断电,电动机脱离电源并进行机械制动。下次再起动时,主令控制器SA必须恢复"0"位后再扳到"1"位,称为零位保护。

这里时间继电器KT起零位联锁作用:当电动机起动时,较大的起动电流虽然使堵转继电器KA衔铁动作(吸合),使常闭触点短时断电,断电延时断开触点KT并不立即断开,以保护电动机起动过程中不至于误动作。

2.4.2 三相绕线式异步电动机起动的控制

三相绕线式异步电动机较直流电动机结构简单,维护方便,调速和起动性能比鼠笼式电动机优越。因此广泛应用于不可逆轧机、起重运输机、高炉料车卷扬机以及其辅助设备等电力拖动上。

有些生产机械虽不要求调速,但要求较大的起动力矩和较小的起动电流,鼠笼式电动机不能满足这种起动性能的要求,在此情况下,可采用绕线式电动机拖动。三相绕线式异步电动机通过滑环在转子绕组中串接外加电阻来减小起动电流,增大起动转矩及调速的目的。

1.绕线式异步电动机按时间原则串电阻起动线路

绕线式异步电动机按时间原则串电阻起动控制线路(单向)如图2-21所示。

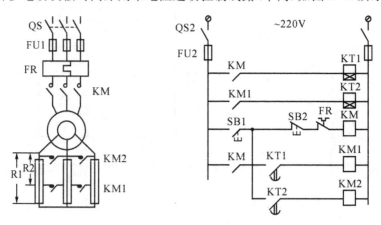

图2-21 绕线式异步电动机按时间原则串电阻起动控制线路

初始状态,线路接触器KM,第一级加速接触器KM1,第二级加速接触器KM2,时间继电器KT1,KT2的线圈均断电。起动时,按起动按钮SB1,KM线圈接通,其主触点接通电动机电源,电动机起动,此时由于KM1,KM2主触点都断开,所以电动机转子回路的电阻全串入(R_1)，限制起动电流。与此同时 KM 辅助触点闭合，KT1 线圈得电，开始计时，经 t_1 秒后，KT1 常开触点接通 KM1 线圈，其触点短接转子回路的一段电阻，起动电流又增大。同时 KM1 辅助触点接通 KT2 定时器线圈，并开始第二级计时，经 t_2 秒后 KT2 常开触点动作，接通第二级加速接触器 KM2 的线圈，KM2 的主触点短接电阻 R_2，此时电动机转子附加电阻全部被短接，电动机过渡到自然特性上，继续升速，直到稳定的转速。

2. 按电流原则控制的绕线式异步电动机转子串电阻起动控制线路

图 2-22 所示为按电流原则控制的绕线式异步电动机转子串电阻起动控制。图中 KM1 为线路接触器，KM2～KM4 为加速接触器，KA1～KA3 为欠电流继电器，K 为中间继电器。

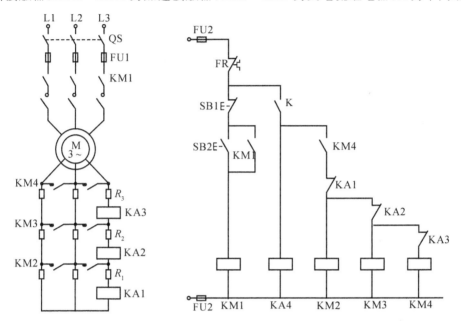

图 2-22　按电流原则控制转子电路串入电阻起动控制线路

该控制线路是利用电动机转子电流大小的变化来控制电阻切除的。

电流继电器 KA1～KA3 的线圈串在电动机转子电路中，这三个继电器的吸合电流都一样，但释放电流不一样。其中 KA1 的释放电流最大，KA2 次之，KA3 最小。刚起动时，由于起动电流很大，KA1～KA3 都吸合，KA1～KA3 常闭触头都断开，使 KM2～KM4 处于断电状态，转子电阻全部串入，达到限流和提高转矩的目的。当电动机转速升高后，电流逐渐减小，KA1 首先释放，它的常闭触点闭合，使加速接触器 KM2 线圈通电，其常开主触点闭合，短接电阻 R_1，使转子电流重新增大，起动转矩增大，致使转速又加快上升。随着转速的升高，电流又逐渐下降，KA2 释放，使 KM3 线圈通电，其常开主触点闭合，短接电阻 R_2。如此继续，直到转子电阻全部短接，电动机起动过程结束。

为保证电动机转子串入全部电阻起动，电路中设置了中间继电器 K，若无 K，当起动电流由零上升，未达到 KA1～KA3 的吸合值时，则 KA1～KA3 常闭触点均为闭合状态，使 KM2～KM4 同时通电，将转子电阻全部短接，电动机进行直接起动。而设置 K 后，在 KM1 通电后，再使 K 线圈通电，常开触点 K 闭合，在这之前起动电流已达到使 KA1～KA3 吸合的电流值并已动作，其常闭触点已将 KM2～KM4 电路断开，确保转子电阻串入，避免电动

57

机的直接起动。

2.5　三相异步电动机的制动控制

在生产过程中,有些设备要求缩短停车时间或者要求停车位置准确,或为了工作安全等原因,需要采用停车制动措施。

停车制动可分为电磁机械制动和电气制动两大类。电磁机械制动是用电磁铁操纵机械进行制动的,如电磁抱闸制动器、电磁离合器制动器等。电气制动是用电气的办法,使电动机产生一个与转子转动方向相反的力矩来进行制动。此时电动机轴上吸收的机械能转换为电能。转换过来的电能有的送回电网,有的消耗在转子电路中。因此,运行在制动状态下的异步电动机,实际上是一台异步发电机。异步电动机可工作于再生发电(回馈)制动、反接制动及能耗制动三种制动状态。本节主要介绍电气制动的控制线路。

2.5.1　三相鼠笼式异步电动机的反接制动控制

三相鼠笼式异步电动机的反接制动是利用改变电动机电源相序,使定子绕组产生的旋转磁场与转子惯性旋转方向相反,因而产生制动作用的一种制动方法。反接制动的制动转矩较大,制动迅速。但制动时,冲击力大,易损坏传动部件,制动能耗较大,准确度不高,仅适用于要求制动迅速但不频繁的场合,如各种机床的主轴制动。应注意的是,当电动机转速接近零时,必须断开电源,防止电动机反向旋转。

为了限制制动电流和减少制动冲击力,一般在 10kW 以上电动机的定子电路中串入对称电阻或不对称电阻,称为制动电阻。制动电阻有对称接线法和不对称接线法两种。采用对称电阻接线法,可以在限制制动转矩的同时,也限制了制动电流,而采用不对称制动电阻的接线法,只是限制了制动转矩,而未加制动电阻的那一相,仍具有较大的电流。

1. 单向反接制动控制线路

图 2-23 所示为三相鼠笼式异步电动机单向运转、反接制动的控制线路。图中 KM1 为单向旋转接触器,KM2 为反接制动接触器,KS 为速度继电器,R 为反接制动电阻。

合上刀开关 QS,按下起动按钮 SB2,接触器 KM1 线圈通电且自锁,电动机起动。当电动机转速升高以后(通常大于 120r/min)速度继电器 KS 触点闭合,为制动接触器 KM2 通电作准备。停车时,按下停车按钮 SB1,KM1 释放,KM2 吸合且自锁,改变了电动机定子绕组中电源相序,电动机反接制动。电动机转速迅速下降,当转速低于 100r/min 时,与电动机同轴转动的速度继电器的常开触点 KS 复位,KM2 线圈断电释放,制动过程结束。

2. 可逆起动反接制动控制线路

图 2-24 所示为可逆起动反接制动控制线路。图中 KM1,KM2 分别为正、反转接触器,KM3 为短接电阻接触器。K1～K4 为中间继电器;线路中的电阻 R 既能限制反接制动电流,也能限制起动电流。

起动时,合上开关 QS 后、按起动按钮 SB2,中间继电器 K3 线圈通电且自锁。K3 的一个常开触点接通正转接触器 KM1 线圈电路,其主触点闭合,电动机正向起动。正向起动刚

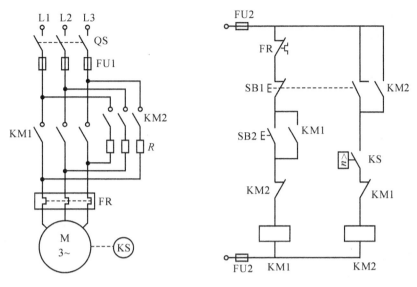

图 2-23　单向反接制动控制线路

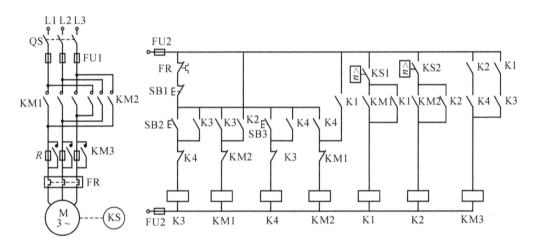

图 2-24　可逆起动反接制动线路

开始,速度继电器的常开触头 KS1 尚未闭合,使中间继电器 K1 无法通电,KM3 线圈回路中的 K1 常开触点不闭合,致使 KM3 不通电,电动机定子串电阻起动,限制了起动电流。当电动机转速上升到一定值时,KS 的正转常开触点 KS1 闭合,使中间继电器 K1 线圈通电且自锁,这时由于 K1,K3 中间继电器的常开触头均处于闭合状态,接触器 KM3 线圈通电,其主触点闭合,短接电阻 R,电动机继续升速到稳定工作转速。

　　停车时,按停止按钮 SB1,K3 及 KM1 线圈相继断电,触点复位,电动机正向电源被断开。由于电动机转速还较高,速度继电器 KS 的正转常开触点 KS1 仍闭合,中间继电器 K1 线圈保持着通电状态。KM1 断电后,其常闭触点的闭合使反转接触器 KM2 线圈通电,接通电动机反向电源,进行反接制动。同时,由于中间继电器 K3 线圈断电,接触器 KM3 断电,电阻 R 被串入主电路,限制了反接制动电流。电动机转速迅速下降,当转速下降到小于 100r/min 时,速度继电器 KS 的正转常开触点 KS1 断开复位,使 K1 线圈断电,KM2 线圈也断电,反接制动结束。

电动机反向起动和制动停车过程与正转时相同,可自行分析。

2.5.2　三相鼠笼式异步电动机的能耗制动控制

三相鼠笼式异步电动机能耗制动,是把转子存储的机械能转化为电能,消耗在转子回路上的一种制动方法。将正在运转的三相鼠笼式异步电动机从交流电源上切除,向定子绕组接入直流电流,产生静止的磁场,转子因惯性而继续旋转,切割磁力线,而产生制动力矩,使电动机转速迅速减速而停转。

能耗制动所消耗的能量较小,制动准确度较高,制动转矩平滑,但制动力较弱,制动转矩与转速成比例减小。同时,还需另设直流电源,费用较高。能耗制动适用于要求制动平稳、停位准确的场合,如铣床、龙门刨床及组合机床的主轴定位等。

1. 按时间原则控制的能耗制动线路

图 2-25 所示为按时间原则控制的能耗制动线路。

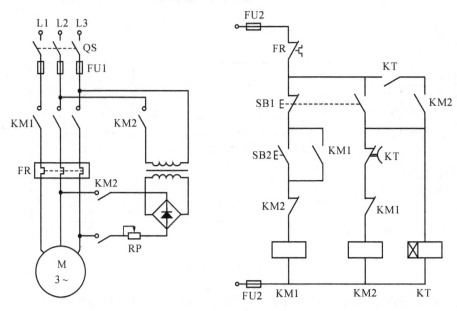

图 2-25　按时间原则控制的能耗制动线路

起动时合上刀开关 QS,按下起动按钮 SB2,接触器 KM1 线圈通电并自锁。主触点闭合使电动机接通电源运转。电动机停转和制动时,按下停止按钮 SB1,使 KM1 线圈断电,并使时间继电器 KT 线圈、接触器 KM2 线圈通电,KM2 常开触点闭合,给电动机两相定子绕组中送入直流电流,进行能耗制动。经过一定时间后,时间继电器的通电延时断开触点 KT 断开,KM2 线圈失电,切断直流电源,同时使 KT 线圈断电,电路恢复到原始状态,并做好再次起动的准备。

2. 按速度原则控制的可逆运行能耗制动控制线路

图 2-26 所示为按速度原则控制的能耗制动线路。

起动时,合上刀开关 QS,按下正转按钮 SB2 或反转按钮 SB3,相应接触器 KM1 或 KM2

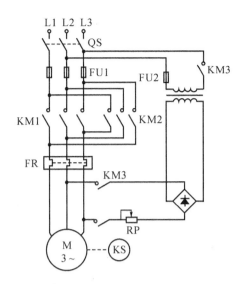
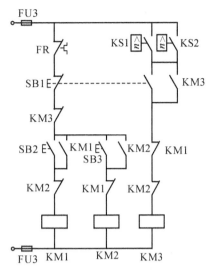

图 2-26　按速度原则控制的能耗制动线路

线圈通电并自锁。电动机正转或反转,转速升高以后(通常大于 120r/min)速度继电器 KS1 或 KS2 闭合。制动时,按下停止按钮,使 KM1 或 KM2 线圈断电,其主触点断开电动机的电源,SB1 的常开触点合上,使制动接触器 KM3 线圈通电,电动机定子接入直流电源进行能耗制动,使转速迅速下降。当转速下降到 100r/min 时,速度继电器的 KS1 或 KS2 触点断开,使 KM3 断电,能耗制动结束,电动机自由停车。

异步电动机能耗制动与反接制动比较见表 2-2。

表 2-2　能耗制动与反接制动的比较

制动方法	适用范围	特　　点
能耗制动	要求平稳准确制动场合	制动准确度高,需直流电源,设备投入费用高
反接制动	制动要求迅速,系统惯性大,制动不频繁的场合	设备简单,制动迅速,准确性差,制动冲击力强

2.6　三相异步电动机的调速控制

在电器控制线路中,对于鼠笼式交流电动机的调速,常采用多速机实现,而对于绕线机则可在转子中分级串接电阻实现。

2.6.1　多速机的调速控制

电动机的同步转速 $n = 60f/P$,当电网频率 f 固定以后,n 与极对数 P 成反比。若能改变极对数 P,则 n 也会随之改变。变极调速只适用于笼型异步电动机。

多速电动机一般有双速、三速、四速之分,双速电机定子装有一套绕组,三速、四速则为两套绕组。

双速电动机三相绕组连接图如图 2-27 所示。图 2-27(a) 为三角形 (四极、低速) 与双星形 (二极、高速) 接法,属于恒功率调速;图 2-27(b) 为星形 (四极、低速) 与双星形 (二极、高速) 接法,属于恒转矩调速。

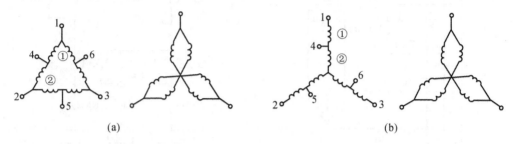

图 2-27　多速电动机绕组的接线

多速电动机调速控制线路如图 2-28 所示,图中 S 为双投开关。合向"低速"位置时,电动机接成三角形,低速运转;S 合向高速位置时,接触器 KM1,KM2 工作,电动机接成双星形,高速运转。图中时间继电器所起的作用是:电动机直接向高速起动时,首先接通低速接触器 KM3,经过 KT 延时后,自动切换为接触器 KM1,KM2 工作,电机高速运转,这样先低速后高速的控制,目的是限制起动电流。

双速电动机调速的优点是可以适应不同负载性质的要求,需要恒功率调速时可采用三角形-双星形电机,恒转矩调速时用星形-双星形电机,线路简单、维修方便。缺点是有级调速且价格较贵。多速机调速有一定使用价值,通常与机械变速配合使用,以扩大其调速范围。

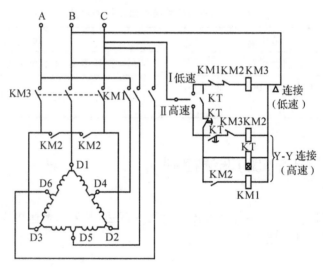

图 2-28　多速电动机调速控制线路

2.6.2 绕线式电动机转子串电阻的调速控制

绕线式电动机可以在转子中串电阻起动,以减小起动电流,也可以在转子中串入不同的电阻值运转,使电动机工作在不同的人为特性上,以获得不同的转速,实现调速的目的。分段串接电阻通常可用主令控制器来实现,这类线路主令控制器的触点位置较为烦琐,这里就不再介绍了。

小结:

(1)接电次数在500次/小时以下,对调速要求不高,可采用笼型电动机拖动。要求限制起动电流的,可采用以时间为变化参量进行控制的降压起动,否则可直接起动;要求快速制动,则可考虑用能耗制动或反接制动。

(2)接电次数在700次/小时左右,对调速无特殊要求,可采用交流绕线型异步电动机拖动。为提高可靠性,用直流操作并以时间为变化参量分级起动。可逆运转并要求迅速反向的,一般采用反接制动,静阻转矩变化不大时,采用以时间为变化参量控制反接制动,否则采用以转速(电势)为变化参量控制反接制动。单向运转并要求准确停车的,一般采用能耗制动。

(3)工作比较紧张,接电次数在1000次/小时上下,采用由车间直流电网供电的直流复励或并励电动机拖动,以时间为变化参量分级起动。要求准确停车,则采用一级或二级能耗制动,要求迅速反转,可以采用反接制动。根据需要在制动时可采用电气、机械联合制动。

(4)工作特别紧张,接电次数在1200次/小时以上,要求调速范围宽,调速性能好,具有挖土机特性,则采用晶闸管供电电动机拖动。

2.7 电器控制线路中常用的保护环节

电器控制系统必须在安全可靠的条件下满足生产工艺的要求,因此在线路中还必须设有各种保护装置,避免由于各种故障造成电器设备和机械设备的损坏,以及保证人身的安全。保护环节也是所有自动控制系统不可缺少的组成部分,保护的内容十分广泛,不同类型的电动机、生产机械和控制线路有着不同的要求。本节集中介绍低压电动机最常用的保护。常用的保护装置有短路保护、过电流保护、过载保护、零电压和欠电压保护等。

2.7.1 短路保护

短路电流会引起电器设备绝缘损坏和产生强大的电动应力使电机绕组和电路中的各种电器设备产生机械性损坏。因此,当电路出现短路电流或者数值上接近短路电流的时候,必须可靠而迅速地开断电路。但是,短路保护不应受起动电流的影响而动作。

常用的短路保护装置是熔断器和自动开关及过电流继电器。

1. 熔断器保护

由于熔断器的熔体受很多因素的影响,因此其动作值不太稳定,所以通常熔断器比较适用于动作准确度要求不高和自动化程度较差的系统。如在小容量的鼠笼异步机及小容量的直流电机中就广泛地使用熔断器。

对直流电动机和绕线式异步电动机来说,熔断器熔体的额定电流可按表 2-3 计算。

表 2-3　直流电动机和绕线式异步电动机熔断器熔体额定电流的计算

工 作 制	熔体额定电流/电动机额定电流
连续工作制	1
重复短时工作制(合闸率＝25％)	1.25

鼠笼型异步电动机(起动电流达 7 倍额定电流),熔体的额定电流可按表 2-4 计算。

表 2-4　鼠笼型异步电动机熔断器熔体额定电流的计算

工 作 制	熔体额定电流/电动机额定电流
连续(降压起动)	2
连续(全压起动)	2.75
重复短时(全压起动)合闸率＝25％	3.5

当鼠笼型异步电动机的起动电流不等于 7 倍额定电流时,熔体的额定电流可按表2-5计算。

表 2-5　鼠笼型异步电动机熔断器熔体额定电流的计算

起 动 时 间	熔体额定电流
2s 以下	≥起动电流/2.5A
10s 以上	≥起动电流/1.6～2A

2. 过电流继电器保护或自动开关保护

当用过电流继电器或自动开关进行短路保护时,其线圈的动作电流可按下式计算

$$I_{ZK} = 1.2 I_{ST}$$

式中:I_{ZK} 为电流继电器或自动开关的动作电流;I_{ST} 为电动机的起动电流。

应当指出,过电流继电器的短路保护不同于熔断器和自动开关。过电流继电器是一个测量元件,过电流的保护要通过执行元件接触器来完成,因此为了能切断短路电流,接触器的触点容量不得不加大,自动开关是把测量元件和执行元件装在一起。熔断器的熔体本身就是测量和执行元件。

2.7.2　过电流保护

不正确的起动和过大的负载转矩常会使电动机产生很大的过电流,如电动机频繁起动和电动机正、反转切换等都会引起过电流现象。由此引起的过电流一般比短路电流要小。过大的冲击电流所产生的电动机电磁转矩会使机械传动部件受到损伤,因此要瞬时切断电源。过电流保护通常用在绕线式异步机中,对于限流起动的绕线式异步电动机,过电流继电

器的动作值一般为起动电流的 1.2 倍。绕线式异步电动机线路中的过电流继电器同时起着短路保护作用。因此所用接触器的触头容量要加以考虑。

2.7.3　过载保护

为了防止电动机因长期超载运行,电动机绕组的温升超过允许值而损坏,所以要采取过载保护。这种保护装置的特点是:负载电流愈大,电器动作时间愈快,但又不应受电动机起动电流的影响而误动作,这种保护装置通常以热继电器用得最多。

由于热惯性的关系,热继电器不会受电动机短路时过载冲击电流的影响而瞬时动作。电路有 8~10 倍额定电流通过时,热继电器需要过 1~3s 时间才动作。这样,在热继电器未动作之前可能已使热继电器的发热元件和电路中的其他设备烧毁,所以在使用热继电器作过载保护时,还必须装有熔断器的短路保护装置。并且熔体的额定电流不应超过 4 倍热继电器发热元件的额定电流,而过电流继电器的动作电流不应超过 6~7 倍热继电器发热元件的额定电流。

如果电动机的环境温度比继电器的环境温度高 15~25℃,则选用额定电流小 1 号的发热元件。如果电动机的环境温度比继电器的环境温度低 15~25℃,则要选用大 1 号的发热元件。

现在也有一种用热敏电阻作为测量元件的热继电器,它可以将热敏元件嵌在电机的绕组或其他发热元件中,以便更准确地测量温升的部位。其功能也是当被测部件达到指定的温度时,切断电路进行保护。

2.7.4　零电压和欠电压保护

在电动机正常工作时,如因为电源电压的消失而使电动机停转,当在电源电压恢复时电动机就可能自动起动。电动机的自起动可能造成人身事故或设备事故。对电网来说,许多电动机自起动也会引起不允许的过电流及电压降。防止电压恢复时电动机自起动的保护叫零压保护。

电动机工作时,电源电压过分地降低会引起电动机的转速下降甚至停转;在恒负载情况下,将引起电动机电流增大,造成绕组过热而损坏;另外,由于电压的降低将引起一些电器的释放,造成电路不正常工作,可能产生事故。因此需要在电压下降到最小允许值时将电动机电源切除。这种保护称为欠电压保护。

一般采用按钮与接触器、电压继电器等来进行零压和欠压保护。

电压继电器的吸上电压通常整定为 $0.8 \sim 0.85 U_{RT}$,电压继电器的释放电压通常整定为 $0.5 \sim 0.7 U_{RT}$。

习题与思考题

1. 电力拖动控制系统的电气线路图有哪几种?各有什么用途?
2. 在电动机的主电路中,既然装有熔断器,为什么还要装热继电器?各起什么作用?

3. 鼠笼型异步电动机,在什么条件下可以直接起动? 试设计带有短路、过载、欠压保护的鼠笼型电动机直接起动的主电路与控制电路。

4. 在有自动控制装置的机床上,电动机由于过载而自动停车后,有人立即按起动按钮,但无法开车,试说明这可能是什么原因?

5. 自锁环节是怎样组成的? 起什么作用? 并具有什么功能?

6. 某机床主轴由一台鼠笼型电动机拖动,润滑油泵由另一台鼠笼型电动机拖动。均采用直接起动,工艺要求为:

(1)主轴必须在油泵起动后,才能起动;

(2)主轴正常为正向运转,但为调试方便,要求能反向点动;

(3)主轴停止运转后,才允许油泵停止;

(4)有短路、过载及欠压保护。

试设计主电路及控制线路。

7. 试分析题图 2-1 各控制线路能否实现正常起动? 并指出各控制线路存在的问题,并加以改正。

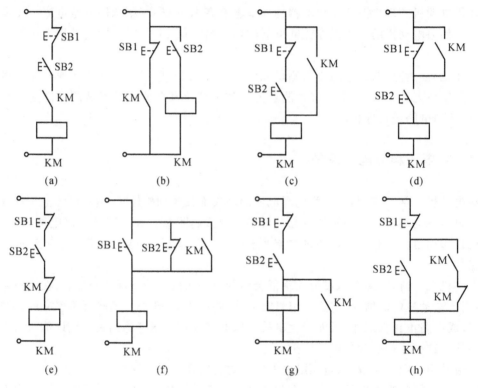

题图 2-1 各种控制线路

8. 某水泵由鼠笼型电动机拖动,采用降压起动,要求在三处都能控制起、停。试设计主电路与控制线路。

9. 某升降台由一台鼠笼型电动机拖动,直接起动,制动有电磁抱闸。要求:按下起动按钮后先松闸,经 3s 后电机正向起动,工作台升起,再经 5s 后,电机自动反向,工作台下降,经 5s 后,电机停止,电磁闸抱紧,试设计主电路与控制电路。

10. M1,M2 均为鼠笼型电动机,可直接起动,按下列要求设计主电路及控制线路。

(1)M1 起动,经一定时间后 M2 自行起动;

(2)M2 起动后,M1 立即停车;

(3)M2 能单独停车;

(4)M1,M2 均能点动。

11. 设计一小车运行的控制线路,小车由异步电动机拖动,其动作过程如下:

(1)小车由原位开始前进,到终端后自动停止。

(2)在终端停留 2 分钟后自动返回原位停止。

(3)要求能在前进或后退途中任意位置都能停止或起动。

12. 电器控制线路常用的保护环节有哪些?各采用什么电器元件?

附录 2-1 考核练习题(附答案)

一、选择题

1. 功率小于(   )电动机控制电路可用 HK 系列刀开关直接操作。
   A. 4kW　　　　　　　　B. 5.5kW
   C. 7.5kW　　　　　　　D. 15kW

2. HZ10 系列拨盘开关额定电流一般取电动机额定电流的(   )。
   A. 1~1.5 倍　　　　　　B. 1.5~2.5 倍
   C. 2.5~3.5 倍　　　　　D. 3.5~5 倍

3. 交流接触器(   )发热是主要的。
   A. 线圈　　　　　　　　B. 铁芯
   C. 触点　　　　　　　　D. 绕组

4. JS7-A 系列时间继电器从结构上看,只要改变(   )的安装方向,便可获得两种不同的延时方式。
   A. 触点系统　　　　　　B. 电磁系统
   C. 气室　　　　　　　　D. 绕组

5. 由 4.5kW、5kW、7kW 三台三相笼型异步电动机组成的电气设备中,总熔断器选择额定电流(   )的熔体。
   A. 30A　　　　　　　　B. 50A
   C. 70A　　　　　　　　D. 15A

6. DZ5-20 型自动空气开关的电磁脱扣器的作用是(   )。
   A. 过载保护　　　　　　B. 欠压保护
   C. 失压保护　　　　　　D. 短路保护

7. 直流接触器(   )发热是主要的。
   A. 线圈　　　　　　　　B. 铁芯
   C. 触点　　　　　　　　D. 栅片

8. 交流接触器短路环的作用是(   )。
   A. 短路保护　　　　　　B. 消除铁芯振动
   C. 增大铁芯磁通　　　　D. 减小铁芯磁通

9. 绕线式异步电动机转子绕组串频敏变阻器起动时起动电流过大,起动太快时,应将频敏变阻器换接抽头,使匝数(   )。
   A. 增大　　　　　　　　B. 减小
   C. 不变　　　　　　　　D. 部分减小

10. 反接制动适用于 10kW 以下小容量电动机的制动,对(   )以上电动机反接制动,需在定子回路中串入限流电阻。

  A. 3kW   B. 4.5kW

  C. 5.5kW   D. 7.5kW

11. 常用低压控制电器为（　　　）。

  A. 刀开关   B. 熔断器

  C. 接触器   D. 热继电器

12. 自动切换电器为（　　　）。

  A. 自动空气开关   B. 主令电器

  C. 接触器   D. 组合开关

13. 国家标准的符号为（　　　）。

  A. JB   B. GB

  C. DQ   D. ISO

14. 电器的有载时间和工作周期之比为（　　　）。

  A. 操作频率   B. 通电持续率

  C. 机械寿命   D. 电气寿命

15. 低压电器产品全型号中第一位为（　　　）。

  A. 设计代号   B. 基本规格代号

  C. 类组代号   D. 辅助规格代号

16. 低压开关一般为（　　　）。

  A. 非自动切换电器   B. 自动切换电器

  C. 半自动切换电器   D. 无触点电器

17. HH 系列刀开关采用贮能分合闸方式主要是为了（　　　）。

  A. 操作安全   B. 减少机械磨损

  C. 缩短通断时间   C. 减小劳动强度

18. 用于电动机直接起动时,可选用额定电流等于或大于电动机额定电流（　　　）的三极刀开关。

  A. 1 倍   B. 3 倍

  C. 5 倍   D. 7 倍

19. HZ 系列拨盘开关的贮能分合闸速度与手柄操作速度（　　　）。

  A. 成正比   B. 成反比

  C. 有关   D. 无关

20. 限位型拨盘开关只能在（　　　）范围内旋转。

  A. 45°   B. 90°

  C. 135°   D. 180°

21. 按下复合按钮时（　　　）。

  A. 动合先闭合   B. 动断先断开

  C. 动合、动断同时动作 D. 无法确定

22. DZ5-20 型自动空气开关的热脱扣器用作（　　　）。

  A. 过载保护   B. 短路保护

  C. 欠压保护   D. 失压保护

23. 按钮帽上的颜色是用来（　　）。
    A. 注意安全　　　　　　　B. 引起警惕
    C. 区分功能　　　　　　　D. 无意义

24. 蠕动型位置开关的触点动作速度与操作速度（　　）。
    A. 成正比　　　　　　　　B. 成反比
    C. 无关　　　　　　　　　D. 无法确定

25. 瞬动型位置开关的触点动作速度与操作速度（　　）。
    A. 成正比　　　　　　　　B. 成反比
    C. 无关　　　　　　　　　D. 无法确定

26. 熔体的熔断时间与（　　）。
    A. 电流成正比　　　　　　B. 电流成反比
    C. 电流的平方成正比　　　D. 电流的平方成反比

27. 半导体元件的短路或过载保护均采用（　　）。
    A. RL1 系列　　　　　　　B. RT0 系列
    C. RLS 系列　　　　　　　D. RM10 系列

28. RL1 系列熔断器的熔管内充填石英砂是为了（　　）。
    A. 绝缘　　　　　　　　　B. 防护
    C. 灭弧　　　　　　　　　D. 散热

29. 交流接触器线圈电压过高将导致（　　）。
    A. 线圈电流显著增加　　　B. 线圈电流显著减少
    C. 触点电流显著增加　　　D. 触点电流显著减少

30. 交流接触器线圈电压过低将导致（　　）。
    A. 线圈电流显著增加　　　B. 线圈电流显著减少
    C. 触点电流显著增加　　　D. 触点电流显著减少

31. CJ10-10 采用（　　）灭弧装置。
    A. 双断点电动力　　　　　B. 陶瓷灭弧罩
    C. 栅片　　　　　　　　　D. 磁吹式

32. 直流接触器一般采用（　　）灭弧装置。
    A. 双断点电动力　　　　　B. 陶瓷灭弧罩
    C. 栅片　　　　　　　　　D. 磁吹式

33. 直流接触器吸合后的线圈电流与未吸合时的电流比（　　）。
    A. 大于 1　　　　　　　　B. 等于 1
    C. 小于 1　　　　　　　　D. 无法确定

34. 交流接触器吸合后的电流与未吸合时的电流比（　　）。
    A. 大于 1　　　　　　　　B. 等于 1
    C. 小于 1　　　　　　　　D. 无法确定

35. 欠电流继电器的线圈吸合电流应（　　）线圈的释放电流。
    A. 大于　　　　　　　　　B. 小于
    C. 等于　　　　　　　　　D. 无法确定

36. 热继电器中的双金属片弯曲是由于（　　　）。

    A. 机械强度不同 　　　　 B. 热膨胀系数不同

    C. 温度变化 　　　　　　 D. 温差效应

37. 热继电器自动复位时间不大于（　　　）。

    A. 2 分钟 　　　　　　　 B. 5 分钟

    C. 10 分钟 　　　　　　　 D. 15 分钟

38. 热继电器手动复位时间不大于（　　　）。

    A. 2 分钟 　　　　　　　 B. 5 分钟

    C. 10 分钟 　　　　　　　 D. 15 分钟

39. 一般速度继电器转轴转速达到（　　　）以上时，触点动作。

    A. 80 转/分 　　　　　　 B. 100 转/分

    C. 120 转/分 　　　　　　 D. 150 转/分

40. 一般速度继电器转轴转速低于（　　　）以下时，触点复位。

    A. 80 转/分 　　　　　　 B. 100 转/分

    C. 120 转/分 　　　　　　 D. 150 转/分

41. 某台电动机的额定功率为 4kW，现用按钮、接触器控制，试选择下列元件：

    (a)组合开关（　　　）。

    A. HZ10-10/3 　　　　　 B. HZ10-25/3

    C. HZ10-60/3 　　　　　 D. HZ10-100/3

    (b)主电路熔断器（　　　）。

    A. RL1-60/20 　　　　　 B. RL1-60/30

    C. RL1-60/40 　　　　　 D. RL1-60/60

    (c)控制电路熔断器（　　　）。

    A. RL1-15/2 　　　　　　 B. RL1-15/6

    B. RL1-15/10 　　　　　 D. RL1-15/15

    (d)接触器（　　　）。

    A. CJ10-10 　　　　　　 B. CJ10-20

    C. CJ10-40 　　　　　　 D. CJ10-60

    (e)热继电器的整定电流范围（　　　）。

    A. 2.5～4.0 　　　　　　 B. 4.0～6.4

    C. 6.4～10 　　　　　　 D. 10～16

42. 某台电动机的额定功率为 7.5kW，现用按钮、接触器控制，试选择下列元件：

    (a)组合开关（　　　）。

    A. HZ10-10/3 　　　　　 B. HZ10-25/3

    C. HZ10-60/3 　　　　　 D. HZ10-100/3

    (b)主电路熔断器（　　　）。

    A. RL1-60/20 　　　　　 B. RL1-60/30

    C. RL1-60/50 　　　　　 D. RL1-60/60

    (c)控制电路熔断器（　　　）。

A. RL1-15/2   B. RL1-15/6

B. RL1-15/10   D. RL1-15/15

(d)接触器(　　)。

A. CJ10-10   B. CJ10-20

C. CJ10-40   D. CJ10-60

(e)热继电器的整定电流范围(　　)。

A. 4.0～6.4   B. 6.4～10

C. 10～16   D. 16～25

二、判断题

1. 电路图不能与接线图或接线表混合绘制。 (　　)

2. 晶体管时间继电器也称半导体时间继电器或电子式时间继电器。 (　　)

3. 能在两地控制一台电动机的控制方式叫电动机的多地控制。 (　　)

4. 互连图是表示电路单元之间的连接情况,通常不包括单元内部的连接关系。(　　)

5. 分析电气图可按布局顺序从右到左、自上而下地逐级分析。 (　　)

6. 低压开关可以用来直接控制任何容量电动机的起动、停止和正反转。 (　　)

7. HK 系列刀开关设有专门的灭弧装置。 (　　)

8. HK 系列刀开关不宜分断有负载的电路。 (　　)

9. 对 HK 系列刀开关的安装,除垂直安装外,也可以倒装或横装。 (　　)

10. HH 系列铁壳开关的触点形式只有单断点楔形触点一种。 (　　)

11. HH 系列铁壳开关合闸后,开关盖不能自由打开。 (　　)

12. HH 系列铁壳开关开关盖开启后,可以自由合闸。 (　　)

13. HH 系列铁壳开关外壳应可靠接地。 (　　)

14. HZ 系列拨盘开关可用来频繁地接通和断开电路,换接电源和负载。 (　　)

15. HZ 系列拨盘开关具有贮能分合闸装置。 (　　)

16. DZ5-20 型自动空气开关不设专门的灭弧装置。 (　　)

17. DZ5-20 型自动空气开关的热脱扣器和电磁脱扣器均设有电流调节装置。 (　　)

18. DZ5-20 型自动空气开关中的电磁脱扣器就是欠压脱扣器。 (　　)

19. 按钮开关也可作为一种低压开关,通过手动操作完成主电路的接通和分断。

                                                                           (　　)

20. 动断按钮可作为停止按钮使用。 (　　)

21. 当按下动合按钮然后再松开时,按钮便自锁接通。 (　　)

22. 主令电器是在自动控制系统中发出指令或信号的操纵电器,由于它是专门发号施令,故称"主令电器"。 (　　)

23. 蠕动型位置开关的触点使用寿命高于瞬动型。 (　　)

24. 瞬动型位置开关的性能优于蠕动型。 (　　)

25. 晶体管无触点位置开关又称接近开关。 (　　)

26. 电力拖动系统中的过载保护和短路保护仅仅是电流倍数的不同。 (　　)

27．熔体的熔断时间与电流平方成正比。 （　　）

28．在装接 RL1 系列熔断器时,电源线应接在下接线座。 （　　）

29．大热惯性的熔体发热时间常数很大,熔化很快。 （　　）

30．无热惯性的熔体发热时间常数很大,熔化很快。 （　　）

31．接触器除通断电路外,还具有短路和过载的保护功能。 （　　）

32．交流接触器线圈一般做成细而长的圆筒形状。 （　　）

33．接触器线圈通电时,动断触点先断开,动合触点后闭合。 （　　）

34．交流接触器线圈电压过高或过低都会造成线圈过热。 （　　）

35．B 系列交流接触器是我国自行设计的换代产品。 （　　）

36．直流接触器线圈一般做成粗而短的圆筒形状。 （　　）

37．通过磁吹式灭弧装置的电弧电流越大,吹灭电弧的能力越强。 （　　）

38．磁吹式灭弧装置的磁吹力方向与电流方向无关。 （　　）

39．电磁式电流继电器,调整夹在铁芯柱与衔铁吸合端面之间的非磁性垫片厚度也能改变继电器的释放电流,垫片越厚,释放电流越大。 （　　）

40．继电器不能根据非电量的变化接通或断开控制电路。 （　　）

41．继电器不能用来直接控制较大电流的主电路。 （　　）

42．中间继电器的输入信号为线圈的通电和断电。 （　　）

43．欠压继电器和零压继电器的动作电压是相同的。 （　　）

44．零压继电器接与被测电路中,一般动作电压为 $0.1 \sim 0.35 U_N$ 时对电路进行零电压保护。 （　　）

45．热继电器的整定电流是指热继电器连续工作而动作的最小电流。 （　　）

46．断电延时与通电延时两种时间继电器的组成元件是通用的。 （　　）

47．电磁离合器制动属于电气制动。 （　　）

48．大容量星形连接的电动机可采用"Y-△"降压起动。 （　　）

49．反接制动是指改变电动机的电源相序来产生制动力矩,迫使电动机迅速停转的方法。 （　　）

50．能在两地或两地以上的地方控制一台电动机的方式叫多地控制。 （　　）

51．绕线式异步电动机转子回路串电阻降压起动时,起动电流越小,起动转矩也跟着减小。 （　　）

52．三相异步电动机变频调速可以实现无级调速。 （　　）

参考答案

一、选择题

1.B　2.B　3.B　4.B　5.B　6.D　7.A　8.B　9.A　10.B　11.C　12.C　13.B　14.B　15.C　16.A　17.C　18.B　19.D　20.B　21.B　22.A　23.C　24.A　25.C　26.D

27. C   28. C   29. A   30. A   31. A   32. D   33. B   34. C   35. A   36. B   37. B   38. A
39. C   40. B   41. (a)B   (b)A   (c)A   (d)A   (e)C   42. (a)C   (b)B   (c)A   (d)B
(e)C

二、判断题

1. √   2. √   3. ×   4. √   5. ×   6. ×   7. ×   8. √   9. ×   10. ×   11. √   12. ×
13. √   14. ×   15. √   16. ×   17. √   18. ×   19. ×   20. √   21. ×   22. √   23. ×
24. √   25. √   26. ×   27. √   28. √   29. ×   30. ×   31. √   32. ×   33. √   34. √
35. ×   36. ×   37. √   38. √   39. √   40. ×   41. √   42. √   43. ×   44. √   45. ×
46. √   47. ×   48. ×   49. √   50. √   51. ×   52. √

附录 2-2　基本电器控制线路的装接

　　控制线路的安装和调试是电工职业岗位的一项重要技能。本部分主要介绍常用的几种继电—接触器控制线路以及线路的安装、调试,逐步培养读图能力和故障处理能力以及实践操作技能,为今后从事控制线路的设计、安装和技术改造打下一定的基础。

一、基本控制电路的装接

(一)电工用图的分类及其作用

　　在电气控制系统中,首先是由配电器将电能分配给不同的用电设备,再由控制电器使电动机按设定的规律运转,实现由电能到机械能的转换,满足不同生产机械的要求。在电工领域安装、维修都要依靠电气控制原理图和施工图,施工图又包括电气元件布置图和电气接线图。电工用图的分类及作用见附表 2-1。

附表 2-1　电工用图的分类及作用

电工用图		概　念	作　用	图中内容
电气控制图	原理图	是用国家统一规定的图形符号、文字符号和线条连接来表明各个电器的连接关系和电路工作原理的示意图,如附图 2-1 所示	是分析电气控制原理、绘制及识读电气控制接线图和电器元件位置图的主要依据	电器控制线路中所包含的电器元件、设备、线路的组成及连接关系
	施工图 平面布置图	是根据电器元件在控制板上的实际安装位置,采用简化的外形符号(如方形等)而绘制的一种简图。如附图 2-2 所示	主要用于电器元件的布置和安装	项目代号、端子号、导线号、导线类型、导线截面等
	施工图 接线图	是用来表明电器设备或线路连接关系的简图,如附图 2-3 所示	是安装接线、线路检查和线路维修的主要依据	电气线路中所含元器件及其排列位置,各元器件之间的接线关系

　　电气控制图是电气工程技术的通用语言。为了便于信息交流与沟通,在电气控制线路中,各种电器元件的图形符号和文字符号必须统一,即符合国家强制执行的国家标准。我国颁布了 GB 4728—84《电气图用图形符号》、GB 6988—87《电气制图》及 GB 7159—87《电气技术中的文字符号制订通则》,GB5226—85《机床电气设备通用技术条件》,GB/T6988—1997《电气技术用文件的编制》等。

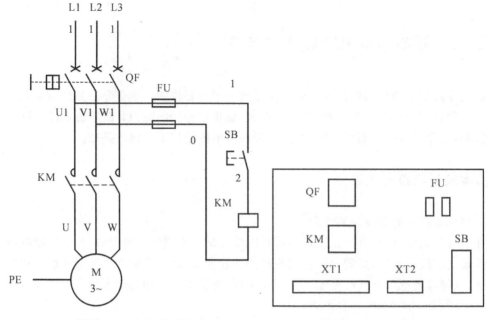

附图 2-1 电气原理图　　　　　附图 2-2 平面布置图

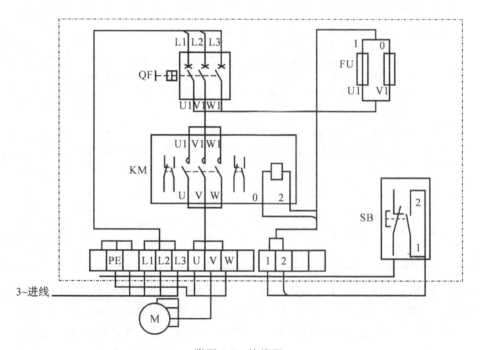

附图 2-3 接线图

(二)电器控制线路的安装工艺及要求

1.安装前应检查各元件是否良好。

2.安装元件不能超出规定范围。

3.导线连接可用单股线(硬线)或多股线(软线)连接。用单股线连接时,要求连线横平竖直,沿安装板走线,尽量少出现交叉线,拐角处应为直角。布线要美观、整洁、便于检查。

用多股线连接时,安装板上应搭配有行线槽,所有连线沿线槽内走线。

　　4.导线线头裸露部分不能超过 2mm。

　　5.每个接线柱不允许超过两根导线,导线与元件连接要接触良好,以减小接触电阻。

　　6.导线与元件连接处是螺丝的,导线线头要沿顺时针方向绕线。

(三)安装电器控制线路的方法和步骤

　　安装电动机控制线路时,必须按照有关技术文件执行。电动机控制线路安装步骤和方法如下。

　　1.阅读原理图。明确原理图中的各种元器件的名称、符号、作用,理清电路图的工作原理及其控制过程。

　　2.选择元器件。根据电路原理图选择组件并进行检验。包括组件的型号、容量、尺寸、规格、数量等。

　　3.配齐需要的工具,仪表和合适的导线。按控制电路的要求配齐工具,仪表,按照控制对象选择合适的导线,包括类型、颜色、截面积等。电路 U、V、W 三相用黄色、绿色、红色导线,中性线(N)用黑色导线,保护接地线(PE)必须采用黄绿双色导线。

　　4.安装电器控制线路。根据电路原理图、接线图和平面布置图,对所选组件(包括接线端子)进行安装接线。要注意组件上的相关触点的选择,区分常开、常闭、主触点、辅助触点。控制板的尺寸应根据电器的安排情况决定。导线线号的标志应与原理图和接线图相符合。在每一根连接导线的线头上必须套上标有线号的套管,位置应接近端子处。线号编制方法如下。

　　(1)主电路。三相电源按相序自上而下编号为 L1、L2、L3;经过电源开关后,在出线端子上按相序依次编号为 U11、V11、W11。主电路中各支路的,应从上至下、从左至右,每经过一个电器元件的线桩后,编号要递增,如 U11、V11、W11、U12、V12、W12……单台三相交流电动机(或设备)的三根引出线按相序依次编号为 U、V、W(或用 U1、V1、W1 表示),多台电动机引出线的编号,为了不致引起误解和混淆,可在字母前冠以数字来区别,如 1U、1V、1W,2U、2V、2W……

　　(2)控制电路与照明、指示电路。应从上至下、从左至右,逐行用数字来依次编号,每经过一个电器元件的接线端子,编号要依次递增。

　　5.连接电动机及保护接地线、电源线及控制电路板外部连接线。

　　6.线路静电检测。

　　7.通电试车。

(四)电器控制线路安装时的注意事项

　　1.不触摸带电部件,严格遵守"先接线后通电,先接电路部分后接电源部分;先接主电路,后接控制电路,再接其他电路;先断电源后拆线"的操作程序。

　　2.接线时,必须先接负载端,后接电源端;先接接地端,后接三相电源相线。

　　3.发现异常现象(如发响、发热、焦臭),应立即切断电源,保持现场,报告指导老师。

　　4.注意仪器设备的规格、量程和操作程序,做到不了解性能和用法,不随意使用设备。

(五)通电前检查

　　控制线路安装好后,在接电前应进行如下项目的检查。

　　1.各个元件的代号、标记是否与原理图上的一致和齐全。

2.各种安全保护措施是否可靠。

3.控制电路是否满足原理图所要求的各种功能。

4.各个电气元件安装是否正确和牢靠。

5.各个接线端子是否连接牢固。

6.布线是否符合要求、整齐。

7.各个按钮、信号灯罩和各种电路绝缘导线的颜色是否符合要求。

8.电动机的安装是否符合要求。

9.保护电路导线连接是否正确、牢固可靠。

10.检查电气线路的绝缘电阻是否符合要求。其方法是:短接主电路、控制电路和信号电路,用500V兆欧表测量与保护电路导线之间的绝缘电阻不得小于0.5兆欧。当控制电路或信号电路不与主电路连接时,应分别测量主电路与保护电路、主电路与控制电路和信号电路、控制电路和信号电路与保护电路之间的绝缘电阻。

(六)空载例行试验

通电前应检查所接电源是否符合要求。通电后应先点动,然后验证电气设备的各个部分的工作是否正确和操作顺序是否正常。特别要注意验证急停器件的动作是否正确。验证时,如有异常情况,必须立即切断电源查明原因。

(七)负载形式试验

在正常负载下连续运行,验证电气设备所有部分运行的正确性,特别要验证电源中断和恢复时是否会危及人身安全、损坏设备。同时要验证全部器件的温升不得超过规定的允许温升和在有载情况下验证急停器件是否仍然安全有效。

二、三相电动机手动控制线路的装接

(一)三相闸刀开关控制的三相异步电动机的全压起动

1.电工工具、仪表及器材

(1)电工常用工具。测电笔、电工钳、尖嘴钳、斜口钳、螺钉旋具(一字形与十字形)、电工刀、校验灯等。

(2)仪表。数字式万用表或指针式万用表。

(3)导线。主电路采用BV1.5 mm²(红色、绿色、黄色);控制电路采用BV1mm²(黑色);按钮线采用BVR0.75 mm²(红色);接地线采用BVR1.5 mm²(黄绿双色)。

(4)所需的电器元件。见附表2-2。

附表 2-2　电器元件明细表

代号	名称	推荐型号	推荐规格	数量
M	三相异步电动机	Y112M—4	4kW、380V、△接法、8.8A、1440r/min	1
QS	三相闸刀开关	HK1—30/3	三极、380V 额定电流 30A、熔体直连	1
FU	螺旋式熔断器	RL1—30/20	380V、30A、配熔体额定电流 20A	2
QS	倒顺开关	HY2—30/3	三极、380V、30A	1
XT	端子排	JX2—1010	10A、10 节、380V	1

（5）控制板一块（600mm×500mm×20mm）。

2. 固定元器件

配齐元件之后，按附图 2-4 进行元器件安装。

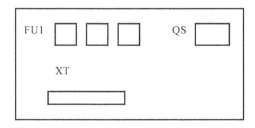

附图 2-4　三相闸刀开关控制平面布置

3. 电路装接

电气控制原理图如附图 2-5（a）所示。读懂原理图之后，按附图 2-6 连接电路。

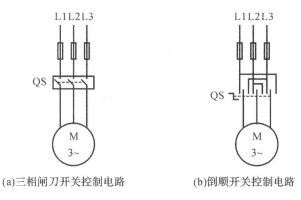

（a）三相闸刀开关控制电路　　　　（b）倒顺开关控制电路

附图 2-5　电动机手动控制电路

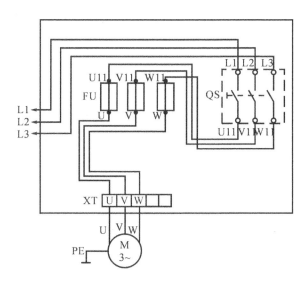

附图 2-6　三相闸刀开关控制的三相异步电动机的全压起动接线

4. 自检和互检电路的连接情况

5. 静电检测

将检测结果填入附表 2-3 中。

(1)用万用表测 QS 两端的电压与电阻。

(2)用万用表测电动机电源接线端之间的电压及电动机接线端与机壳之间的电压。

附表 2-3　检测结果记录

实训内容	自检和互检发现的问题和解决方案	静电检测结果			通电试车		
		开关两端电压和电阻	电动机电源接线端电压	电动机接线端与外壳之间电压	电动机转动情况	电源相线之间电压	电动机接线端之间电压
闸刀开关控制三相异步电动机全压起动		U_{QS} R_{QS}	U_{UV} U_{VW} U_{WU}			U_{AB} U_{BC} U_{CA}	U_{UV} U_{VW} U_{WU}
倒顺开关控制三相异步电动机全压起动		U_{QS} R_{QS}	U_{UV} U_{VW} U_{WU}			U_{AB} U_{BC} U_{CA}	U_{UV} U_{VW} U_{WU}

6. 通电试车

在检查后,闭合 QS,观察电动机的转动情况,用万用表测量两相线之间的电压和电动机两接线端之间的电压,记录两个测量结果并进行比较。

(二)倒顺开关控制的三相异步电动机的控制电路(可以实现正、反转)

1. 连接电路

按附图 2-5(b)连接电路。

2. 自检和互检电路的连接情况

3. 静电检测

将结果填入附表 2-3 中。

(1)用万用表测 QS 两端的电压与电阻。

(2)用万用表测电动机电源接线端之间的电压及电动机接线端与机壳之间的电压。

4. 通电试车

在检查后,闭合 QS,观察电动机起动情况,然后把倒顺开关扳到"停"的位置,使电动机停车之后,再把倒顺开关扳倒"反"的位置,观察电动机的旋转方向的改变,用万用表测量两相线之间的电压和电动机两接线端之间的电压,记录两个测量结果并进行比较。

(三)电动机接线

三相异步电动机的定子绕组共有六个引线端,分别固定在接线盒内的接线柱上,各相绕组的始端分别用 U_1、V_1、W_1 表示;末端用 U_2、V_2、W_2 表示。定子绕组的始末端在机座接线盒内的排列次序如附图 2-7 所示。

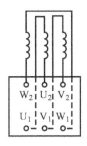

附图 2-7　电动机绕组接线图

定子绕组有星形和三角形两种接法。若将 U_2、V_2、W_2 接在一起，U_1、V_1、W_1 分别接到 A、B、C 三相电源上，电动机为星形接法，实际接线与原理接线如附图 2-8 所示。

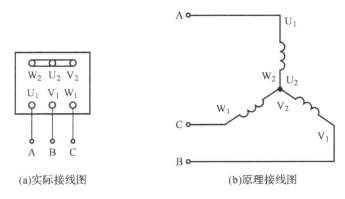

(a)实际接线图　　　　　　　(b)原理接线图

附图 2-8　电动机 Y 绕组接线图

如果将 U_1 接 W_2，V_1 接 U_2，W_1 接 V_2，然后分别接到三相电源上，电动机就是三角形接法，如附图 2-9 所示。

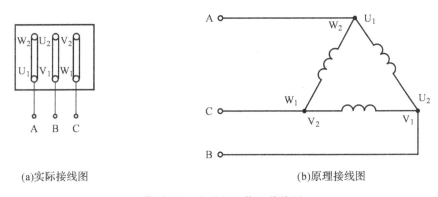

(a)实际接线图　　　　　　　(b)原理接线图

附图 2-9　电动机△绕组接线图

在生产实践中，先进行电动机的安装固定，装接好控制板（箱）之后，三相电源线外要套装保护钢管，最后与电动机的接线螺栓相连，如附图 2-10 所示。

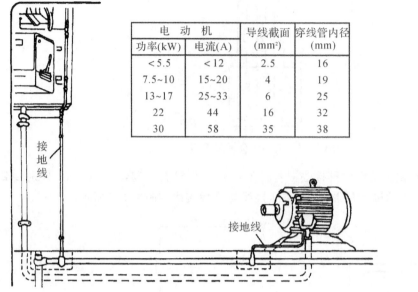

电源线的接线头

电 动 机		导线截面	穿线管内径
功率(kW)	电流(A)	(mm²)	(mm)
<5.5	<12	2.5	16
7.5~10	15~20	4	19
13~17	25~33	6	25
22	44	16	32
30	58	35	38

附图 2-10　电动机的引线安装

特别提示——

1.三相闸刀开关应竖直安装,电源进线在上,负载出线在下,上推合闸,下拉开闸。

2.螺旋式熔断器的电源进线应接在下接线端子上,负载出线应接在上接线端子上,安装熔断器时应有足够的间距,以便于拆装、更换熔体。

3.电动机接线应在断电的情况下进行,其接法应按要求进行。

4.操作注意安全,在没有确定带电的情况下应视为有电,禁止在通电情况下直接接触电动机的金属外壳。

三、三相电动机连续控制线路的装接

(一)电器元件明细表(见附表 2-4)

附表 2-4　电器元件明细表

代号	名称	推荐型号	推荐规格	数量
M	三相异步电动机	Y112M—4	4kW、380V、△ 接法、8.8A、1440r/min	1
QS	组合开关	HZ10—25/3	三相、额定电流 25A	1
FU1	螺旋式熔断器	RL1—60/25	380V、60A、配熔体额定电流 25A	3
FU2	螺旋式熔断器	RL1—15/2	380V、1.5A、配熔体额定电流 2A	2
KM	交流接触器	CJ10—20	20A、线圈电压 380V	1
FR	热继电器	JR16—20/3	三极、20A、整定电流 8.8A	1
SB	按钮	LA10—3H	保护式、500V、5A、按钮数 3、复合按钮	1
XT1	端子排	JX2—1015	10A、15 节、380V	1
XT2	端子排	JX2—1010	10A、10 节、380V	1

(二)项目实施步骤及工艺要求

1.读懂过载保护连续正转控制线路电路图,明确线路所用元件及作用。

2.按附表 2-4 配置所用电器元件并检验型号及性能。

3.在控制板上按布置附图 2-11 安装电器元件,并标注上醒目的文字符号。

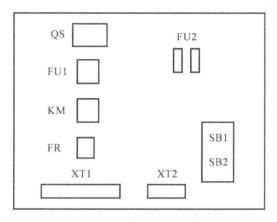

附图 2-11　连续控制元器件平面布置

4.按接线附图 2-12 和 2-13 进行板前明线布线和套编码套管。板前明线布线的工艺要求参照任务实施二。

5.根据电路附图 2-14 检查控制板布线的正确性。

6.安装电动机。

7.连接电动机和按钮金属外壳的保护接地线。

8.连接电源、电动机等控制板外部的导线。

9.自检。

(1)用查线号法分别对主电路和控制电路进行常规检查,按控制原理图和接线图逐一查对线号有无错接、漏接。按电路原理图或电气接线图从电源端开始,逐段核对接线及接线端子处连接是否正确,有无漏接、错接之处。检查导线接点是否符合要求,压接是否牢固。

(2)用万用表分别对主电路和控制电路进行通路、断路检查。

1)主电路检查。断开控制电路,分别测 U11、V11、W11 任意两端电阻应为∞,按下交流接触器的触点架时,测得是电动机两相绕组的串联直流电阻值(万用表调至 R×1 挡,调零)。检查主电路时,可以手动来代替受电线圈励磁吸合时的情况进行检查。

2)控制电路检查。将表笔跨接在控制电路两端,测得阻值为∞,说明起动、停止控制回路安装正确;按下 SB2 或按下接触器 KM 触点架,测得接触器 KM 线圈电阻值,说明自锁控制安装正确。(将万用表调至 R×10 挡,或 R×100 挡,调零)。

(3)检查电动机和按钮外壳的接地保护。

(4)检查过载保护。检查热继电器的额定电流值是否与被保护的电动机额定电流相符,若不符,调整旋钮的刻度值,使热继电器的额定电流值与电动机额定电流相符;检查常闭触点是否动作,其机构是否正常可靠;复位按钮是否灵活。

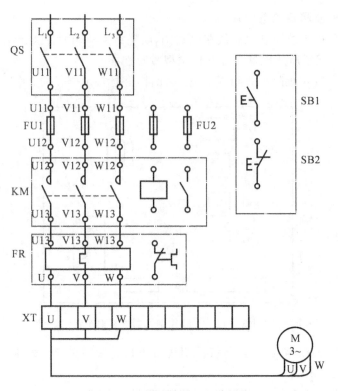

附图 2-12　连续控制主电路接线

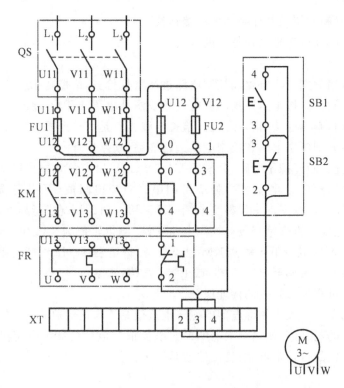

附图 2-13　连续控制控制电路接线

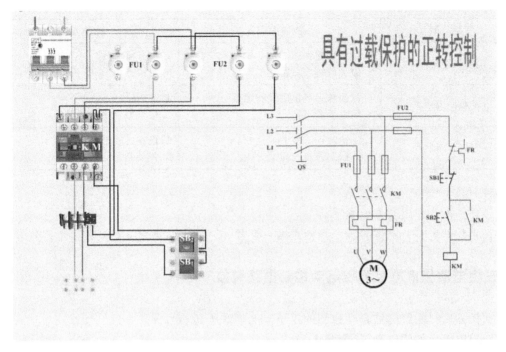

附图 2-14　连续控制电路接线样板

10. 通电试车。

(1) 电源测试。合上电源开关 QS,用测电笔测 FU1、三相电源。

(2) 控制电路试运行。断开电源开关 QS,确保电动机没有与端子排连接。合上开关 QS,按下按钮 SB2,接触器主触点立即吸合,松开 SB1,接触器主触点仍保持吸合。按下 SB2,接触器触点立即复位。

(3) 带电动机试运行。断开电源开关 QS,接上电动机接线。再合上开关 QS,按下按钮 SB1,电动机运转;按下 SB2,电动机停转。

(三) 常见故障及维修

三相异步电动机具有过载保护的接触器自锁正转控制线路常见故障及维修方法见附表 2-5。

附表 2-5　三相异步电动机具有过载保护的接触器自锁正转控制线路常见故障及维修方法

常见故障	故障原因	维修方法
电动机不起动	1. 熔断器熔体熔断 2. 自锁触点和起动按钮串联 3. 交流接触器不动作 4. 热继电器未复位	1. 查明原因排除后更换熔体 2. 改为并联 3. 检查线圈或控制回路 4. 手动复位
发出嗡嗡声,缺相	动、静触头接触不良	对动静触头进行修复
跳闸	1. 电动机绕阻烧毁 2. 线路或端子板绝缘击穿	1. 更换电动机 2. 查清故障点排除

续表

常见故障	故障原因	维修方法
电动机不停车	1.触头烧损粘连 2.停止按钮接点粘连	1.拆开修复 2.更换按钮
电动机时通时断	1.自锁触点错接成常闭触点 2.触点接触不良	1.改为常开 2.检查触点接触情况
只能点动	1.自锁触点未接上 2.并接到停止按钮上	1.检查自锁触点 2.并接到起动按钮两侧

特别提示——

1.自锁触点和起动按钮并联。

2.接控制电路时交流接触器线圈是唯一负载,不能忘记,否则会导致控制电路短路。

四、三相电动机串电阻降压起动控制电路装接

本任务以时间继电器自动控制的定子串电阻降压起动为例。

(一)电器元件明细表(见附表 2-6)

附表 2-6　电器元件明细表

代号	名称	推荐型号	推荐规格	数量
M	三相异步电动机	Y132S—4	5.5kW、380V、11.6A、△接法、1440r/min	1
QS	组合开关	HZ10—25/3	三极、25A	1
FU1	熔断器	RLl—60/25	500V、60A、配熔体 25A	3
FU2	熔断器	RLl—15/2	500V、15A、配熔体 2A	2
KM1、KM2	交流接触器	CJ10—20	20A、线圈电压 380V	2
KT	时间继电器	JS7—2A	线圈电压 380V	1
FR	热继电器	JR16—20/3	三极、20A、整定电流 11.6A	1
R	电阻器	ZX2-2/0.7	22.3A、7Ω、每片电阻 0.7Ω	3
SB1、SB2	按钮	LA10—3H	保护式、按钮数 3	2
XT1	端子排	JX2-1015	10A、15 节、380V	1
XT2	端子排	JX2-1010	10A、10 节、380V	1

(二)项目实施步骤及工艺要求

1.绘制并读懂串联电阻降压起动自动控制线路电路图,给线路元件编号,明确线路所用元件及作用。

2.按附表 2-6 配置所用电器元件并检验型号及性能。

3.在控制板上按布置附图 2-15 安装电器元件,并标注上醒目的文字符号。

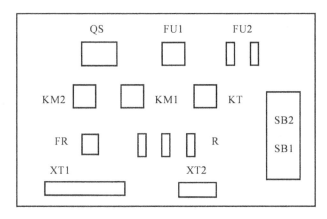

附图 2-15　串联电阻降压起动自动控制平面布置

4.按接线附图 2-16 进行板前明线布线和套编码套管（注意：接线图中的 KM1 和 KM2 与原理图中位置互换）。板前明线布线的工艺要求参照项目五任务一中任务实施二。

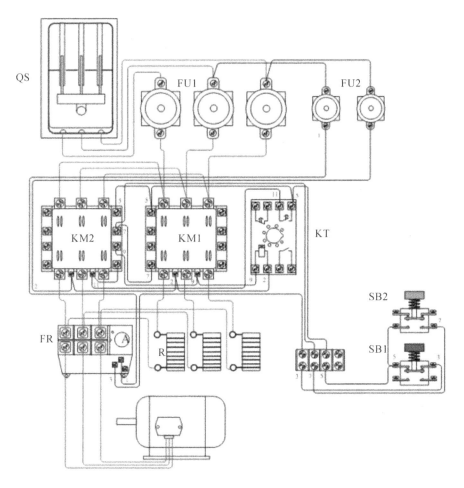

附图 2-16　定子串电阻降压起动控制接线

5. 根据电路图检查控制板布线的正确性。

6. 安装电动机。

7. 连接电动机和按钮金属外壳的保护接地线。

8. 连接电源、电动机等控制板外部的导线。

9. 自检。检查主电路时,可以手动来代替受电线圈励磁吸合时的情况进行检查。

检查控制电路时,利用万用表的电阻挡或数字式万用表的蜂鸣器检测接触器线圈电阻、触点的通断情况、时间继电器线圈的电阻,延时触点的通断情况以及按钮动合、动断触点等。

10. 通电试车。

特别提示——

1. 主电路两个交流接触器不能换相,否则会出现全压运行时电动机反转。

2. 时间继电器在全压运行时要断电,以便延长时间继电器的使用寿命。

五、制动控制电路装接

本任务以速度继电器控制的反接制动电路为例。

(一)电器元件明细表(见附表 2-7)

附表 2-7　电器元件明细表

文字符号	名称	推荐型号	推荐规格	数量
M	三相异步电动机	Y112M—4	4kW、380V、6.8A、1420r/min、△接法	1
QS	组合开关	HZ10—25/3	三极、25A	1
FU1	熔断器	RL1—60/25	500V、60A、配熔体 25A	3
FU2	熔断器	RL1—15/2	500V、15A、配熔体 2A	1
KM	交流接触器	CJ10—20	20A、线圈电压 380V	2
FR	热继电器	JR16—20/3	三极、20A、整定电流 6.8A	1
R	电阻器	ZX2-2/0.7	22.3A、7Ω、每片电阻 0.7Ω	3
KS(SR)	速度继电器	JY1	额定转速(100 ~ 3000r/min)、380V、2A、正转及反转触点各一对	1
SB1、SB2	按钮	LA25—11	绿色、复合按钮	2
SB3	按钮	LA25—11	红色、复合按钮	1
XT	端子排	JX2—1020	10A、20 节、380V	1

(二)项目实施步骤及工艺要求

1. 绘制并读懂时间继电器控制的反接制动电路图,给线路元件编号,明确线路所用元件及作用。

2. 按附表 2-7 配置所用电器元件并检验型号及性能。

3. 在控制板上按布置附图 2-17 安装电器元件,并标注上醒目的文字符号。

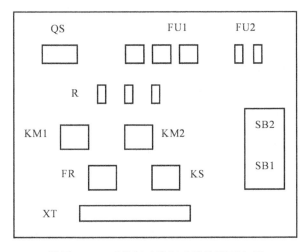

附图 2-17　反接制动控制元器件平面布置

4.进行板前明线布线和套编码套管。接线可参考附图 2-18,操作者应画出实际接线图。板前明线布线的工艺要求参照项目五任务一中任务实施二。

5.根据电路图检查控制板布线的正确性。

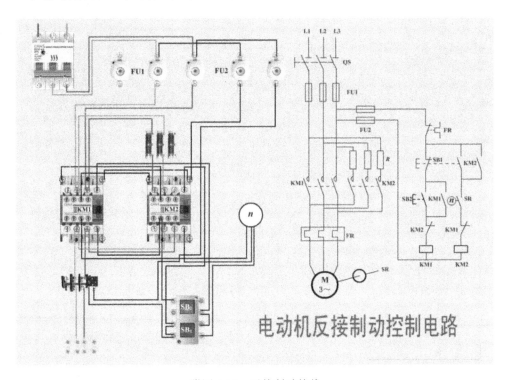

附图 2-18　反接制动接线

6.安装电动机。

7.连接电动机和按钮金属外壳的保护接地线。

8.连接电源、电动机等控制板外部的导线。

9.自检。

检查主电路时,可以手动来代替受电线圈励磁吸合时的情况进行检查。按电路图或接线图从电源端开始,逐段核对接线有无漏接、错接之处,检查导线接点是否符合要求,压接是否牢固。注意:主电路电源相序要改变,另外要串接制动电阻。

控制电路接线检查。用万用表电阻挡(或数字式万用表的蜂鸣器通断挡进行检测)检查控制电路接线情况。注意控制电路的互锁触点和自锁触点不能接错,反向制动的联动复合按钮不能接错,速度继电器的触点不能接错。

10.通电试车。

特别提示——

1.两接触器用于联锁的常闭触点不能接错,否则会导致电路不能正常工作,甚至有短路隐患。

2.速度继电器的安装要求规范,正反向触点安装方向不能错,在反向制动结束后及时切断反向电源,避免电动机反向旋转。

3.在主电路中要接入制动电阻来限制制动电流。

第3章 电气控制系统的设计与分析

生产机械的电气控制系统是生产机械不可缺少的重要组成部分,电气控制系统对生产机械能否正确与可靠地工作起着决定性的作用。一般电气控制系统应该满足生产机械加工工艺的要求:线路要安全可靠、操作和维护方便、设备投资少等要求。

继电器接触式控制系统具有结构简单、价格低廉、维护容易、抗干扰能力强等优点,至今仍是工厂设备中常用的控制方式,也是学习先进电气控制的基础。继电接触器控制系统的缺点是采用固定的接线方式,灵活性差,工作频率低,触点易损坏,可靠性差。本章介绍继电器接触式控制系统和PLC控制系统的设计和分析方法。

3.1 电气控制系统设计的内容和基本原则

树立正确的设计思想和科学合理的设计,是保障系统满足生产要求、长期可靠的工作的核心条件。

3.1.1 电气控制系统设计的基本内容

电气系统的设计应与机械系统的设计同时进行并密切配合。对于电气系统设计人员必须对生产机械的机械结构、加工工艺有一定的了解,只有这样才能设计出符合要求的电气控制设备。

在电气控制系统设计中,应最大限度地满足生产机械对电气控制的要求,在满足控制要求的前提下,力求电气控制系统简单、经济、便于操作和维护并确保控制系统安全可靠地工作。

电气控制系统设计的基本内容有:
(1)拟订电气设计任务书;
(2)确定电力拖动方案与控制方式;
(3)选择电动机容量、结构形式;
(4)设计电气控制原理图,计算主要技术参数;
(5)选择电器元件,制订电器元件一览表;
(6)编写设计计算说明书。

电气原理图是整个设计的中心环节,因为电气原理图是工艺设计和制订其他技术资料的依据。

3.1.2　电力拖动方案确定的原则

在各类生产机械电气控制系统的设计中,电力拖动方案选择是主要内容之一,也是以后各部分设计内容的基础和先决条件。首先根据生产机械的工艺要求及结构来选择电动机的数量,再根据生产机械各运动机构要求的调速范围来选择调速方案。在选择电动机调速方案时,应使电动机的调速特性与负载特性能够相适应,以使电动机充分合理利用。

电力拖动方式有单独拖动和分立拖动两种。总的发展趋势是电动机逐步接近工作机构,形成多电动机的拖动方案。

拖动方式和调速方式选择的原则:

1. 无电气调速要求的生产机械

在不需要电气调速和起动不频繁的场合,应首先考虑采用鼠笼式异步电动机。在负载静转矩很大的拖动装置中,可考虑采用绕线式异步电动机。对于负载很平稳、容量大且起制动次数很少时,则采用同步电动机更为合理,不仅可充分发挥同步电动机效率高、功率因数高的优点,还可调节励磁使它工作在过励情况下,提高电网的功率因数。

2. 要求电气调速的生产机械

应根据生产机械的调速要求(调速范围、调速平滑性、机械特性硬度、转速调节级数及工作可靠性等)来选择拖动方案,在满足技术指标前提下,进行经济性比较。最后确定最佳拖动方案。

(1)调速范围 $D=2\sim3$,调速级数 $\leqslant 2\sim4$:一般采用改变极对数的双速或多速鼠笼式异步电动机拖动。

(2)调速范围 $D<3$,且不要求平滑调速时:采用绕线转子感应电动机拖动,但只适用于短时负载和重复短时负载的场合。

(3)调速范围 $D=3\sim10$,且要求平滑调速时:在容量不大的情况下,可采用带滑差离合器的异步电动机拖动系统。若需长期运转在低速时,也可考虑采用晶闸管直流拖动系统。

(4)当调速范围 $D=10\sim100$ 时:可采用直流拖动系统或交流调速系统。

三相异步电动机的调速,以前主要依靠变更定子绕组的极数和改变转子电路的电阻来实现。目前,变频调速和串级调速等已得到广泛的应用。

3. 电动机调速性质的确定

电动机的调速性质应与生产机械的负载特性相适应。以车床为例,其主轴运动需恒功率传动,进给运动则要求恒转矩传动。对于双速鼠笼式异步电动机,当定子绕组由△连接改为 Y-Y 接法时,转速由低速升为高速,功率不变,适用于恒功率传动;由 Y 形连接改为 Y-Y 接法时,电动机输出转矩不变,适用于恒转矩传动。

若采用不对应调速,即恒转矩负载采用恒功率调速或恒功率负载采用恒转矩调速,都将使电动机额定功率增大 D 倍(D 为调速范围),且使部分转矩未得到充分利用。所以电动机调速性质,是指电动机在整个调速范围内转矩、功率与转速的关系。究竟是容许恒功率输出还是恒转矩输出,在选择调速方法时,应尽可能使它与负载性质相同。

3.1.3 控制方案确定的原则

设备的电气控制方法很多,有继电接触器控制、无触点逻辑控制、可编程序控制器控制、计算机控制等。总之,合理地确定控制方案,是实现简便可靠、经济适用的电力拖动控制系统的重要前提。

控制方案的确定,应遵循以下原则:

1. 控制方式与拖动需要相适应

控制方式并非越先进越好,而应该以经济效益为标准。控制逻辑简单、加工程序基本固定的设备,采用继电接触器控制方式较为合理;对于经常改变加工程序或控制逻辑复杂的设备,则采用可编程序控制器较为合理。

2. 控制方式与通用化程度相适应

通用化,是指生产机械加工不同对象的通用化程度,通用化与自动化是两个概念。对于某些加工一种或几种零件的专用机床,通用化程度很低,但它可以有较高的自动化程度,这种机床宜采用固定的控制电路;对于单件、小批量且可加工形状复杂零件的通用机床,则采用数字程序控制,或采用可编程序控制器控制,因为它们可以根据不同的加工对象而设定不同的加工程序,因而有较好的通用性和灵活性。

3. 控制方式应最大限度满足工艺要求

根据加工工艺要求,控制线路应具有自动循环、半自动循环、手动调整、紧急快退、保护性联锁、信号指示和故障诊断等功能,以最大限度满足生产工艺要求。

4. 控制电路的电源应可靠

简单的控制电路可直接用电网电源;元件较多、电路较复杂的控制装置,可将电网电压隔离降压,以降低故障率。对于自动化程度较高的生产设备,可采用直流电源,这有助于节省安装空间,便于同无触点元件连接,元件动作平稳,操作维修也较安全。

影响方案确定的因素较多,最后选定方案的技术水平和经济水平,取决于设计人员设计经验和设计方案的灵活运用。

3.1.4 电气控制系统设计的一般原则

1. 最大限度地满足生产机械和工艺对电气控制的要求

设计之前,首先要根据机械设计人员提供的生产工艺要求,对生产机械的工作情况作全面的了解,并对已有的同类或相接近的生产机械所用的电器控制线路进行调查、分析,综合定出具体、详细的工艺要求,再征求机械设计人员和现场操作工人的意见后,作为设计电气控制线路的依据。

设计电器控制线路应按下列步骤进行:

(1) 按工艺要求提出的起动、反向、制动、调速等设计主电路。

(2) 根据主电路设计控制电路的基本环节(如起、制动及调速等环节)。

(3) 根据各部分运动要求的配合关系及联锁关系,设计控制电路的联锁环节。

(4) 分析工作中可能出现的故障,线路中要加必要的保护环节。

(5)综合审查,检查其动作是否无误,关键环节可做必要的试验,使控制线路进一步完善。

2.确保控制线路工作的可靠性、安全性

为保证电气控制系统可靠的工作,最主要的是选用可靠的元件,同时在具体的线路设计中还要注意以下几点。

(1)正确连接电器元件的线圈

交流线圈不能串联使用,即使外加的电压是两个线圈额定电压之和,也是不允许的,如图 3-1(a)所示。因为电器动作总是有先后,不可能同时吸合。假定是交流接触器 KM1 先动作,KM2 后动作,则 KM1 磁路气隙先减小,线圈的电感显著增加,因而在该线圈上的电压降也相应增大,从而另一个线圈的电压达不到动作电压。同时电路的电流增大,有可能烧毁接触器线圈。因此,两个电器需要同时动作时其线圈应该并联连接,如图 3-1(b)所示。

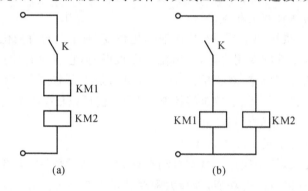

图 3-1　线圈不能串联连接

在直流控制电路中,对于电感较大的线圈,如电磁阀、电磁铁等的线圈不能与相同电压等级的继电器的线圈并联工作。如图 3-2(a)所示,当触点 KM 断开时,电磁铁 YA 线圈两端产生比较大的感应电动势,加在中间继电器 K 的线圈上,造成 K 误动作。因此在 K 线圈两端并联放电电阻,并在 K 支路中串入 KM 常开触点,如图 3-2(b)所示。

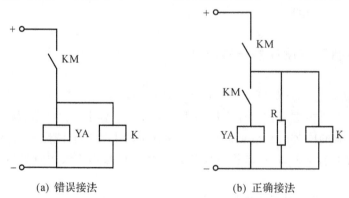

图 3-2　大电感线圈和直流继电器线圈的连接

(2)正确安排电器元件及触点位置

对于一个串联回路,将电器元件或触点位置互换,原理上并不影响线路的工作,但在实际运行中却会产生影响到线路安全等问题。

同一电器的常开触点和常闭触点靠得很近,但分别接在不同支路上,如图 3-3(a)所示,行程开关 QS 的常开和常闭触点由于不等电位,当触点断开产生电弧时就可能在两触点间形成飞弧而造成电源短路。此外绝缘不好,也会引起电源短路。按图 3-3(b)所示,由于两触点的电位相同,就不会造成飞弧,即使引出线绝缘损坏也不会造成电源短路。图 3-3(a)需要引出四根导线,而图 3-3(b)只需要引出三根导线。

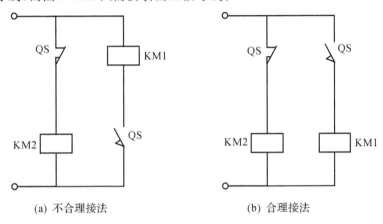

图 3-3　电器元件和触点的连接

(3)在控制线路中防止出现寄生电路

所谓寄生电路是指在电器控制线路动作过程中,意外接通的电路。如图 3-4(a)所示,是一个具有指示灯和过载保护的正反向控制线路。在正常工作时,能完成正反向起动、停止和信号指示。但当热继电器 FR 动作后,控制电路就出现了寄生电路,如图中虚线所示,将使接触器 KM2 不能可靠释放,起不了过载保护作用。改为图 3-4(b),(c)所示时可以消除寄生电路。

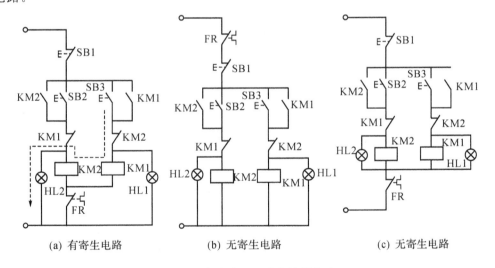

图 3-4　存在寄生电路的控制电路

(4)电器控制线路中应尽量避免许多电器依次动作才接通另一个电器。

(5)电器控制线路工作时,应尽量减少不必要的电器通电,以节约电能。

（6）控制线路中采用小容量的继电器触点来断开与接通大容量接触器线圈时，要分析触点容量的大小，如不够，必须加大继电器容量或增加中间继电器，否则工作不可靠。

3. 应具有必要的保护环节

电器控制线路在故障的情况下，应能保证操作人员、电器设备、生产机械的安全，并能有效地抑制事故的扩大。因此，在电器控制线路中应该采取一定的保护措施，常用的有过载、短路、过流、过压、失压、联锁和行程等保护。必要时还应考虑设置合闸、断开、事故、安全等的指示信号。

4. 在满足生产要求的前提下，控制线路应力求简单、经济

（1）正确选择线路和环节

尽量选用标准的、常用的或经过实际考验过的线路和环节。

（2）尽量缩短连接导线的数量和长度

设计控制线路时，应考虑到各个元件之间的实际接线。特别要注意电气柜、操作台和限位开关之间的连接线，如图 3-5 所示。图 3-5（a）所示的接线是不合理的，因为按钮在操作台上，而接触器在电气柜内，这样接线就需要由电气柜二次引出连接线到操作台的按钮上，所以一般都将起动按钮和停止按钮直接连接，这样就可以减少一次引出线，如图 3-5（b）所示。

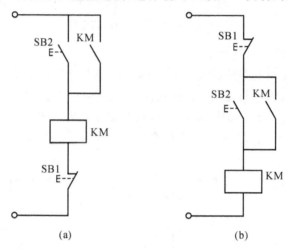

图 3-5　电器连接方式

（3）正确选用电器

尽量缩减电器的数量，采用标准件，并尽可能选用相同型号。

（4）应减少不必要的触点以简化线路

在控制线路图设计完成后，宜将线路化成逻辑代数式计算，以便得到最简化的线路。

5. 力求操作维护、检修方便

电气控制设备应考虑操作简单，维护检修安全方便。

操作回路数较多，如要求正反向运转并调速运行，应采用主令控制器，而不能用许多个按钮。检修方便，应设隔离电器，避免带电操作。为调试方便，应加方便的转换控制方式，如从自动控制转换到手动控制。设多点控制，以便于对生产机械进行调试。

对设计完的线路还必须进行反复认真的审核，审核线路能否满足工艺要求、还有没有多余环节或多余电器、有没有寄生电路、会不会产生误动作、保护环节是否完善、是否会产生设

备事故和人身事故、处理故障时是否安全方便。必要时要进行实验模拟负载实验。

3.2　继电器接触器控制系统的设计

电器控制线路的设计方法通常有一般设计法和逻辑设计法两种。本节通过实例介绍一般设计法。

一般设计法,又叫经验设计法。是根据生产工艺要求,利用各种典型的线路环节,直接设计控制线路。这种设计方法比较简单,但要求设计人员必须熟悉大量的控制线路环节,掌握多种典型线路的设计资料,同时具有丰富的设计经验。在设计过程中往往还要经过多次反复修改、试验,才能使线路符合设计的要求。

一般设计法靠经验进行设计,因而灵活性比较大。初步设计出来的线路可能是几个,要加以比较分析,甚至要通过实验加以验证,才能确定比较合理的设计方案。这种设计方法没有固定模式,通常先用一些典型线路环节拼凑起来实现某些基本要求,而后根据生产工艺的要求逐步完善其功能,并加以适当的联锁和保护环节。

下面通过实例介绍电器控制线路的一般设计法。

3.2.1　控制系统的工艺要求

试设计龙门刨床的横梁升降控制系统。在龙门刨床上装有横梁机构,刀架装在横梁上,用来加工工件。由于加工工件位置高低不同,要求横梁能沿立柱上下移动,而在加工过程中,横梁又需要夹紧在立柱上,不允许松动。横梁升降电机安装在龙门顶上,通过蜗轮传动,使立柱上的丝杆转动,通过螺母使横梁上下移动。因此,横梁机构对电器控制系统提出了如下要求:

(1)保证横梁能上下移动,夹紧机构能实现横梁夹紧或放松;

(2)横梁夹紧与横梁移动之间必须按一定的顺序操作:当横梁上下移动时,应能自动按照放松横梁 → 横梁上下移动 → 夹紧横梁 → 夹紧电机自动停止运动的顺序动作;

(3)横梁在上升与下降时应有限位保护;

(4)横梁夹紧与横梁移动之间及正、反向之间应有必要的联锁。

3.2.2　控制线路设计步骤

1.设计主电路

根据工艺要求可知,横梁升降需有两台电动机(横梁升降电动机 M1 和夹紧放松电动机 M2)来驱动,而且都有正反转,因此需要四个接触器 KM1,KM2 和 KM3,KM4 来分别控制两个电机的正、反转。

2.设计基本控制电路

4 个接触器有 4 个控制线圈,由于只能用两只点动按钮去控制移动和夹紧的两个运动,所以需要通过两个中间继电器 K1 和 K2 进行控制。根据上述操作工艺要求,设计出如图

3-6所示的控制草图,但还不能实现在横梁放松后才能自动向上或向下移动,也不能在横梁夹紧后使夹紧电动机自动停止,为了实现这两个自动控制要求,还需要相应的改进。

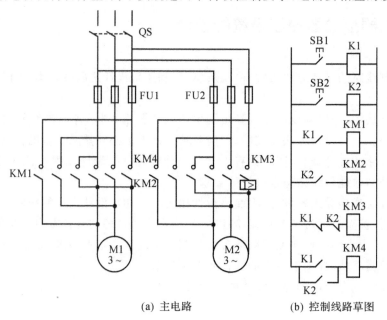

(a) 主电路   (b) 控制线路草图

图 3-6　横梁控制线路草图

3. 选择控制参量,确定控制方案

对第一个自动控制要求,我们选行程这个变化参量来反映横梁的放松程度,采用行程开关 SQ1 来控制(见图 3-7)。当按下向上移动按钮 SB1 时,中间继电器 K1 通电,其常开触点闭合,KM4 通电,则夹紧电机作放松运动,同时,其常闭触点断开,实现与夹紧和下移的联锁。当放松完毕,压块就会压合 SQ1,其常闭触点断开,接触器线圈 KM4 失电,同时 SQ1 的常开触点闭合,接通向上移动接触器 KM1,这样,横梁放松以后,就会自动向上移动。向下的过程类似。

对上述第二个自动控制要求,即在横梁夹紧后使夹紧电机自动停止,也要选择一变化参量来反映夹紧程度。这里可以用时间、行程和反映夹紧力的电流作为变化参量采用行程参量,当夹紧机构磨损后,测量就不精确,如用时间参量,更不易调整准确,因此这里选用电流参量进行控制为好。如图 3-7 所示,在夹紧电机夹紧方向的主电路中串联接入一个电流继电器 KA,将其动作电流整定在额定电流的两倍左右。当横梁移动停止后,如上升停止,行程开关 SQ2 的压块会压合,其常闭触点打开,KM3 瞬间通电,因此夹紧电机立即自动起动。当较大的起动电流达到 KA 的整定值时,KA 将动作,其常闭触点一旦打开,KM3 又失电,自动停止夹紧电动机的工作。

4. 设计联锁保护环节

设计联锁保护环节,主要是将反映相互关联运动的电器触点串联或并联接入被联锁运动的相应电器电路中。这里采用 K1 和 K2 的常闭触点实现横梁移动电机和夹紧电机正反向工作的联锁保护。

5. 横梁上下的限位保护

横梁上下需要有限位保护,采用行程开关 SQ2 和 SQ3 分别实现向上或向下限位保护。

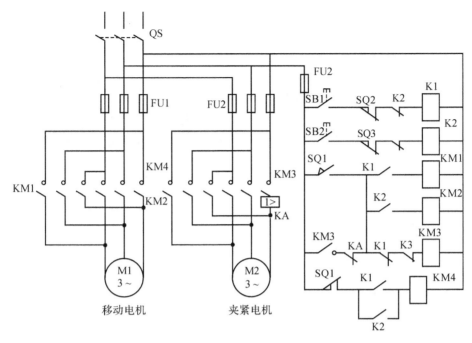

图 3-7　完整的控制线路

例如,横梁上升到达预定位置时,SQ2 的压块就会压合,其常闭触点打开,K1 断开,接触器 KM1 线圈断电,则横梁停止上升。

SQ1 除了反映放松信号外,它还起到了横梁移动和横梁夹紧间的联锁控制。

　6.线路的完善和校核

控制线路设计完毕后,往往还有不合理之处,或应进一步简化之处,必须认真仔细的校核。特别应反复校核控制线路是否满足生产机械的工艺要求,分析线路是否会出现误动作,是否会产生设备事故和危及人身安全,要保证安全可靠的工作。

一般不太复杂的继电器接触式控制线路都按此法进行设计,掌握较多的典型环节和具有较丰富的实践经验对设计工作大有帮助。

3.3　CA6140 普通车床电气控制系统

车床是机械加工中使用最为广泛的机床,约占机床总数的 $20\%\sim35\%$,在各种车床中,用得最多的又是普通车床。普通车床适用于加工各种轴类、套筒类和盘类零件上的回转表面,如车削内外圆柱面、圆锥面、端面及加工各种常用公、英制螺纹,还可以钻孔、扩孔、铰孔、滚花等。

3.3.1　主要结构及运动特点

普通车床主要由床身、主轴变速箱、进给箱、溜板箱、刀架、尾架、丝杠和光杠等部件组成,图 3-8 是 CA6140 型普通车床外观图。

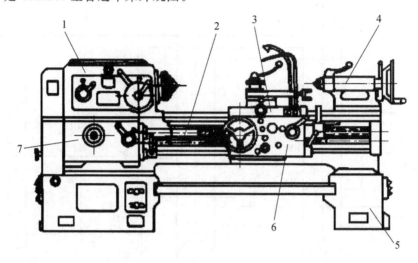

图 3-8　CA6140 型普通车床外观

1—主轴箱;2—光杠及丝杠;3—刀架及溜板;4—尾架;5—床身;6—溜板箱;7—进给箱

　　主轴变速箱的功能是支承主轴和传动其旋转,包含有主轴及其轴承、传动机构、起停及换向装置、制动装置、操纵机构及润滑装置。CA6140 型普通车床的主传动链可使主轴获得 24 级正转转速(10~1400r/min)和 12 级反转转速(14~1580r/min)。

　　进给箱的功用是变换被加工螺纹的种类和导程,以及获得所需的各种进给量。它通常由变换螺纹导程和进给量的变速机构、变换螺纹种类的移换机构、丝杠和光杠转换机构以及操纵机构等组成。

　　溜板箱的作用是将丝杠或光杠传来的旋转运动转变为直线运动并带动刀架进给,控制刀架运动的接通、断开和换向等。刀架则是安装车刀并带动其作纵向、横向和斜向进给运动。车床有两个主要运动:一是卡盘或顶尖带动工件的旋转运动;二是溜板带动刀架的直线移动,前者称为主运动,后者称为进给运动。中小型普通车床的主运动和进给运动一般是采用一台异步电动机驱动。

　　根据被加工零件的材料性质、几何形状、加工方式及冷却条件等,车床有不同的切削速度,因而车床主轴需要在相当大的范围内改变速度,普通车床的调速范围在 70% 以上,中小型普通车床多采用齿轮变速箱调速。车床主轴在一般情况下是单方向旋转的,但在车削螺纹时,要求主轴能正反转。主轴旋转方向的改变,一种是用离合器的方法、一种是用电气的方法。

　　车床主电动机的起动与停止应能自动控制,中小型电动机均采用直接起动,大型电动机则采用降压起动。为了实现快速停车,一般采用机械或电气制动的方法。一般车床都有一台鼠笼式电动机拖动冷却泵,有的车床还有一台滑润油泵电动机。

3.3.2　CA6140 型普通车床控制线路分析

　　图 3-9 是 CA6140 普通车床电气控制系统原理图,所用电器设备见表 3-1。

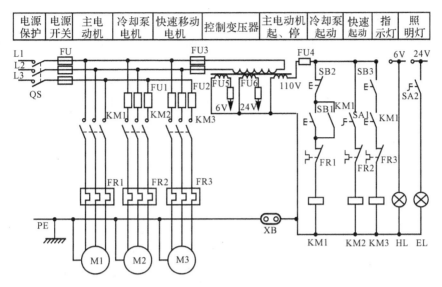

图 3-9　CA6140 普通车床的电气控制原理

表 3-1　CA6140 普通车床的主要电器设备

符　号	名　称
M1	主电机(7.5kW)
M2	冷却泵电机(90W)
M3	刀架快进电动机(250W)
FR1～FR3	热继电器
FU1～FU6	熔断器
KM1	主电机起停接触器
KM2、KM3	交流接触器
QS	电源开关
SB1～SB2	主电机起停按钮
SB3	快速移动电机操作按钮
SA1～SA2	转换开关
HL	指示灯
EL	照明灯

CA6140 车床是普通精度级车床,加工范围较广,但自动化程度低,适用于小批量生产及修配车间使用。

CA6140 普通车床主轴正反转由操作手柄通过双向多片摩擦离合器控制,摩擦离合器还可起到过载保护作用。主轴的快速制动由机械制动实现。为了使刀具快速地接近或退离加工部位,有一快速移动电动机由操作按钮控制。

1. CA6140 普通车床的主电路

电源由开关 QS 引入，该开关不宜直接接通或断开负荷。主电机 M1 由接触器 KM1 控制其运转和停止。由于电机容量不大，故采用直接起动。

由于电源进线处已装有熔断器，所以主电机不再装设熔断器作短路保护。冷却泵电动机 M2 和快速移动电动机 M3 分别由接触器 KM2、KM3 控制，M2 和 M3 的容量都很小，分别用熔断器 FU1 和 FU2 作为短路保护。在 3 个电动机的主电路中还分别设有 FR1、FR2 和 FR3 作过载保护。

2. 控制电路分析

控制电路由控制变压器 TC 将 380V 交流电压降为 110V 控制电压供电，并由熔断器 FU3 作短路保护。

合上电源开关 QS 后控制回路经 TC 供电，主电机 M1 由接触器 KM1 控制。按下起动按钮 SB1，接触器 KM1 线圈通电，主电机 M1 接通电源起动，同时 KM1 的一个辅助触点也闭合，实现自锁，保证 M1 在松开按钮 SB1 后能继续运转。按下停止按钮 SB2，接触器 KM1 线圈断电，M1 停止运转。当电动机 M1 过载时，热继电器 FR1 动作，KM1 线圈断电，切断 M1 的电源。

冷却泵电动机 M2 由接触器 KM2 控制，接通转换开关 SA1，KM2 线圈通电，M2 起动，热继电器 FR2 起过载保护作用。

快速移动电动机 M3 由接触器 KM3 控制，由于按钮 SB3 没有自锁，故快速移动电动机 M3 只能手动点动，松开 SB3 后 M3 即停止。KM3 线圈回路内接有 KM1 的常闭触点，故 M1 和 M3 有互锁，只有 M1 起动后，才能起动快速移动电动机 M3。

3. 照明和信号电路

照明灯由控制变压器 TC 次级 24V 安全电压供电，由转换开关 SA2 控制，熔断器 FU6 作短路保护。

指示灯由 TC 次级 6V 低压供电，熔断器 FU5 作短路保护，电源开关 QS 接通后指示灯亮，表示车床已开始工作。

3.4　Z3040 摇臂钻床电气控制系统

钻床用来对工件进行钻孔、扩孔、镗孔和攻螺纹等加工。钻床的形式很多，有立式钻床、台式钻床、摇臂钻床和专用钻床等。摇臂钻床是用得较广泛的一种钻床，多用于在单件或中、小批量生产中加工大、中型零件。本节以 Z3040 型摇臂钻床为例介绍其电气控制系统。

3.4.1　主要构造和运动情况

摇臂钻床的主要构造如图 3-10 所示。

摇臂钻床主要由底座、内外立柱、摇臂、主轴箱和工作台组成。内立柱固定在底座的一端，在内立柱外面套有外立柱，摇臂可连同外立柱绕内立柱回转。摇臂的一端为套筒，套装在外立柱上，并借助丝杠的正、反转可沿外立柱作上下移动。

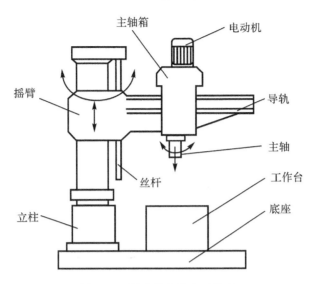

图 3-10 摇臂钻床的主要构造

主轴箱安装在摇臂的水平导轨上,可通过手轮操作使其在水平导轨上沿臂移动。摇臂连同外立柱绕内立柱的回转运动依靠人力推动进行。主轴箱在摇臂的水平导轨上的移动和摇臂连同外立柱绕内立柱的回转运动都必须先将主轴箱和外立柱松开。调整到位后应将外立柱夹紧在内立柱上、主轴箱夹紧在摇臂上。外立柱的夹紧、松开和摇臂的夹紧、松开是同时依靠液压推动松紧机构自动进行的。摇臂借助丝杠可带着主轴箱沿外立柱上下升降。在升降之前,应自动将摇臂松开,当升降到所需位置时,摇臂自动夹紧在外立柱上。摇壁升降时的松开与夹紧也是依靠液压推动松紧机构自动进行的。

在摇臂钻床上的运动有:

主运动——主轴带动钻头的旋转运动。

进给运动——钻头的上下移动。

辅助运动——主轴箱沿摇臂水平移动、摇臂沿外立柱上下移动和摇臂连同外立柱一起相对于内立柱的回转。

3.4.2 Z3040 摇臂钻床电气原理图分析

图 3-11 是 Z3040 摇臂钻床的电气控制原理图。

摇臂钻床共有四台电动机拖动。M1 为主轴电动机。钻床的主运动与进给运动皆为主轴运动,同由主轴电动机 M1 拖动,分别经主轴与进给传动机构实现主轴旋转和进给。主轴变速机构和进给机构均装在主轴箱内。M2 为摇臂升降电动机。M3 为立柱与主轴箱松紧电动机。M4 为冷却泵电动机。

1. 主电路分析

电源由总开关 QS 引入,熔断器 FU1 为总电源的短路保护。

主轴电动机 M1 单向旋转,由接触器 KM1 控制。主轴的正、反转由机床液压系统操作机构配合摩擦离合器实现。摇臂升降电动机 M2 由正、反转接触器 KM2、KM3 控制。液压泵电动机 M3 拖动液压泵送出压力液以实现摇臂的松开、夹紧和主轴箱、立柱的松开、夹紧,

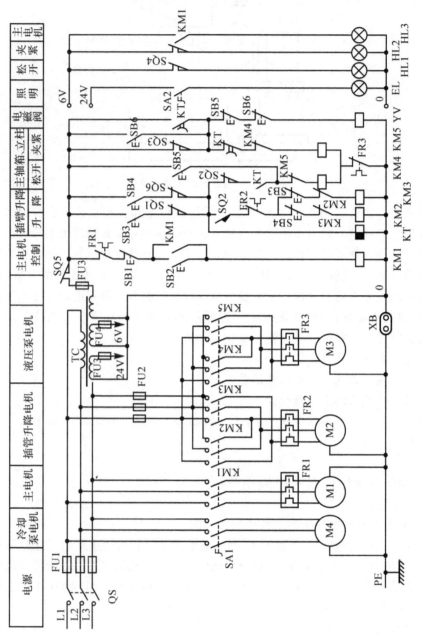

图 3-11 Z3040 摇臂钻床的电气控制原理

并由接触器 KM4、KM5 控制正、反转。冷却泵电动机 M4 用开关 SA2 控制。

2. 控制电路分析

控制电路采用变压器 TC 将 380V 交流电压降为 127V 交流电压,作为电源。

(1) 主轴电动机的控制

按下起动按钮 SB2,接触器 KM1 吸合并自锁,主轴电动机 M1 起动运转。按下停止按钮 SB1,接触器 KM1 释放,主轴电动机停转。过载时,热继电器 FR1 的常闭触点断开,接触器 KM1 释放,主轴电动机停转。

(2) 摇臂升降电动机的控制

摇臂的松开、升降、夹紧是顺序进行的。

摇臂上升(或下降)时,按上升按钮 SB3(或下降按钮 SB4);时间继电器 KT 吸合,其常开瞬时动作触点接通了接触器 KM4 线圈,使液压泵电动机 M3 正转,液压泵供给正向压力油。同时,KT 断电延时打开触点闭合,接通了电磁阀 YV 线圈。电磁阀的吸合,使压力油进入摇臂的松开油腔(液压缸 13 左腔),推动松开机构使摇臂松开,松开后压下行程开关 SQ2,其常闭触点断开,接触器 KM4 因线圈断电而释放,液压泵电动机就停止转动;同时,SQ2 的常开触点闭合,使接触器 KM2(下降为 KM3)吸合,摇臂升降电动机 M2 正转(下降为反转),拖动摇臂上升(或下降)。

当摇臂上升(或下降)至所需位置,松开按钮 SB3(或 SB4),接触器 KM2(下降时为 KM3)和时间继电器同时断电,M3 停转。摇臂升(降)停止。时间继电器断电后,经 1～3s 延时后断电延时触点闭合,这时 SQ3 的常闭触点已闭合,故接触器 KM5 通电,使液压油泵电动机 M3 反向旋转,反向压力油经电磁换向阀进入摇臂夹紧油缸 13 右腔,使摇臂夹紧,夹紧后压下行程开关 SQ3,KM5 及 YV 断电,油泵电动机停转,电磁换向阀复位,摇臂升(降)过程结束。图 3-12 是 Z3040 摇臂钻床夹紧机构液压系统原理图。

摇臂升降都有限位保护,上升时 SQ1 作极限位置保护、下降时 SQ6 作极限位置保护。

(3) 主轴箱与立柱的夹紧与松开控制

主轴箱与立柱的夹紧与松开均采用液压操纵,二者同时进行。当要使主轴箱与立柱松开时,按下按钮 SB5,接触器 KM4 通电,液压油泵电动机 M3 正转,高压油从油泵右侧油路流出,但与摇臂升降时不同,SB5 的常闭触点是断开的,电磁换向阀 YV 不通电。压力油进入主轴箱松开油腔(油缸 14 左腔)与立柱松开油腔(油缸 15 左腔),推动松紧机构使主轴箱和立柱分别松开。同时行程开关 SQ4 松开,其常闭触点闭合,松开指示灯 HL1 亮。

欲使立柱与主轴箱夹紧,可按下 SB6,接触器 KM5 通电,液压油泵电动机 M3 反转。电磁换向阀 YV 仍不通电,压力油从油泵左侧油路流出,压力油进入主轴箱夹紧油缸和立柱夹紧油缸,推动松紧机构,使主轴箱和立柱都夹紧。同时,行程开关 SQ4 被压下,其常闭触点断开而常开触点闭合,因而松开指示灯 HL1 熄灭而夹紧指示灯 HL2 亮。主轴电动机 M1 工作时,接触器 KM1 的常开辅助触点闭合使主轴电动机工作指示灯 HL3 亮。指示灯 HL1、HL2 和 HL3 的电源由控制变压器 TC 一个副绕组的抽头提供。

3. 照明电路

变压器 TC 的另一个副绕组,提供 24V 交流照明电源电压。照明灯 EL 由装在灯头上的扳把开关 SA1 控制,为了安全起见,灯的一端接地。照明电路由熔断器 FU3 作短路保护。

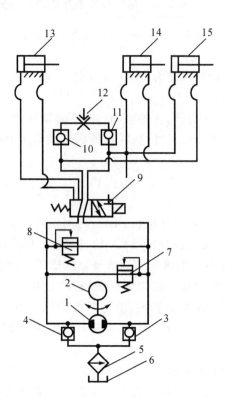

1—双向定量泵；

2—电动机；

3，4，10，11—单向阀；

5—滤油机；

6—贮油阀；

7，8—溢流阀；

9—两位6通换向阀；

12—压力接头；

13—摇臂夹紧油缸；

14—主轴夹紧油缸；

15—立柱夹紧油缸

图 3-12　Z3040 摇臂钻床的液压控制系统

表 3-2 列出了 Z3040 摇臂钻床的主要电器设备。

表 3-2　Z3040 摇臂钻床的主要电器设备

符　号	名　　称	符　号	名　　称
M1	主电动机	SQ1～SQ6	行程及极限开关
M2	摇臂升降电动机	TC	控制变压器
M3	液压泵电动机	SB1、SB2	主电机起停按钮
M4	冷却泵电动机	SB3、SB4	摇臂升降按钮
KM1	接触器（M1用）	SB5、SB6	夹紧松开按钮
KM2	接触器（摇臂升）	FU1～FU5	熔断器
KM3	接触器（摇臂降）	YV	电磁阀
KM4	接触器（松开用）	EL	照明灯
KM5	接触器（夹紧用）	HL1	松开指示灯
KT	时间继电器	HL2	夹紧指示灯
FR1～FR3	热继电器	HL3	主电机指示灯
QS	总电源开关		
SA1	冷却泵电动机开关		

3.4.3　Z3040 摇臂钻床电路位置图

图 3-13 是 Z3040 摇臂钻床的电器位置图。

图 3-14 是 Z3040 摇臂钻床电器控制箱内的控制板上电器布置图。

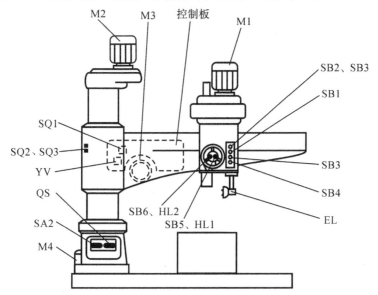

图 3-13　Z3040 摇臂钻床的电器位置图

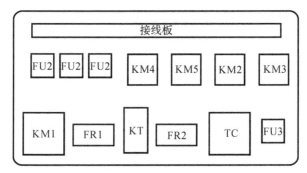

图 3-14　Z3040 摇臂钻床电器控制箱内的控制板上电器布置图

3.4.4　Z3040 摇臂钻床常见电器故障分析

1.刚起动主轴电动机 M1,熔断器 FU 立即熔断

(1)钻头被铁屑卡死。

(2)进给量太大引起主轴堵转。

2.摇臂不能升降

(1)行程开关 SQ2 没有压下,可能是:

①电源相序接反了。相序若接反按下上升按钮 SB3 或下降按钮 SB4,液压泵电动机 M3 不是正转而是反转,摇臂不是松开而是夹紧,所以不能压下行程开关 SQ2。

②行程开关 SQ2 的位置移动,使摇臂松开后没有压下 SQ2。

③液压系统发生故障,摇臂不能完全松开。

(2)摇臂升降电动机不能起动

这时如果摇臂已松开,则可能是接触器 KM2 或 KM3 主触点接触不良或线圈烧坏,应修复或更换接触器。

3.摇臂升降后夹不紧

(1)行程开关 SQ3 位置不准确,在尚未完全夹紧之前就过早地压下 SQ3,造成液压泵电动机过早停转。

(2)液压系统有故障。

4.摇臂升降的限位开关失灵

(1)限位开关 SQ1 损坏,因而触点不能动作。

(2)限位开关 SQ1 的触点接触不良。

(3)限位开关的触点熔焊。

发生上述故障时应修理或更换限位开关 SQ1。

5.主轴箱和立柱都不能夹紧或松开

(1)按钮 SB5 或 SB6 接线松动,引起线路断线。

(2)接触器 KM4 或 KM5 线圈接线断开或主触点接触不良,应将接线接好、修理或更换主触点。

(3)液压系统有故障。

3.5 X62W 卧式万能铣床电气控制系统

铣床主要用于加工零件的平面、斜面、沟槽等型面;安装分度头后,可加工直齿轮或螺旋面,安装回转圆工作后则可加工凸轮和弧形槽。

3.5.1 X62W 卧式万能铣床的工作原理

X62W 卧式万能铣床有三种运动:

1.主运动——主轴带动铣刀的旋转运动

＊主轴通过变换齿轮实现变速,有变速冲动控制。

＊主轴电动机的正、反转改变主轴的转向,实现顺铣和逆铣。

＊为减小负载波动对铣刀转速的影响,以保证加工质量,主轴上装有飞轮,转动惯量较大,要求主轴电动机有停车制动控制。

2.进给运动——加工中工作台或进给箱带动工件的移动,以及圆工作台的旋转运动。(即工件相对铣刀的移动)。

＊工作台的纵向(左、右)横向(前后)、垂直(上下)六个方向的进给运动由进给电动机 M 拖动,六个方向由操作手柄改变传动键实现要求 M2 正反转及各运动之间有连锁(只能一个方向运动)控制。

* 工作台能通过电磁铁吸合改变传动键的传动比实现快速移动,有变速冲动控制。
* 使用圆工作台时,圆工作台旋转与工作台的移动运动有连锁控制。
* 主轴旋转与工作台进给有连锁:
    铣刀旋转后,才能进给。
    进给结束后,铣刀旋转才能结束
* 主运动和进给运动设有比例协调要求,主轴与工作台单独拖动,
* 为操作方便,应能在两处控制各部件的起停。

3.5.2 X62W卧式万能铣床电气原理图分析

X62W卧式万能铣床电气原理图如图3-15所示。

一、主电路

X62W卧式万能铣床电器铣床由三台电动机拖动。

1. 主轴电动机M1

由KM3控制,转向开关SA5控制M1的正、反转。

KM2主触点串两相电阻与速度继电器KS实现反接制动和变速冲动。

转向开关SA5触点通断情况

位置 触点	反转	停	正转
SA5-1	+	—	—
SA5-2	—	—	+
SA5-3	—	—	+
SA5-4	+	—	—

2. 进给电动机M2

由KM4、KM5实现M2的正转。KM6控制快速电磁铁(通为快速,断为慢速)。

3. 冷却电动机M3

由KM1控制单方向运转。要求主轴电动机起动后,M3才能起动。

二、控制电路

控制电路电源为127V。

(一)主轴电动机M1的控制

主轴起停控制:

主轴(M1)的起,停在两地操作,一处在升降台上,一处在床身上。

非变速状态,SQ7不受压,根据所用的铣刀,由SA5选择转向,合上QS:

①起动

按SB1(SB2)SB1$^+$──→KM3$^+$(自锁)──→M1起动──→ KS-1$^+$ 为反接制动作准备
                                                （KS-2$^+$）

路径：按 SB1：1—3—4—13—15—16—17—25—27—31—32—33—34 $\left\{\begin{matrix} 35—36 \\ 37—43—44 \end{matrix}\right\}$—

(自锁)

39—40—41—42—24—10—11—12—2

②主轴停止

按 SB3（SB4）：$SB3^{+} \longrightarrow KM3^{-} \longrightarrow KM2_{(自锁)}^{+} \longrightarrow M1$ 反接制动 $\xrightarrow{N<120r/min}$ $KS\text{-}1^{-}$

$(KS\text{-}2^{-})$

$\longrightarrow M1$ 停车

路径：SB3：1—3—4—13—15—17—25 $\left\{\begin{matrix} —27—28 \\ —25—26 \end{matrix}\right\}$ $\left\{\begin{matrix} 29—30 \\ 26—19—20 \end{matrix}\right\}$—21—22—23—24—

(自锁)

10—11—12—2

③主轴变速冲动

主轴变速可在主轴不动时进行，亦可在主轴工作时进行，利用变速手柄与限位开关 SQ7 的联动机构进行控制。

SQ7 受压 $\begin{bmatrix} SQ\,7\text{-}1^{+} \\ SQ\,7\text{-}2^{-} \end{bmatrix} \longrightarrow KM2^{+} \longrightarrow M1$ 反接制动 $\longrightarrow n$ 迅速下降，保证变速过程顺利进行

$KM3^{-}$

路径：1—3—4—13—14—21—22—23—24—10—11—12—2

（二）进给电动机 M2 的电气控制

工作台进给方向有左右（纵向）（纵向操作手柄 SQ1、SQ2）、前后（横向）。上下（垂直）运动（十字复式操作手柄 SQ3、SQ4）。由正向接触器 KM3 反向接触器 KM4 控制 M2 的正反转（SQ1、SQ2）。

纵向操作手柄和十字变式操作手柄，分别设在铣床工作台正面与侧面。

SA1 为圆工作台选择开关。

圆工作台选择开关 SA1 触点通断情况

位置 触点	接通圆 工作台	断圆 工作台
SA1-1	−	+
SA1-2	+	−
SA1-3	−	+

工作纵向操作手柄行程开关触点通断情况

位置 触点	向左压 （SQ2）	中间 （停）	向右压 （SQ1）
SQ1-1	−	−	+
SQ1-2	+	+	−
SQ2-1	+	−	−
SQ2-2	−	+	+

十字手柄工作台升降、横向行程开关触点通断情况

位置 触点	向前（下） 压 SQ3	中间 （停）	向后（上） 压 SQ4
SQ3-1	+	−	−
SQ3-2	−	+	+
SQ4-1	−	−	+
SQ4-2	+	+	−

工作台移动控制电路的电源从 44 点引出,串入 KM3 的自锁触点,是保证主轴旋转与工作进给和联锁要求。

不需要圆工作台时,SA1 置于断状态(SA1-1$^+$　SA1-2$^-$　SA1-3$^-$),起动主轴电动机 M1。

工作台的控制:

1. 工作台左、右进给运动的控制

(1)右进给运动控制:

手柄扳向右→ | → 合上纵向进给机械离合器

→ 压下 SQ1$\left(\begin{array}{c}SQ 1\text{-}1^+ \\ SQ 1\text{-}2^-\end{array}\right)$→KM4$^+$→ M2 正转→工作台右移

路径:44→SQ6-2→SQ4-2→SQ3-2→SA1-1→SQ1-1→KM4 线圈→KM2 常闭触点→62(44→49→50→51→52→54→55→56→57→58→59→60→61→62)→46→45→8→9→10→11→12→2

(2)停止右进给:纵向操作手柄扳回中间位置,SQ1 不受压,工作台停止移动。

(3)左进给运动控制:

手柄扳向左→ | → 合上纵向进给机械离合器

→ 压下 SQ2$\left(\begin{array}{c}SQ2\text{-}1^+ \\ SQ2\text{-}2^-\end{array}\right)$→KM5$^+$→M2 反转→工作台左移

路径:44→SQ6-2→SQ4-2→SQ3-2→SA1-1→SQ2-1→KM5 线圈→KM4 常闭触点→82→62(44→49→50→51→52→53→54→55→56→57→69→73→74→79→80→81→82→62)→46→45→8→9→10→11→12→2。

(4)停止左进给:纵向操作手柄扳回中间位置,SQ2 不受压,工作台停止移动。

2. 工作台前后和上下进给运动的控制

十字开关:上、下、前、后、中间五个位置

①工作台向上运动控制:

十字手柄扳向上→ | → 合上垂直进给的机械离合器

→ 压下 SQ4$\left(\begin{array}{c}SQ4\text{-}1^+ \\ SQ4\text{-}2^-\end{array}\right)$→KM5$^+$→M2 反转 →工作台向上运动

路径:44→SA1-3→SQ2-2→SQ1-2→SA1-1→SQ4-1→KM5 线圈→KM4 常闭触点→82→62(44→49→63→64→65→66→67→68→54→55→56→57→69→73→77→78→79→80→81→82→62)→46→45→8→9→10→11→12→2。

②工作台向下运动控制:

十字手柄扳向下→ | → 合上垂直进给的机械离合器

→ 压下 SQ3$\left(\begin{array}{c}SQ^+ 3\text{--}1 \\ SQ^- 3\text{--}2\end{array}\right)$→ KM4$^+$→M2 正转→工作台向下运动

路径:44→ SA1-3→ SQ2-2→ SQ1-2→ SA1-1→ SQ3-1→KM4 线圈→KM5 常闭触点→62。

③工作台向前运动控制:

十字手柄扳向前→ | → 合上横向进给的机械离合器

→ 压下 SQ3$\left(\begin{array}{c}SQ3\text{-}1^+ \\ SQ3\text{-}2^-\end{array}\right)$→ KM4$^+$→ M2 正转→工作台向前运动

④工作台向后运动控制：

十字手柄扳向后→$\begin{cases}\to 合上横向进给的机械离合器\\[6pt]\to 压下 SQ4\begin{pmatrix}SQ4\text{-}1^+\\SQ4\text{-}2^-\end{pmatrix}\to KM5^+\to M2 反转\to 工作台向后运动\end{cases}$

工作台六个方向的运动有极限保护。

工作台各方向运动有联锁：$\left.\begin{array}{l}左、右\\[4pt]横向与升降\end{array}\right\}$机械联锁

左、右运动，横向与升降是电气联锁

3.工作台的快速移动

（1）主轴转动时的快速运动

按下 $SB_5(SB_6)\to KM_6^+\to$ 电磁铁 YB 通电→工作台快速进给

路径：44→$SA_{1\text{-}3}$→$SB_5(SB_6)$→KM_6 线圈→86→82→62→46(44→49→63→64→65→71→75→76(75→83)→84→85→86→62)→46→8→9→10→11→12→2。

（2）主轴不工作时的快速运动

注：49→63→64→65→66→67→68→54→53→52→51→50→49 是回路。

SA5 扳向"停止"位置，按 SB1(SB2)→KM3$^+$（自锁），提供进给运动的电源→操作工作台手柄→进给电动机 M2 转动→按下 SB5(SB6)→KM6$^+$→电磁铁 YB 通电→工作台快速进给。

4)进给变速时的冲动控制（工作台停止移动，所有手柄置中间位置）。

工作台变速手柄→SQ6

进给变速手柄外拉→对准需要速度，将手柄拉出到极限→压动限位开关 SQ6→KM4$^+$→进给电动机 M2 正转，便于齿轮啮合。

进给变速手柄推回原位，进给变速完成。

(三)圆工作台进给的控制

（1）圆工作台单向转动

开关 SA1 扳向"接通"位置$\begin{cases}SA1\text{-}1^-\\SA1\text{-}2^+\\SA1\text{-}3^-\end{cases}$→工作台两个进给手柄扳向中间位置→按下 SB1

$(SB2)\to KM3^+\begin{cases}\to 主轴电动机 M1 转动\\[6pt]\to KM4^+\to 进给电动机 M2 正转\to 圆工作台回转。\end{cases}$

路径：44→49→SQ6-2→SQ4-2→SQ3-2→SQ1-2→SQ2-2→SA1-2→KM4 线圈→KM5 常闭触点→62

（2）圆工作台停止工作

按 $SB3(SB4)\to KM3^-\begin{cases}\to 主轴电动机 M1 停止工作\\[6pt]\to KM4^-\to 进给电动机 M2 停止工作\end{cases}$

(四)冷却泵电动机的控制和照明电路

1.冷却泵电动机的控制：

SA3 扳向"接通"位置→KM1$^+$→M3 起动

2.照明电路

开关 SA4 控制照明灯 EL。36V 安全压供电。

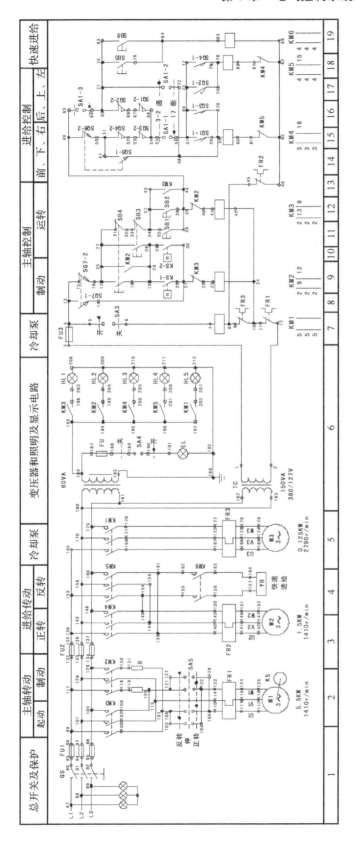

图3-15　X62W 万能铣床电气原理图

3.6　T68型镗床电气控制系统

镗床主要用于孔的精加工(孔和孔间的相互位置要求较高的零件)用于钻孔。镗孔、铰孔及加工端平面等,使用一些附件后,还可以车削螺纹。

T68:T—镗床　6—卧式　8—镗轴直径85mm

3.6.1　T68型镗床工作原理

(一)T68型卧式镗床的主要结构

镗床在加工时,一般把工件固定在工作台上,由镗杆或花盘上固定的刀具进行加工。

1.前立柱——主轴箱可沿它上的轨道做垂直移动。

2.主轴箱——装有主轴(其锥形孔装镗杠)变速机构,进给机构和操纵机构。

3.后立柱——可沿床身横向移动,上面的镗杆支架可与主轴箱同步垂直移动。

4.工作台——由下溜板,上溜板和回转工作台三层组成,下溜板可在床身轨道上作纵向移动,上溜板可在下溜板轨道上作横向移动,回转工作台可在上溜板上转动。

(二)运动形式

1.主运动→→主轴的旋转与花盘的旋转运动。

2.进给运动→→主轴在主轴箱中的进出进给,花盘上刀具的径向进给,工作台的横向的纵向进给,主轴箱的升降。(进给运动可以进行手动或机动)

3.辅助运动→→回转工作台的转动,后立柱的水平纵向移动,镗杆支承架的垂直移动及各部分的快速移动。

＊主电动机采用双速电运动机(△/YY)用以拖动主运动和进给运动。

＊主运动和进给运动的速度调速采用变速孔盘机构。

＊主电动机能正反转,采用电磁阀制动。

＊主电动机低速全压起动,高速起动时,需低速起动,延时后自动转为高速。

＊各进给部分的快速移动,采用一台快速移动电动机拖动。

3.6.2　T68卧式镗床电气原理图分析

YL-ZT型T68镗床电气原理图如图3-16所示。

一、主电路

1.主拖动电动机 M_1

KM1 KM2→正反转接触器

KM3→M1低速运行接触器

KM4 KM5→M1高速运行接触器

YB → 主轴制动电磁阀平时抱闸。

$$\text{变速手柄} \longrightarrow \begin{cases} \text{低速（SQ1}^{-}\text{）} \\ \text{高速（SQ1}^{+}\text{）} \end{cases}$$

2. 快速移动电动机 M2

KM6　KM7→正反转接触器。　　　M2 短时工作，不需过载保护。

二、控制线路

控制线路电源为 127V

(一)主拖动电动机的控制

主拖动电动机起停控制

1. 低速正向起动

变速手柄板向"低速"（SQ1^{-}）

按SB3^{+}（正起）→→KM1^{+}（自锁）→→KM3^{+}→YB＋（松闸）　　⎫　→M1低速起动
　　　　　　　　　　　　　　　　　　　　　　　　　　　→接通电源 ⎬
　　　　　　　　　　　　　　　　　　　　　　　　　　　　　　　　⎭

KM1 线圈路径 1：1→FU3→SQ3→SB1→$\begin{pmatrix} \text{SB2} \rightarrow \text{SB3（按钮）} \\ \text{SB5} \rightarrow \text{SB4} \rightarrow \text{KM1（自锁）} \end{pmatrix}$→KM2 常闭触点

→KM1 线圈→FR→FU3→2

KM1 线圈路径 2：

$1 \rightarrow 5 \xrightarrow{\text{FU3}} 7 \rightarrow 9 \xrightarrow{\text{SQ3}} 10 \xrightarrow{\text{SB1}} 12 \rightarrow \begin{pmatrix} 13 \xrightarrow{\text{SB2}} 14 \xrightarrow{\text{SB3}} 15 \rightarrow 16 \rightarrow 17 \\ 25 \xrightarrow{\text{SB5}} 26 \rightarrow 27 \xrightarrow{\text{SB4}} 28 \rightarrow 24 \xrightarrow{\text{KM1}} 23 \rightarrow 22 \rightarrow 17 \end{pmatrix} \xrightarrow{\text{KM2}} 18$

$\xrightarrow{\text{KM1 线圈}} 19 \rightarrow 20 \rightarrow$

KM3 线圈的路径：

1→ FU3→ SQ3→ SQ2→ KT 通电常闭触点延时断开触点→ KM4 常闭触点→ KM3 线圈→ KM1 常开触点→ FU3→2

(2)低速反向起动(略)

(3)高速正向起动

变速手柄板向高速（SQ1^{+}）

A(第一种表示形式)

SB3^{+}（正起）→ KM1^{+}（自锁）　→ KM3^{+} → YB^{+}(松闸)　⎫ → KM1低速启动
　　　　　　　　　　　　　　　　　→ 接通电源　　　　　⎭
　　　　　　　　　　　　　　　→ KT^{+} $\xrightarrow{\Delta T}$ KM3^{+}(YB^{-})⎤
　　　　　　　　　　　　　　　　　　　　　　　└→KM4^{+} → YB^{+} ⎫ →M1高速运行
　　　　　　　　　　　　　　　　　　　　　　　　KM5^{+} → 接通电源 ⎬ 　（KT^{+}）
　　　　　　　　　　　　　　　　　　　　　　　（双Y联接）　　　　⎭

B(第二种表示形式)

按 SB3→KM1^{+}（自锁）→$\dfrac{\text{KT}^{+}}{\text{KM3}^{+}}$→$\dfrac{\text{KB}^{+}}{\text{M1}}$ 低速起动$\xrightarrow{\text{KT延时到}}$→KM3^{-} ⎮$\dfrac{\text{KM4}^{+}}{\text{KM5}^{+}}$⎮ ⎮$\dfrac{\text{KT}^{+}}{\text{M1 高速起动}}$

路径：

＊：KM1 的路径：

1→FU3→SQ3→SB1→$\begin{pmatrix} \text{SB2} \rightarrow \text{SB3（按钮）} \\ \text{SB5} \rightarrow \text{SB4} \rightarrow \text{KM1（自锁）} \end{pmatrix}$→KM2 常闭触点→ KM1 线圈→

FR→ FU2→ 2

＊：KM3 的路径：

常闭触点

1→FU3→SQ3→SQ2→KT 通电延时断开触点→KM4 常闭触点→KM3 线圈→KM1 常开触点→FU3→2

＊KT 的路径：

$1 \rightarrow FU3 \rightarrow SQ3 \rightarrow SQ2 \rightarrow SQ1 \rightarrow KT$ 线圈 →(KM1)→ FU3 → 2

＊KM4　KM5 的路径：

$1 \rightarrow FU3 \rightarrow SQ3 \rightarrow SQ2 \rightarrow KT$ 常开触点 $\rightarrow KM3$ 常闭触点 $\rightarrow \left(\begin{matrix} KM4 \\ KM5 \end{matrix}$ 线圈$\right) \rightarrow KM1$ 常开触点 $\rightarrow FU3 \rightarrow 2$

(4)高速反向起动(略)

2．主轴点动控制

变速手柄置于低速($SQ1^+$)

(1)正向点动

按 SB4　$SB4^+ \rightarrow KM1^± \rightarrow KM3^+$(△连接) $\rightarrow YB^+ \rightarrow M1$ 正向起点

(2)主轴反向点动(略)

3．主轴的停车和制动

按停止按钮 SB1

$SB1 \rightarrow \left|\begin{matrix} KM1^- \\ KM2^- \end{matrix}\right| \rightarrow \left|\begin{matrix} KM3^- \rightarrow YB^- \rightarrow 机械制动 \\ \rightarrow 断开 M1 的电源 \end{matrix}\right|$

4．主轴变速和进给变速

变速手柄($SQ2^+$)

变速孔盘机构操纵过程：①手柄在原位($SQ1$)→ ②拉出手柄($SQ2$)→ 转动孔盘→ ③推入手柄($SQ1$)

电路的控制过程：①原速(低或高速) → ②制动 → ③ 变速$\left(\begin{matrix} 低速 \\ 低速→高速 \end{matrix}\right)$

M1 运转

变速手柄拉出 $SQ2^+ \rightarrow \left|\begin{matrix} KM3^- \\ KM4^- \\ KM5^- \end{matrix}\right| \rightarrow YB^+ \rightarrow M1$ 制动(冲动)

变速手柄推回→→M1 自起动工作

当变速手柄推不上时，可来回推动几次，使的手柄通过弹簧装置作用于限位开关 SQ2。SQ2 反复通断几次，使 M1 产生冲动，带动齿轮组冲动，以便于齿轮啮合。

5．快速移动电动机 M2 的控制

为缩短辅助时间，加快调整的速度，机床各移动部分都设置了快速移动，由快速移动电动机 M2 单独拖动。通过不同的齿轮条，丝杆的连接来完成各方向的快速移动，这些均上快速移动操作手柄来控制。

板动快速手柄 $\begin{pmatrix} SQ5^+ \\ SQ6^+ \end{pmatrix}$ →→M2 工作实现快速移动

6.联锁保护环节分析

工作台(横向、纵向、旋转)主轴箱(垂直)→主轴(轴向)花盘(径向)

工作台,主轴箱的进给操作手柄(SQ_4)

工作台,主轴箱的进给操作手柄(SQ4)
主轴、花盘的进给操作手柄(SQ3)｝SQ3 SQ4 都断开时 M1 无法起动

三、辅助电路

36V 安全电压给局部照灯 EL 供电。SA 为照明开关。

HL:电源指示灯

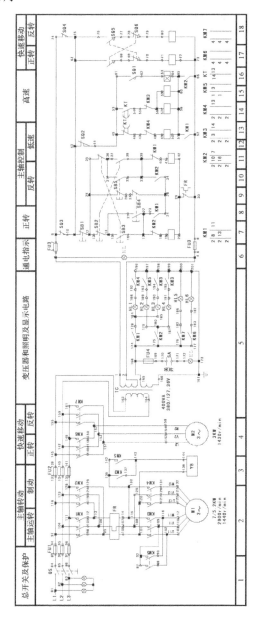

图3-16　YL-ZT型T68镗床电气原理图

3.7 组合机床的电气控制系统

3.7.1 双面钻孔组合机床的工作原理

双面钻孔组合机床的工作循环图和电气控制电路如图 3-17 所示,电器元件说明表见表 3-3。

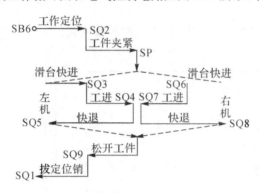

(a)机床工作循环图

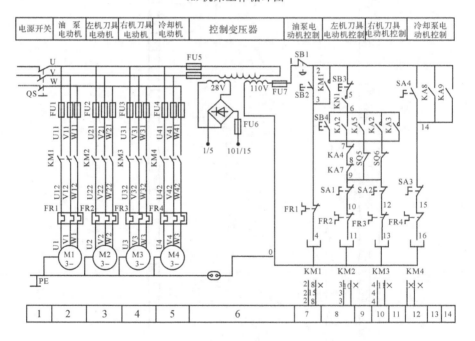

(b)机床控制电路图一

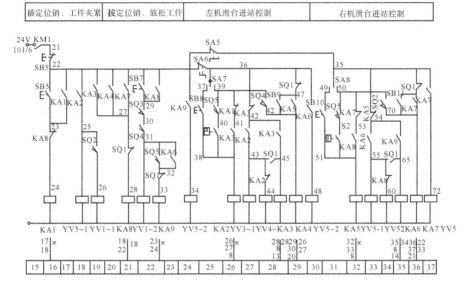

(c)机床控制电路图二

图 3-17　双面钻孔组合机床控制电路

表 3-3　电器元件说明表

符号	名称及用途	符号	名称及用途
M1	油泵电动机	SA6	右机摘除开关
M2	左机刀具电动机	SA7	左机工作方式选择开关
M3	右机刀具电动机	SA8	右机工作方式选择开关
M4	冷却泵电动机	QS	电源隔离开关
KM1	油泵电动机起动接触器	SB1	总停按钮
KM2	左机刀具电动机起动接触器	SB2	油泵电动机起动按钮
KM3	右机刀具电动机起动接触器	SB3,SB4	刀具电动机起停按钮
KM4	冷却泵电动机起动接触器	SB5,SB6	液压系统循环工作起停按钮
KA1~KA9	中间继电器	SB7	松开夹具按钮
SQ1,SQ2	定位行程开关	SB8,SB9	左机点动向前和复位按钮
SQ3,SQ4,SQ5	左机滑台行程开关	SB10,SB11	右机点动向前和复位按钮
SQ6,SQ7,SQ8	右机滑台行程开关	FR1~FR4	电动机热继电器
SQ9	压紧原位行程开关	FU1~FU7	熔断器
SA1~SA3	电动机摘除开关	TC	变压器
SA4	冷却泵电动机开关	VC	整流器
SA5	左机摘除开关	SP	压力继电器

3.7.2 双面钻孔组合机床电气原理图分析

图 3-17 中主回路共有 4 台电动机,电动机均为直接起动,单向旋转,由接触器 KM1、KM2、KM3、KM4 分别控制电动机 M1、M2、M3 和 M4 的定子绕组通电或断电。控制回路有交流电路部分和直流电路部分,交流部分用于对电动机进行控制,直流部分用于对液压系统电磁阀进行控制,电器动作顺序如图 3-18 所示。

1. 交流电路部分

交流控制电路中,SB1 为总停按钮,SB2 为油泵电动机的起动按钮。当按下 SB2 时,油泵电动机的控制接触器 KM1 线圈得电,其主触头闭合,油泵电动机起动工作,其辅助触头闭合,接通刀具电动机的控制电路和液压系统的控制电路,满足机床进入加工工作循环的条件。刀具电动机 M2 与 M3 在加工自动循环过程中,由中间继电器及行程开关控制起停,在调整时,由按钮 SB3、SB4 手动控制起停,通过选择开关 SA1 与 SA2 将刀具电动机从工作循环中解除,以便于对运动部件进行分别调整。

冷却泵电动机有两种工作方式:一种是通过开关 SA4 手动控制;一种是通过工进工作状态中间继电器 KA3 和 KA6 的触头机动控制。选择开关 SA3 可将冷却泵电动机从工作循环中解除。

2. 直流电路部分

直流电路部分控制液压系统,实现运动的自动循环控制,控制电路由定位夹紧控制部分、左机滑台控制部分和右机滑台控制部分组成,可实现整机自动循环控制、单机半自动循环控制和滑台点动与复位控制。

开始全自动工作循环时,接触器 KM1 的辅助触头闭合;左右机的滑台在原位并压下行程开关 SQ5、SQ8;定位液压缸及夹紧缸的活塞均在原位,SQ1 与 SQ9 均压下。当以上条件满足时,按下起动循环的按钮 SB6,即可开始自动加工工作循环过程,按钮 SB5 可中止循环。加工自动工作循环的全过程如图 3-18 所示。选择开关 SA5 与 SA6 可将左机滑台和右机滑台从整机循环中解除,从而实现单机半自动循环。当 SA5 触头闭合,SA6 触头断开时,右机从循环中摘除,此时按下起动循环按钮 SB6,左机单循环;当 SA5 触头断开,SA6 触头闭合时,左机解除,右机单循环;当 SA5 与 SA6 均断开时,可调整定位夹紧的控制。

左机与右机滑台的选择开关 SA7 与 SA8 选择滑台的工作方式:选择手动工作方式时,可通过点动按钮 SB8 与 SB10 分别向前点动滑台;选择自动工作方式时,可通过复位按钮 SB9 与 SB11 分别使滑台快退回原位。

组合机床的控制是一种典型的顺序控制,随着现代控制设备在实际生产中的广泛应用,常采用可编程序控制器来构成电气控制系统,使得电器控制设备体积小,工作可靠,并且控制要求易于修改,特别是在多动力部件、运动循环复杂的情况下,优点更突出。

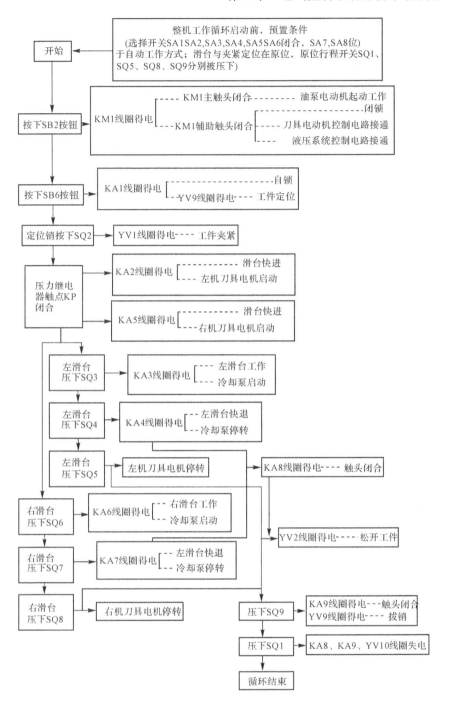

图 3-18　电器动作顺序图

3.8 常用机床电器控制线路故障的分析

控制线路的故障种类较多,故障现象各异,只要认真掌握了电力拖动中各个基本环节的原理,摸清了机床的主要结构和电器控制要点,就能正确分析并尽快排除故障。

3.8.1 电器控制线路故障的检修步骤与方法

1.控制线路分析

根据调查的情况结合电器原理图进行分析,初步判断故障的可能范围。然后进行仔细的检查,一个一个地排除可能产生故障的原因,逐步缩小故障范围。

2.控制线路的通电检查

通电检查时应特别注意人身及设备的安全,不能随意触及带电部位,并注意避免发生短路事故。通电检查的一般顺序为:先查控制电路,后查主电路;先查交流电,后查直流电;先查主令开关电路,后查继电器接触器控制电路。通电检查的一般方法是:操作某一局部功能的按钮或开关,观察与其相关的接触器、继电器等是否动作正常,若动作顺序与控制线路的工作原理不相符,即说明与此相关的电路中存在着故障。

通电检查应尽可能断开主电路,仅在控制电路带电的情况下进行,以避免运动部件发生误碰撞,造成故障进一步扩大。总之,应充分估计到局部线路动作后可能发生的各种后果。

3.8.2 电器控制线路故障检查方法

用万用表检查机床的电气故障最为方便。

1.电压测量法

使用万用表的交流电压挡逐级测量控制线路中各种电器的输出端(闭合状态)电压,往往可以迅速查明故障点。以图 3-19(a)的正转控制回路为例,其电压测量法的操作步骤如下:

(1)将万用表的转换开关置定于交流挡 500V 量程。

(2)接通控制电路电源(注意先断开主电路)。

(3)检查电源电压。将黑表笔接到图 3-19(a)中的端点 1 上(俗称接地),再用红表笔去测量端点 2。若端点 2 无电压或电压异常,说明电源部分有故障,可检查控制电源变压器及熔断保护器等;若端点 2 的电压正常,即可继续按以下步骤操作。

(4)按下 SB1。若 KM 正常吸合并自锁,说明该控制回路无故障,应顺序检查其主电路;若 KM 不能吸合或自锁,则继续按以下步骤操作。

(5)用红表笔测量端点 3。若所属电压值与电源电压不相符,一般可考虑是触点或引线接触不良;若无电压,则应检查热继电器是否已动作,必要时还应排除主电路中导致热继器动作的原因。

(6)用红表笔测量端点 4。若无电压,一般可考虑按钮 SB2 未复位或是接线松脱。

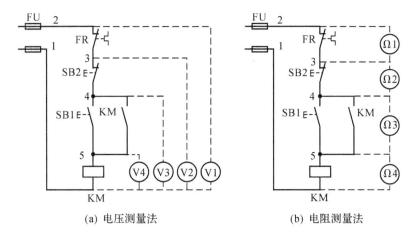

(a) 电压测量法　　　　　　　(b) 电阻测量法

图 3-19　电器控制线路故障检查方法

（7）最后按住 SB1 来测量端点 5。若无电压，可考虑是触点接触不良或接线松脱；若电压值正常，则应考虑接触器 KM 可能有内部开路故障。

综上所述，电压测量法的测量要点为：

（1）用黑表笔接地，用红表笔依次测量各端点的电压。

（2）主令电器的常开触点出线端在正常情况下应无电压，常闭触点的出线端在正常情况下，所测电压应与电源电压相符。若有外力使触点动作，则测量结果应与未动状态的测量结果相反。

（3）接触器和继电器的控制触点在前面电路导通的前提下，其出线端的电压应与主令电器的测量结果一致。

（4）对于各耗电元件（如电磁线圈），仅用电压测量法还不能确定其故障原因。

2．电阻测量法

电压测量法虽然使用起来既方便又准确，但必须带电操作，而且不适用于耗电元件。而电阻测量法正好可弥补它的不足。

下面以图 3-19(b) 的正转控制回路为例，介绍电阻测量法的操作步骤如下：

（1）将万用表的转换开关置定于电阻挡的适当量程上。

（2）断开被测电路的电源。

（3）断开被测电路与其他电路并联的连线。

（4）用两只表笔分别接触端点 2 和 3。若阻值无穷大，说明热继电器已动作断开，或是接线松脱。

（5）用两支表笔分别接触端点 3 和 4。若阻值无穷大，说明 SB2 复位不良或接线松脱。

（6）用两支表笔分别接触端点 4 和 5。当按下 SB1 时，两点间的阻值应为零；松开 SB1 后，两点间的阻值应为无穷大。

（7）对于接触器线圈这类耗电元件，其进出线两端点间的阻值应与该电器铭牌上标注的阻值相符。若实测阻值偏大，说明内部出现接触不良；若实测阻值偏小或为零，则说明内部的绝缘损坏甚至被击穿。对于未注明阻值的电器，可根据铭牌上的额定工作电压和功率将电阻值换算出来。

在实际的电器修理过程中，往往都将电压测量法和电阻测量法结合起来灵活运用，再根据线路的电器原理图进行分析和检查,就能迅速查明故障原因。

3.机床电气控制电路电阻法检查故障举例

下面主要介绍电阻法检查故障。电阻法检查故障可以分为通电观察故障现象、检查并排除电路故障、通电试车复查三个过程。

(1)通电观察故障现象

第一步:验电。

合上电源开关(空气开关),用电笔检查电动机控制线路进线端(端子排)是否有电;检查电动机控制线路电源开关上接线桩是否有电;合上电源开关,检查电源开关下接线桩、熔断器上接线桩、熔断器下接线桩是否有电;检查有金属外壳的元器件是否有外壳漏电;一切正常,可进行下一步通电试验。

第二步:通电试验,观察故障现象,确定故障范围。

按照故障现象,确定可能产生故障原因,然后切断电源(注意最后一定切断电源开关),并在电路图上画出检查故障的最短路径。

例 1 如图 3-20 顺序起动逆序停止控制线路原理图(设电路只有一处故障),按下起动按钮 SB2 时,M1 电动机不能起动,故障是在从 FU2 熔断器—1 号线—FR1 常闭触头—2 号线—FR2 常闭触头—3 号线—SB1 常闭触头—4 号线—SB2 常开触头—5 号线—KM1 线圈—9 号线的路径中。

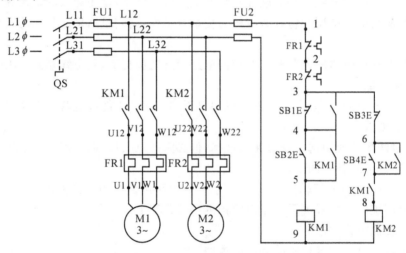

图 3-20　顺序起动逆序停止控制线路原理图

(2)检查并排除电路故障

把万用表从空挡切换到×10Ω 或×100Ω 电阻挡,并进行电气调零。调零后,可利用二分法,把万用表的一支表棒(黑表棒或红表棒),搭在所分析最短故障路径的起始一端(或末端)。如上例中按下起动按钮 SB2 时,M1 电动机不能起动,把万用表的一支表棒(黑表棒或红表棒),搭在上图中 1 号线所接的 FU2 接线桩,另一支表棒搭在所判断故障路径中间位置电气元件的接线桩上,如 4 号线所接的 SB1 接线桩。(两表棒间如有起动按钮,应按下起动按钮)此时,万用表指针应指向零位,表明故障不在两表棒间的电路路径:1 号线—FR1 常闭触头—2 号线—FR2 常闭触头—3 号线—SB1 常闭触头中,而在所分析故障路径的另一半路径中(电阻为无穷"∞"则故障在此路径中、如两表棒间有线圈,无故障时电阻值应为线圈直流电阻值,约 $1800 \sim 2000\Omega$)。

再用万用表检查另一半电路,上例中把万用表的一支表棒(黑表棒或红表棒)搭在 5 号线所接的 SB2 接线桩,另一支表棒搭于 9 号线所接的 FU2 接线桩,电阻应为 $1800 \sim 2000\Omega$,则路径:SB2 常开触头—5 号线—KM1 线圈—9 号线—熔断器 FU2 无故障,故障应在 SB1—SB2 的 4 号线。用万用表测量 SB1—SB2 的 4 号线电阻为无穷"∞",故障判断正确。然后用短接线连接 SB1—SB2 的 4 号线排除故障。

以上第二步判断由于只有三段线,也可用万用表一段、一段线检查,直至找到故障点,找到后用短线连接故障点排除故障。(检查的三段线分别是 SB1—SB2 的 4 号线、SB2 常开触头—KM1 线圈—熔断器 FU2 的 9 号线——检查排故)

(3)通电试车复查,完成故障排除任务

试车前先用万用表初步检查控制电路的正确性。上例顺序起动逆序停止控制线路,用万用表的 $\times 10\Omega$ 或 $\times 100\Omega$ 电阻挡,搭在控制回路熔断器 FU2 的 9 号线与 1 号线之间,按下起动按钮 SB2,电阻应为 $1800 \sim 2000\Omega$;模拟 KM1 通电吸合状态(手动使 KM1、KM2 同时通电吸合状态,电阻也为 $900 \sim 1000\Omega$,则电路功能正常。再按第一步和第二步试电步骤通电试车,试车成功,拆除短路线,整理好工作台,并把万用表打回空挡。完成故障排除任务。

注意事项:

(1)注意检电,必须检查有金属外壳的元器件外壳是否漏电;

(2)电阻法必须在断电时使用,万用表不能在通电状态测电阻;

(3)用短路线短路故障点时,必须是线号相同的同号线才能短路。

附录　典型机床电气控制系统电路故障的分析与维修

附录 3-1　X62W 万能铣床故障的分析与排除

1.【故障现象】制动正常,进给都不正常。

【故障原因】FU1 熔断;TC 损坏;FU4 熔断;FR1、FR2 过载保护等。

【排除方法】按惯例先查 FU1,马上就会发现 L1 相的 FU1 熔断器故障。更换熔体前需要进一步检查电动机 M1、M2、M3 以及它们的主电路、变压器 TC 是否有短路,确定无短路故障时,可能是瞬间大电流冲击造成的,更换熔体故障排除。

【模拟故障】25 点:假设电路已经不存在短路故障。合上 QS,查 FU1 上、下桩头的电压正常,查变压器 TC 的一次绕组无电压,断电 QS 后,当用电阻挡测量 FU1(18 号)线与 TC(98 号)线间电阻无穷大已断开,恢复模拟故障点开关,故障排除。

2.【故障现象】主轴电动机不转动,伴有很响的"嗡嗡"声。

【故障原因】首先肯定主轴电动机缺相;FU1;KM1 主触点;FR1;SA3;M1 等有一相已经断路。

【排除方法】查主轴电动机 M1 的主电路。

1) 断开电动机。通电查 FU1 上、下桩头的电压正常,查 KM1 主触点上桩头电压正常(380V),下桩头电压不正常。断电后,拆下 KM1 的灭弧罩,测量 KM1 主触点接触不良,修复触点或更换接触器,故障排除。

2) 用电阻挡测量主轴电机 M1 的主电路,从 FU1——电动机 M1 的接线盒,查得 KM1 主触点断开,修复触点或更换接触器,故障排除。

【模拟故障】2 点:断开电动机,通电查 FU1 上、下桩头的电压正常,查 KM1 主触点下桩头、下桩头电压正常(380V),查 SA3 上桩头电压时不正常。断电后,查 KM1(19 号)线至 SA3(20 号)线有断点,恢复模拟故障点开关,故障排除。

注:缺相检查通电时间不能超过 1 分钟,以免烧毁电动机。

3.【故障现象】有制动,其他控制电路都不工作。

【故障原因】FU1 熔断;TC 损坏;FU4 熔断;KM1 损坏;FR1、FR2 过载保护等。

【排除方法】查变压器 TC 一、二次绕组的电压正常,查 TC(105 号线)与 FU4(115 号线)电压不正常。说明变压器的二次绕组回路断开,更换熔断器 FU4,故障排除。

【模拟故障】9 点:查变压器 TC1 一、二次绕组的电压(380V/110V)正常,查(105 号)线与 FU4 上桩头(108 号)线电压不正常。说明 FU4(108 号)号引线至(104 号)线断开,恢复模拟故障点开关,故障排除。

4.【故障现象】圆工作台正常、进给冲动正常,其他进给都不动作。

【故障原因】故障范围被锁定在左右、上下、前后进给的公共通电路径;根据圆工作台、进给冲动工作正常,从而得知故障点就在 SA2-3 触点或连线上。

【排除方法】用电阻法:断开 SA2-3 一端接线,测量 SA2-3 触点电阻接触不良,故障排除。

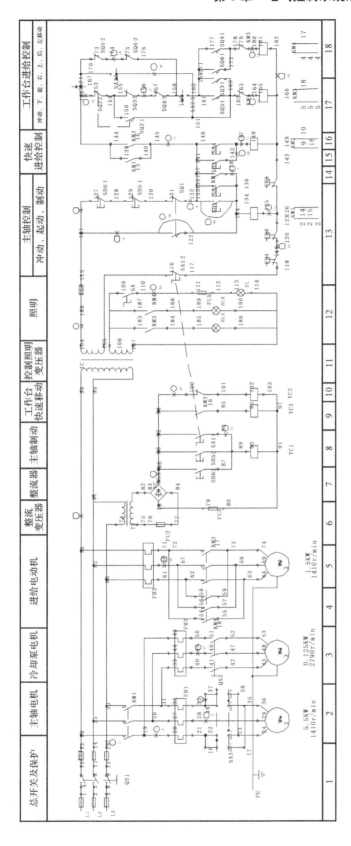

附图3-1　X62W万能铣床故障原理图

用电压法：先按下 SB1 或 SB2，接触器 KM1 吸合，查 TC 二次绕组（105 号）线与 SA1-2（116 号）线间电压正常（110V），查 TC 二次绕组（137 号）线与 SA1-2（117 号）线间电压不正常，触点 SA2-3 接触不良。修复拨盘开关，故障排除。

【模拟故障】在 SA2-3 触点间贴黑胶布。故障现象：圆工作台正常、进给冲动正常，其他进给都不正常。用电阻法：断开 SA2-3 一端接线，测量 SA2-3 触点电阻无穷大已开路，清除黑胶布，故障排除。

5.【故障现象】主轴电动机不能起动。

【故障原因】FU1 熔断；TC 损坏；FU4 熔断；KM1 损坏；FR1、FR2 过载保护、SQ1、SB6-1、SB5-1 及连接导线松脱等。

【排除方法】

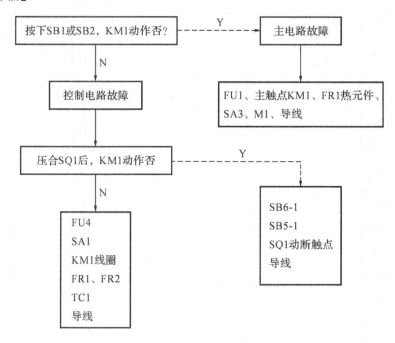

【模拟故障】6 点、8 点、9 点、10 点、22 点：故障现象一样，排除方法参照上述步骤。

TC（104 号）—FU4（108 号）—SB6-1（128 号）—SB5-1（130 号）—SQ1（132 号）—KM1（KM2）触点（145 号）—通路与 TC（105 号）—SA1-2（117 号）—FR1（118 号）—FR2（120 号）—FR3、KM2、KM3、KM4（182 号）通路之间正常电压为 110V。若不符合，则为故障。只要恢复模拟故障点开关，故障即可排除。

6.【故障现象】主轴电动机工作正常，但进给不动作。

【故障原因】联锁触点 KM1 接触不良；SQ1（132 号）至 KM1（140 号）；KM1（144 号）至 SA2-1 或 SQ2-2（152 号）导线断线；FR3 触点以及至 KM2 或 KM3、KM4 导线断线。

【排除方法】先按下 SB1 或 SB2，接触器 KM1 吸合，查 TC 二次绕组（105 号）与 KM1（145 号）线电压为正常（110V），与 KM1（144 号）线间电压不正常，查触点 KM1 接触不良，修复触点，故障排除。

【模拟故障】12 点：主轴电动机工作正常，但进给不动作。

查 TC（105 号）线与 SB1、SB2、SB3、SB4（133 号、135 号、141 号、146 号）线间电压正常

(110V),查 TC1(105 号)线与联锁触点 KM1(140 号)线间无电压已断线,恢复模拟故障点开关,故障排除。

7.【故障现象】左、右进给不动作,圆工作台不动作,其他进给可以进行。

【故障原因】故障出在左、右进给与圆工作台它们的公共部分:SQ2-2、SQ3-2、SQ4-2 以及连接导线。但进给冲动可以,进一步验证 SQ3-2、SQ4-2 触点是好的,唯一的故障落在 SQ2-2 触点或导线上。

【排除方法】断开 SA2,用万用表电阻挡查 SQ2-2 触点电阻无穷大已开路,修复触点或更换 SQ2,故障排除。(SQ2 动作频繁容易损坏。)

【模拟故障】15 点:断开 SA2,用万用表电阻挡查 SQ2-2 触点(153 号)线与 KM1(139 号)线间电阻无穷大已开路,恢复模拟故障点开关,故障排除。

【问   题】为什么要先断开 SA2?

如果不断开 SA2,用万用表电阻挡查 SQ2-2 触点电阻、SQ2-2 触点(153 号)线与 SA2-1(152 号)线间电阻为零。因为被 SA2-1、SQ5-2、SQ6-2、SQ4-2、SQ3-2 的回路所短路。

8.【故障现象】左、右进给不动作,圆工作台不动作,进给冲动不动作,其他进给正常。

【故障原因】故障出在左、右进给,圆工作台它们的公共部分:SQ2-2、SQ3-2、SQ4-2 以及连接导线。但进给冲动不可以,进一步说明故障落在 SQ3-2、SQ4-2 触点范围。

【排除方法】断开 SA2 或断开 SQ3-2、SQ4-2 的一端连线。用万用表电阻挡查 SQ3-2、SQ4-2 触点的电阻、以及连接导线,查 SQ3-2 触点断开,更换 SQ3,故障排除。

【模拟故障】17 点:左、右进给不动作,圆工作台不动作,进给冲动不动作,其他进给正常。

断开 SA2 或断开 SQ3-2、SQ4-2 的一端连线。用万用表的电阻挡,查 SQ3-2、SQ4-2 触点的电阻、以及连接导线,查 SQ3-2(156 号)线与 SQ4-2(157 号)线间的电阻已无穷大,恢复模拟故障点开关,故障排除。

9.【故障现象】上、下、前、后进给、圆工作台、进给冲动都不动作,左、右进给正常。

【故障原因】故障出在上、下、前、后进给等它们的公共部分:SA2-1、SQ5-2、SQ6-2、连接导线。

【排除方法】断开 SA2 或断开 SQ5-2、SQ6-2 的一端连线。用万用表的电阻挡,查 SQ5-2、SQ6-2 触点的电阻、以及连接导线,查 SQ6-2 触点损坏,更换 SQ6,故障排除。

【模拟故障】16 点:上、下、前、后进给、圆工作台、进给冲动都不动作,左、右进给正常。

断开 SA2 或断开 SQ5-2、SQ6-2 的一端连线。用万用表的电阻挡,查 SA2-1(167 号)至 SQ5-2(173 号)线间电阻为正常(零欧),查 SQ5-2 触点好的,查 SQ5-2(174 号)线与 SQ6-2(175 号)线间的电阻无穷大已断开,恢复模拟故障点开关,故障排除。

10.【故障现象】圆工作台不动作,其他进给都正常。

【故障原因】综合分析故障现象,故障范围在 SA2-2 触点、连线。

【排除方法】断开 SA2-2 一端连线。用万用表的电阻挡,查 SA2-1(167 号)线与 SA2-2(170 号)线间电阻正常,查 SA2-2 触点电阻很大已开路,修复或更换 SA2,故障排除。

【模拟故障】18 点:圆工作台不动作,其他进给都正常。

断开 SA2-2 一端连线。用万用表的电阻挡,查 SA2-1(170 号)线与 SA2-2(151 号)线间电阻正常,查 SA2-2 触点电阻正常,查 SA2-2(151 号)与 KM4 动断触点(163 号)线间的电阻很大已开路,恢复模拟故障点开关,故障排除。

11.【故障现象】上、左、后方向无进给,下、右、前方向进给正常。

【故障原因】故障的范围在 SA2-3(160 号)线至 SQ6-1(171 号)或 SQ4-1(177 号)线;SQ6-1(172 号)或 SQ4-1(178 号)线至 KM3 动断触点(179 号)线;KM3 动断触点;KM3 动断触点(180 号)线至 KM4 线圈;KM4 线圈;KM4 线圈(182 号)至 KM3 线圈(166 号)。

【排除方法】查 KM4 线圈正常;查 KM3 动断触点接触不良,修复触点,故障排除。

【模拟故障】14 点:上、左、后方向无进给,下、右、前方向进给正常。

电阻测量法;查 KM4 线圈正常;查 KM4 线圈(182 号)至 KM3 线圈(166 号)导通正常;查 KM3 动断触点(180 号)线至 KM4 线圈(181 号)电路不通,恢复模拟故障点开关,故障排除。

电压测量法:主轴起动后拨动手柄,压合 SQ4-1 或 SQ6-1 其中一个触点,查 TC(105 号)线与 KM3 动断(180 号)线间电压正常(110V);查 TC(105 号)线与 KM4 线圈(181 号)间电压不正常(0V)电路不通,恢复模拟故障点开关,故障排除。

12.【故障现象】主轴电动机变成点动控制。

【故障原因】自锁触点 KM1 以及引线。

【排除方法】用电阻法测量,先断开自锁触点一端引线,然后模拟接触器 KM1 通电吸合,测量自锁触点接触电阻完全断开。修复或更换,故障排除。

【模拟故障】7 点:按下 SB1 或 SB2,接触器 KM1 吸合,主轴电动机起动,松开按钮,电动机停转。查 KM1 自锁触点完好,查 KM1(138 号)线至 KM1 线圈(124 号)线间电阻已完全断开。恢复模拟故障点开关,故障排除。

13.【故障现象】主轴电动机能正常起动,但不能变速冲动。

【故障原因】主要故障范围在 SQ1 的动合触点以及引线;机械装置未压合冲动行程开关 SQ1。

【排除方法】断开 SQ1-1 动合触点的一端连线,或者把 SA1 拨向断开位置。压合 SQ1 后,查 SQ1-1 动合触点的接触电阻完全开路,更换行程开关 SQ1,故障排除。

【模拟故障】5 点:主轴电动机能正常起动,但不能冲动。断开 SQ1-1 动合触点的一端连线,压合 SQ1 后,查 SQ1-1 动合触点的接触良好,查 SQ1-1 动合触点(122 号)线至 KM1 线圈(124 号)线接触良好,查 SQ1-1 动合触点(121 号)线至 FU4(115 号)线间电阻完全开路,恢复模拟故障点开关,故障排除。

【问　　题】为什么要断开 SQ1-1 动合触点的一端连线或断开 SA1?

因为当 SA1-2 处于闭合状态时,直接测量 SQ1-1 的两端电阻,电阻值会很小(不是零欧,而变压器 TC 二次绕组电阻和 KM1 线圈的电阻之和)。特别是当万用表挡位拨在"×100Ω","×1K"挡时,容易造成被短路的假象。其实不然,是由于 FU4—TC 二次绕组—SA1-2—FR1—FR2—KM1 线圈并联支路引起的。同样,直接测量 SB1、SB2、SB3、SB4 都会出现同样的结果。

14.【故障现象】工作台不能快速进给,主轴制动失灵。

【故障原因】主要故障在整流器是否损坏;电磁离合器线圈烧毁;离合器的摩擦片损坏。

【排除方法】查 T2 二次绕组电压正常(交流 36V);查整流器 VC 输入端交流电压为零伏不正常——FU2 损坏;查整流器 VC 输出端直流电压为正常时的一半或很小——整流二极

管损坏;查整流器 VC 输出端(+)(85 号)线与电磁离合器 YC1、YC2、YC3 的线圈(80 号)线间的直流电压为零伏——FU3 已熔断;查整流器 VC 输出端(+)(85 号)线与电磁离合器 YC1、YC2、YC3 的线圈(80 号)线间的直流电压为正常——检查离合器的摩擦片有损坏。更换或修复即可。

注:1. 电磁离合器 YC1、YC2、YC3 不吸合,电源问题可能性最大。因为电磁离合器 YC1、YC2、YC3 同时损坏的可能性很小,重点先检查电源。

2. T2 二次绕组至整流器 VC 输入端为交流电压,测量用交流电压挡。整流器 VC 输出端后为直流电压,测量用直流电压挡。

【模拟故障】19 点:电磁离合器 YC1、YC2、YC3 不动作,工作台不能快速进给,主轴制动失灵。查 T2 二次绕组电压正常(交流 36V);查整流器 VC 输入端(83 号)线和(84 号)线,交流电压正常;查整流器 VC 输出端(+)(85 号)和熔断器 FU3(79 号)线的直流电压正常。查整流器 VC 输出端(-)(78 号)线与 SB6-2 或 SB5-2 或 SA1-1 或 KM2 动合或 KM2 动断(86 号、88 号、92 号、94 号)线间的直流电压为零伏,电路已断路,恢复模拟故障点开关,故障排除。

15.【故障现象】停车时有制动,换刀时没有制动。

【故障原因】主要故障在 SA1-1 支路。若单一制动失灵,故障在 YC1 或机械装置,因为 SB6-2、SB5-2、SA1-1 支路同时断开可能性极少。

【排除方法】停车时有制动,电源一直通到电磁离合器线圈 YC1,查 YC1(91 号)线与换刀开关〖合闸状态〗SA1-1(92 号)线间直流电压正常,查 YC1(91 号)线与换刀开关〖合闸状态〗SA1-1(93 号)线间直流电压为零伏不正常,修复或更换之,故障排除。

用电阻测量法:断开 SA1-1 触点一端导线,测量 SA1-1 触点电阻完全断开。

【问 题】为什么要断开 SA1-1 触点一端?

直接测量 SA1-1 触点,会通过 KM1 动断触点—YC2 线圈—YC1 线圈支路形成回路,造成触点接触良好的假象。

【模拟故障】21 点:操作停止按钮有制动,操作换刀开关时没有制动。

断开 SA1-1 触点一端,测量 SA1-1 触点接触电阻没有问题,测量 SA1-1(93 号)线与电磁离合器线圈 YC1(90 号)线间电阻证实完全断开,恢复模拟故障点开关,故障排除。

16.【故障现象】主轴电动机工作正常,冷却泵未输送冷却水。

【故障原因】QS2 损坏;冷却泵缺相;冷却泵电动机损坏;电源引线断开。

【排除方法】查 QS2 的进线电压正常(380V),卸下冷却泵电动机端子板处的引线,合上 QS2,查冷却泵电动机电源开关出线电压(41 号)线—(51 号)线间电压正常,(41 号)线—(46 号)线间电压不正常,(46 号)线—(51 号)线间电压不正常。断开电源,用电阻挡测量 QS2(46 号)线至 QS2(47 号)线,触点已开路,修复或更换 QS2,故障排除。

【模拟故障】27 点:一开机,发现冷却泵缺相。查 SQ2 下桩头间电压正常,查冷却泵电动机电源引线端子板(41 号)线—(51 号)线间电压正常,(41 号)线—(46 号)线间电压不正常,(46 号)线—(51 号)线间电压不正常。断开电源,用电阻挡测量 QS2(46 号)线至热继电器(45 号)线已开路。恢复模拟故障点开关,故障排除。

17.【故障现象】无工作照明。

【故障原因】灯泡损坏;FU5 熔断;开关;变压器 TC 损坏。

【排除方法】查灯泡灯丝未断；查熔断器 FU5 好的；查变压器二次绕组电压为 24V 正常。查钮子开关已损坏。更换钮子开关，故障排除。

【模拟故障】24 点：无工作照明。查灯泡灯丝未断；查熔断器 FU5 好的；查变压器二次绕组电压为 24V 正常。查变压器二次绕组（107 号）线与开关 SA（110 号）线间电压正常；查变压器二次绕组（107 号）线与熔断器（111 号）线间电压值为零不正常；恢复模拟故障点开关，故障排除。

18.【故障现象】合上电源开关 QS1，主轴电动机直接起动。

【故障原因】接触器 KM1 主触点熔焊；起动按钮被短接；SQ1 被短接。

【排除方法】断电情况下，接触器的主触点未复位，证实接触器主触点 KM1 熔焊；更换接触器，故障排除。若接触器主触点会复位，则是按钮被短接。接触器线圈通电直通。查 SB1、SB2 动合触点即可。

【模拟故障】29 点：合上电源开关 QS1，主轴电动机直接起动。按下 SB5 或 SB6 后，接触器 KM1 会断电复位，则是 SB1 或 SB2 被短路，恢复模拟故障点开关，故障排除。

【模拟故障】32 点：合上电源开关 QS1，主轴电动机直接起动。按下 SB5 或 SB6 后，接触器 KM1 不会复位，则是 SQ1 被短路，恢复模拟故障点开关，故障排除。

X62W 铣床电路问答题

1. 当接触器 KM1 的主触点更换后，不安装灭弧罩就通电试车，来观察触点通断是否可以？

答：不可以。因为接触器接通或断开时，产生的电弧没有被隔离开而会造成电弧短路。

2. 按下 SB1 或 SB2，工作都正常，按下 SB3 或 SB4 时，KM2 吸合，但快速移动不正常？

答：从现象来看，进给电动机好的，供电路径基本是好的。只有与触点 KM1 并联的触点 KM2 接触不良，或引线松脱。

3. 主轴电动机正、反转为什么用倒顺开关？能否用接触器来代替？

答：(1)铣床逆铣工作不频繁，所以用倒顺开关来控制，同时还可以省一个接触器。

(2)可以。

4. 主轴电动机的功率为多少？应该用多大容量的接触器来控制？

答：为 7.5 千瓦。用额定电流 20A 的交流接触器。

5. 总熔断器 FU1 如何选择？

答：方法一：容量最大的电动机额定电流乘以（1.5～2.5）倍系数，再加上所有电动机的额定电流之和。

即 $I_{RN} = (1.5 \sim 2.5)I_{NMAX} + \sum I_N$

方法二：容量最大的电动机起动电流除以（2.5～3）系数，再加上所有电动机的额定电流之和。

即 $I_{RN} = I_{STMAX}/(2.5 \sim 3) + \sum I_N$

6. 接触器 KM1 主触点熔焊后，会产生什么后果？

答：接通电源后，电动机立即起动。

7. 电动机缺相后，能否在通电情况下检查电路故障？

答:不可以。电动机缺相后,出现转矩无力或不转动,此时,通过电动机的电流上升很快,时间太长很可能会烧毁电动机。

8.变压器 T2 的变比为多少?用直流电压挡测量时为多少伏?为什么?

答:变压器 T2 的变比为 380V/36V,用直流电压挡测量时为零伏。变压器变的是交流电不是直流电,这一点在学习中要特别值得注意。

9.整流器 VC 的作用是什么?用交流电压挡测量时会出现什么现象?

答:整流作用,即把交流电转换为直流电。用交流电压挡测量时比实际值大或者为零。这一点在学习中要特别值得注意。

10.电磁离合器 YC1 线圈烧毁后,会产生什么后果?

答:主轴电动机的制动失效。

11.电磁离合器 YC3 线圈烧毁后,会产生什么后果?

答:不能完成快速移动

12.熔断器 FU4 熔断后,有什么后果?

答:照明正常;制动正常;控制电路失电,功能失效。

13.照明灯泡 EL 更换成"220V,40W"结果如何?

答:机床上使用照明电压为 36V 或 24V。照明灯泡 EL 更换成"220V,40W"结果为灯丝只有一点点亮(发红)。

14.SA1 有什么用途?当 SA1-2 断开对电路会产生影响?

答:SA1 的用途:换刀开关。换铣刀时,主轴电动机处于制动状态,控制电路失电,确保换刀安全、顺利。

15.SQ1 或 SB1、SB2 被短接后,电路产生的现象一样吗?如何区分不同的故障点?

答:SQ1 或 SB1、SB2 被短接后,电路产生的现象一样的是:电源接通后,接触器 KM1 立即吸合,主轴电机立刻起动;但也存在区别,当按下按钮 SB5、SB6 时,接触器 KM1 线圈可以断电,是 SB1 或 SB2 被短接。当按下按钮 SB5、SB6 时,接触器 KM1 线圈不会断电,那是 SQ1 被短接。这一点在分析故障时,对确定故障范围很重要。

16.FR1 动断触点断开跟 FR3 动断触点断开后果一样吗?

答:不一样。热继电器 FR3 动断触点断开,主轴电动机能起动,但进给工作全部不动作。热继电器 FR1 动断触点断开,主轴电动机不能起动,进给工作全部不动作。

17.触点 KM1、KM2 并联的作用?改为串联可以否?

答:触点 KM1 的联锁作用,确保主轴电机先起动,才能有进给。触点 KM2 并联的作用是:不需要起动主轴电动机,工作台先快速到位,以减少辅助工时。

18.工作台快速移动时,操作 SB3 或 SB4 使接触器 KM2 吸合后就可以了吗?

答:不可以。必须先拨动进手柄。也就是说:KM2 吸合,YC3 动作,KM3 或 KM4 其中一个必须吸合,才有工作台的进给。在模拟机中看不到,往往被忽略了。

19.SQ2-2、SQ3-2、SQ4-2、SQ5-2、SQ6-2 触点断开结果一样吗?

答:不相同。

SQ2-2 触点断开:向上、下、前、后进给正常,进给冲动也正常;向左、右进给、圆工作台不正常。

SQ3-2、SQ4-2 触点断开:向上、下、前、后进给正常;向左、右进给、进给冲动,圆工作台都不正常。

SQ4-2、SQ5-2 触点断开：向左、右进给正常。向上、下、前、后进给不正常；进给冲动、圆工作台也都不正常。

20. SQ2 有什么作用？SQ2-1 接触不良会不会影响电路正常工作？

答：SQ2 的作用：进给冲动。在变速时，便于齿轮的啮合。

SQ2-1 接触不良会对变速后齿轮的啮合时会有影响。

21. SA2 的作用是什么？SA2-1、SA2-2、SA2-3 接触不良，结果一样吗？

答：SA2 的作用是：控制圆工作台工作。

不一样。SA2-1 断开，结果会使向上、下、前、后进给不正常；进给冲动不正常。

SA2-2 断开，结果会使圆工作台正常。其他都不正常。

SA2-3 断开，结果会使所有进给不正常。

22. SQ3-1、SQ4-1、SQ5-1、SQ6-1 触点断开，电路工作现象如何？

答：SQ3-1 触点断开，向前、向下进给不正常。

SQ4-1 触点断开，向后、向上进给不正常。

SQ5-1 触点断开，向右进给不正常。

SQ6-1 触点断开，向左进给不正常。

23. 接触器 KM3、KM4 的动断触点断开，会引起什么样的结果？

答：接触器 KM3 的动断触点断开，会引起向左、向上、后进给不正常的结果。

接触器 KM4 的动断触点断开，会引起向右、向下、前进给、圆工作台、进给冲动都不正常的结果。

24. 主轴电动机 M1 起动不能自锁，故障出在哪里？

答：接触器 KM1 的自锁触点以及连线。

25. X62W 万能铣床电气控制电路主要采取了哪些联锁？如何实现的？

答：机械方面和电气方面。

机械方面：采用操作手柄，传动丝杆，电磁离合器。

电气方面：采用换刀开关；按钮联锁；接触器正反转联锁；六个方位的进给之间，以及与圆工作台之间的位置开关联锁。

26. 交流接触器在运行中噪声大的原因？

答：噪声大的原因：铁芯不正，端面的油污、铁锈。

短路环开裂或脱落。

机械方面。

27. 工作台前后进给正常，左右不能进给，但操作左右手柄时，KM3、KM4 都有吸合动作，分析故障原因？

答：机械方面的原因，左右进给手柄拨动后，动力没有传到左右丝杆。

28. W 相中的 FU1 熔断器熔断，对电路会产生影响？

答：1) 导致三台电动机缺相；

2) 导致制动电磁离合器线圈 YC1、快速进给变换电磁离合器线圈 YC3、正常进给电磁离合器线圈 YC2 的整个电路无电源而无法工作。

29. U 相中的 FU1 熔断器熔断，对电路会产生影响？

答：主轴电动机制动正常。其他工作无法进行。

30. V 相中的 FU1 熔断器熔断，对电路会产生影响？

答：会导致整个电路无法工作。

31. 接触器 KM3 损坏，会有什么现象？

答：向左、向上、后进给都正常；向右、向下、前进给、圆工作台、进给冲动都不正常。

32. 接触器 KM4 损坏，会有什么现象？

答：向右、向下、前进给、圆工作台、进给冲动都正常；向左、向上、后进给都不正常。

33. 铣床电路中，为什么采用 SA3 控制电动机 M1？

答：主轴电动机需要正反转，但方向的改变并不频繁。

34. 主轴未转动，工作台可以进给吗？

答：不可以。为了防止刀具和机床的损坏，要求只有主轴旋转后，才允许有进给运动。

35. 电路中采取冲动（或瞬时点动）有什么好处？

答：变速后，为了保证变速齿轮进入良好啮合状态而采取的措施。

36. 控制主轴电动机的接触器 KM1 的通电路径？

答：FU4→SB6-1→SB5-1→SQ1 动断触点→SB1 或 SB2→KM1 线圈→FR2→FR1→SA1-2。

37. 写出主轴电动机冲动控制通电路径？

答：FU4→SQ1 动合触点→KM1 线圈→FR2→FR1→SA1-2。

38. 写出圆工作台通电路径？

答：KM1 或 KM2（144 号）→SQ2-2→SQ3-2→SQ4-2→SQ6-2→SQ5-2→SA2-2→KM4 动断触点→KM3 线圈。

39. 进给冲动的通电路径？

答：KM1 或 KM2（144 号）→SQ5-2→SQ6-2→SQ4-2→SQ3-2→SQ2-1→KM4 动断触点→KM3 线圈。

40. 向左进给的通电路径？

答：KM1 或 KM2（144 号）→SQ2-2→SQ3-2→SQ4-2→SA2-3→SQ5-1→KM4 动断触点→KM3 线圈。

附录 3-2　T68 镗床故障的分析与排除

1.【故障现象】主轴电动机 M1 不能起动。

【故障原因】主轴电动机 M1 是双速电动机,正、反转控制不可能同时损坏。熔断器 FU1、FU2、FU4 的其中一个有熔断,自动快速进给、主轴进给操作手柄的位置不正确,压合 SQ1、SQ2 动作,热继电器 FR 动作,使电动机不能起动。

【排除方法】查熔断器 FU1 熔体已熔断。查电路无短路,更换熔体,故障排除。(查 FU1 已熔断,说明电路中有大电流冲击,故障主要集中在 M1 主电路上)。

【模拟故障】1 点:主轴电动机不能起动。

查熔断器 FU1 熔体未熔断。查电源总开关 QS1 出线端电压正常(AC 380V)。查熔断器 FU1 进线端(8 号)线与(9 号)线间电压不正常;(8 号)线与(10 号)线间电压正常;(9 号)线与(10 号)线间电压不正常。断开 QS1,查 QS1 的(4 号)线与 FU1 的(9 号)线间的电阻证实已断路,恢复模拟故障点开关,故障排除。

2.【故障现象】只有高速挡,没有低速挡。

【故障原因】接触器 KM4 已损坏;接触器 KM5 动断触点损坏;时间继电器 KT 延时断开动断触点坏了;SQ 一直处于通的状态,只有高速。

【排除方法】查接触器 KM4 线圈已损坏。更换接触器,故障排除。

【模拟故障】23 点:只有高速挡,没有低速挡。

查接触器 KM4 线圈好的,查接触器 KM4 线圈(173 号)线与 KM5 动断触点(172 号)线间电阻证实已断开,恢复模拟故障点开关,故障排除。

3.【故障现象】只有低速挡,没有高速挡。

【故障原因】时间继电器 KT 是控制主轴电动机从低速向高速转换。时间继电器 KT 不动作;或行程开关 SQ 安装的位置移动;SQ 一直处于断的状态;接触器 KM5 损坏;KM4 动断触点损坏。

【排除方法】查接触器 KM5 线圈好的,查接触器 KM5 线圈(181 号)线与 KM4 动断触点(180 号)线间电阻为无穷大已开路,更换导线,故障排除。

【模拟故障】24 点:查接触器 KM5 线圈好的,查接触器 KM5 线圈(181 号)线与 KM4 动断触点(180 号)线间电阻为无穷大已断路,恢复模拟故障点开关,故障排除。

4.【故障现象】主轴变速手柄拉出后,主轴电动机不能冲动;或变速完毕,合上手柄后,主轴电动机不能自动开车。

【故障原因】位置开关 SQ3、SQ6 质量方面的问题,由绝缘击穿引起短路而接通无法变速。

【排除方法】将主轴变速操作盘的操作手柄拉出,主轴电动机不停止。断电后,查 SQ4 的动合触点不能断开,更换 SQ3,故障排除。

【模拟故障】12 点:压合 SQ4,KM3、KT、KM1(或 KM2)、KM4 都处于吸合状态。查 SQ4 动合触点已短路,恢复模拟故障点开关,故障排除。

5.【故障现象】主轴电动机 M1,进给电动机 M2 都不工作。

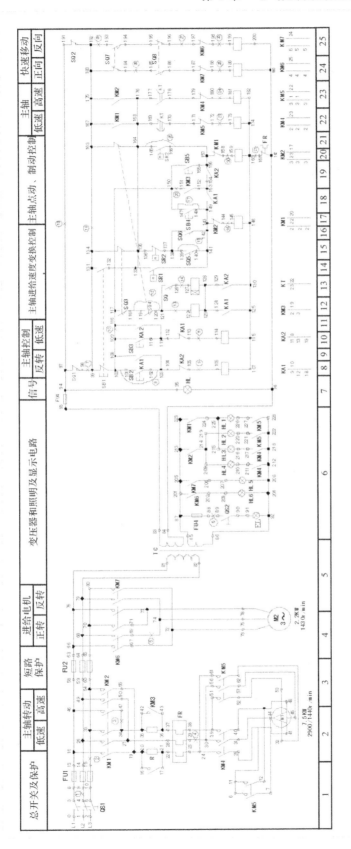

附图3-2　T68镗床故障原理图

【故障原因】熔断器 FU1、FU2、FU4 的熔断,变压器 TC 损坏。

【排除方法】查看照明灯工作正常,说明 FU1、FU2 未熔断。在断电情况下,查 FU4 已熔断,更换熔断器,故障排除。

【模拟故障】在 FU4 中放入已损坏的熔体。照明正常,主轴电动机 M1,进给电动机 M2 都不工作。说明熔断器 FU1、FU2 完好,在断电情况下,查 FU4 两端电阻无穷大,确定已经开路,更换熔体,故障排除。

6.【故障现象】正向起动正常,反向起动不正常。

【故障原因】故障在反转控制的电路上。

【排除方法】按下 SB3 ——→ KA2 动作否 → KM2 动作否 → 主电路

N↓　　　　　　　N↓

1. SB3 接触不好　　　　1. KM2 线圈是否损坏

2. KA1 动断触点断开　　2. KM1 动断触点断开

3. KA2 线圈烧毁

查 KA2 线圈断线,更换中间继电器 KA2,故障排除。

【模拟故障】11 点:按下 SB2 正向起动正常;按下 SB3 时,中间继电器 KA2 不动作;按下 SB5 反转点动正常。断电后,用电阻挡测 KA2 线圈完好,KA1 联锁触点接触良好,查 KA2 线圈(114 号)至 KA1 联锁触点(113 号)线已开路,恢复模拟故障点开关,故障排除。

7.【故障现象】正、反转速度都偏低。

【故障原因】接触器 KM3 未动作,KM3 主触点未闭合,电路串 R 运行;SQ3、SQ4 未被压合或移位。

【排除方法】查 SQ3、SQ4 压合或移位情况都正常;查接触器 KM3 线圈已烧毁,更换排除。

【模拟故障】13 点:按下正、反起动按钮,KM3 不动作。断电后,查 KM3 线圈好的,沿(122 号)线向前查时,发现 KM3 线圈的(122 号)线至 SQ4 的(121 号)线断开,恢复模拟故障点开关,故障排除。

8.【故障现象】正向起动正常,反向无制动,但反向起动正常。

【故障原因】速度继电器 SR2 动合触点,以及连接导线。

【排除方法】若反向起动正常,故障明确在 SR2 动合触点未闭合;查 SR2 动合触点闭合时电阻值很大,修复触点,故障排除。

【模拟故障】SR2 动合触点贴黑胶布,当主轴电动机正转时,测 SR2 的(166 号)线与 KM2 的(160 号)线间电压正常电压为零,测 SR2 的(165 号)线与 KM2 的(160 号)线间电压正常,查 SR2 动合触点闭合时电阻值很大,清除黑胶布,故障排除。

9.【故障现象】低速没有转动,起动时就进入高速运转。

【故障原因】时间继电器 KT 延时断开动断触点,KM5 动断触点、KM4 线圈。

【排除方法】查时间继电器 KT 延时断开动断触点已损坏,修复故障排除。

【模拟故障】把时间继电器的电磁系统位置尽量往外移动,宝塔弹簧处于放松状态。一开机,主轴电动机就高速运转。根据电原理图分析可知,主要故障原因就出在时间继电器 KT 的延时闭合触点上。断电后,用电阻挡测量 KT 的延时闭合动合触点的电阻为零欧,证实触点未经延时已经闭合,把电磁系统恢复到原位,故障排除。

10.【故障现象】主轴电动机 M1、进给电动机 M2 都缺相。

【故障原因】熔断器 FU1 中有一个熔体熔断。电源总开关、电源引线有一相开路。

【排除方法】查 FU1 熔体已熔断,更换熔体,故障排除。

注意:查电源总开关进线端、出线端的电源电压,用万用表的交流电压挡(AC 500V)。

【模拟故障】2 点:查电源开关下桩头电压正常,查熔断器 FU1 下桩头电压正常,接触器 KM1、KM2 上桩头电压不正常,结果是 FU1(15 号)线与 KM1 主触点的(33 号)线(即 W 相)已断开,恢复模拟故障点开关,故障排除。

11.【故障现象】主轴电动机 M1 工作正常,进给电动机 M2 缺相。

【故障原因】熔断器 FU2 中有一个熔体熔断。KM6、KM7 同时损坏造成缺相的现象不多见。

【排除方法】查 FU2 熔体熔断,更换熔体,故障排除。

注意:有一个方向工作正常,故障必然在接触器 KM6 或 KM7 的主触点。

【模拟故障】5 点:有一个方向工作正常,另一个方向缺相工作不正常。查相应的接触器 KM6 的下桩头出线(69 号)线。至电机(74)号已开路,恢复模拟故障点开关,故障排除。

12.【故障现象】正向起动正常,反向无制动,且反向起动不正常。

【故障原因】若反向也不能起动,故障在 KM1 动断触点,或在 KM2 线圈,KM2 主触点接触不良,以及 SR2 触点未闭合。

【排除方法】查 KM1 线圈正常,速度继电器 SR2 动合触点良好。查 KM1 动断触点接触不良,修复触点,故障排除。

【模拟故障】30 点:KM2 线圈不得电,查 KM2 线圈完好;用电阻挡沿 KM2 线圈(159 号)线往前查,发现至 KM1 联锁触点的(158 号)连线开路,恢复模拟故障点开关,故障排除。

13.【故障现象】变速时,电动机不能停止。

【故障原因】位置开关 SQ3 或 SQ4 动合触点短接。

【排除方法】拉出变速手柄,查位置开关 SQ3 正常,SQ4 动合触点的电阻很小,更换位置开关 SQ4,故障排除。

【模拟故障】12 点:拉出进给变速手柄,查位置开关 SQ3 或 SQ4 动合触点,发现 SQ4 触点的电阻很小(零欧)已被短路,恢复模拟故障点开关,故障排除。

14.【故障现象】主轴电机不能点动工作。

【故障原因】SB1(100 号)线至 SB4 或 SB5(150 号)线断路。

【排除方法】查 40 号线断路,给予复原即可。

【模拟故障】10 点:查 SB1(100 号)线至 SB4 或 SB5(150 号)线的电阻无穷大,证明已开路,恢复模拟故障点开关,故障排除。

15.【故障现象】只有低速,没有高速。

【故障原因】时间继电器 KT 损坏;KM4 动断触点;KM5 线圈。

【排除方法】查 KM5 线圈、KM4 动断触点正常,时间继电器 KT 延时闭合动合触点不通,更换微动开关,故障排除。

【模拟故障】时间继电器 KT 换上一个坏的微动开关(延时闭合的触点已经损坏)。按下起动按钮,主轴电动机只有低速,没有高速。查时间继电器 KT 延时闭合动合触点不通,更换微动开关,故障排除。

16.【故障现象】冲动失效。

【故障原因】位置开关 SQ5、SQ6 接触不良。

【排除方法】主轴变速冲动失效,查位置开关 SQ5;进给变速冲动失效,查位置开关 SQ6。根据相应的故障现象查找,即可排除故障。

17.【故障现象】正向起动正常,不能反向起动。

【故障原因】先试反向点动控制正常,故障确定 KA2 线圈,KA1 动断触点,起动按钮 SB3 及连接导线。

【排除方法】先查 KA2 线圈正常,查 KA1 动断触点损坏,修复动断触点,故障排除。

【模拟故障】11 点:查 KA2 线圈正常,继续查 KA2 线圈 114 号线,确定故障是 KA2 线圈(114 号)线至 KA1 动断触点(113 号)线间断开,恢复模拟故障点开关,故障排除。

18.【故障现象】接通电源后主轴电动机马上运转。

【故障原因】起动按钮 SB2 或 SB3 被短接。

【排除方法】切断电源,断开按钮 SB2 一端的连线,测电阻仍为零欧姆,短路给予排除。

【模拟故障】8 点:合上电源总开关 QS1,主轴电动机马上正向运转。切断电源,断开按钮 SB2 一端的连线,测电阻仍为零欧姆,恢复模拟故障点开关,故障排除。

19.【故障现象】工作台或主轴箱自动快速进给时(SQ1 断开),电路全部停止工作。

【故障原因】位置开关 SQ2 已损坏。

【排除方法】断开位置开关 SQ2 一端连线,测量触点电阻无穷大已损坏,修复或更换位置开关 SQ2,故障排除。

【模拟故障】18 点:工作台或主轴箱自动快速进给手柄一拔(SQ1 断开),测位置开关 SQ2 完好,继续查 FU4 的(94 号)线至 SQ2 的(191 号)线,确定已经开路,恢复模拟故障点开关,故障排除。

20.【故障现象】拨动主轴进给手柄时(SQ2 断开),电路全部停止工作。

【故障原因】位置开关 SQ1 已损坏。

【排除方法】断开位置开关 SQ1 一端连线,测量触点电阻无穷大已损坏,修复或更换位置开关 SQ1,故障排除。

【模拟故障】7 点:拨动主轴进给手柄时(SQ2 断开),测位置开关 SQ2 完好,继续查 SQ1(98 号)至 SB1 的(99 号)线间电阻,确定已经开路,恢复模拟故障点开关,故障排除。

21.【故障现象】点动可以工作,直接操作 SB2、SB3 按钮不能起动。

【故障原因】接触器 KM3 线圈或动合辅助触点损坏。

【排除方法】查接触器 KM3 线圈损坏,更换接触器,电路恢复工作。

【模拟故障】13 点:接触器 KM3 不得电,查 KM3 线圈完好,再测量 KM3 线圈(122 号)线至 SQ4 的(121 号)线的电阻,证实已开路,恢复模拟故障点开关,故障排除。

22.【故障现象】进给电动机 M2 快速移动正常,主轴电动机 M1 不工作。

【故障原因】热继电器 FR 动断触点断开。

【排除方法】查热继电器 FR 动断触点已烧坏,但不要急于更换,一定要查明原因。

【模拟故障】21 点:操作 SB2、SB3 时,主轴电动机没有反应。拨到快速移动手柄,进给电动机 M2 运转正常。查热继电器 FR 动断触点完好,查 FR 的(161 号)线至 KM1 或 KM2

线圈的(160 号)线已开路,恢复模拟故障点开关,故障排除。

23.【故障现象】主轴电动机正向运转正常,刹车后反向低速运转,不会自动断开电源。变速时,接通电源主轴马上反向低速运转。

【故障原因】速度继电器 SR2 动合触点没有复位(断开)。

【排除方法】测速度继电器 SR2 动合触点电阻值为零已损坏,修复速度继电器,故障排除。【模拟故障】22 点:当主轴电机停止时,测量速度继电器 SR2 动断触点电阻值为零被短路,恢复模拟故障点开关,故障排除。

T68 型镗床电路问答题

1. V 相熔断器 FU1 熔断?

答:电路全部无法工作。

2. W 相熔断器 FU1 熔断?

答:主轴电机、进给电机都缺相。

注:不能长时间通电,否则会损坏电动机。在运行中,要及时切断电源。

3. V 相熔断器 FU2 熔断?

答:主轴电动机工作正常,进给电机缺相。

4. 电阻 R 有什么作用?

答:反接制动时,限制制动电流。主轴电动机点动控制时,串电阻 R 低速运行。

5. 熔断器 FU4 熔断?

答:照明电路正常,其他工作无法进行。

6. 位置开关 SQ1、SQ2 的作用?

答:SQ1 与主轴箱和工作台的进给手柄之间有联动。SQ2 与主轴电机的进给手柄之间有联动。当出现两个同时进给时,SQ1、SQ2 也同时断开,电路停止工作,达到联锁保护目的。

7. 位置开关 SQ1 断开?

答:当主轴电机进给手柄拨动时,电路工作停止。

8. 位置开关 SQ2 断开?

答:当主轴箱或工作台的进给手柄拨动时,电路工作停止。

9. 中间继电器 KA1 不得电或线圈断线?

答:主轴电动机正向起动工作不正常,反向起动工作正常。

10. 中间继电器 KA2 不得电或线圈断线?

答:主轴电动机正向起动工作不正常,反向起动工作正常。

11. 接触器 KM3 不得电或线圈损坏?

答:点动控制工作正常,连续工作不正常。进给电机 M2 工作正常。

12. 位置开关 SQ3、SQ4 动合触点断开?

答:中间继电器 KA1、KA2 可以吸合,KM3 不吸合,主轴电机只能点动控制,串电阻低速运行。进给电机 M2 工作正常。

13. 位置开关 SQ 损坏?

答:主轴电机只能低速运行,没有高速运行。对进给电机 M2 没影响,工作正常。

14. 时间继电器 KT 损坏？

答：主轴电机只能低速运行，没有高速运行。对进给电机 M2 没影响。

15. 位置开关 SQ5、SQ6 损坏？

答：变速以后齿轮复位时容易发生顶齿。

16. 热继电器 FR 动断触点损坏？

答：照明电路正常；进给电机 M2 工作正常；主轴电机工作不正常。

17. 接触器 KM1 不得电或线圈损坏？

答：主轴电机正转不动作，反转正常。进给电机 M2 工作正常。

18. 接触器 KM2 不得电或线圈损坏？

答：主轴电机正转正常，反转不动作。进给电机 M2 工作正常。

19. 接触器 KM4 不得电或线圈损坏？

答：主轴电机低速运行正常，高速运行不正常。

20. 接触器 KM5 不得电或线圈损坏？

答：主轴电机低速运行不正常，高速运行正常。

21. 接触器 KM6 不得电或线圈损坏？

答：正向快速移动不正常，反向快速移动正常。

22. 接触器 KM7 不得电或线圈损坏？

答：正向快速移动正常，反向快速移动不正常。

23. 位置开关 SQ7 移位？

答：拨动操作手柄，不能压合 SQ7，反向快速移动不能进行。

24. 位置开关 SQ8 移位？

答：拨动操作手柄，不能压合 SQ8，正向快速移动不能进行。

25. 时间继电器 KT 电磁系统位置外移太多，宝塔弹簧处于放松状态，结果如何？

答：导致延时触点状态相反，主轴电机一起动为高速运转。

附录 3-3　M7120 磨床故障的分析与排除

1.【故障现象】电磁吸盘没有吸力。

【故障原因】熔断器 FU4、FU5、FU8 熔断；整流器 VC 损坏；接插器 X2 的接触不好；电磁吸盘 YH 线圈出线头断路或短路；变压器 TC 烧毁。

【排除方法】查熔断器 FU4、FU5、FU8 正常；电磁吸盘 YH 线圈电阻无穷大已经开路；观察周围漆包线颜色正常，属断线硬故障；恢复断路处及注意绝缘，故障排除。

【模拟故障】27 点：电磁吸盘没有吸力，其他工作正常。查熔断器 FU4、FU5、FU8 正常；查整流器 VC 输出电压正常（正常时，输出直流电压为 36V）；查电磁吸盘 YH 线圈两端无电压。断开电源，用电阻挡从电磁吸盘 YH 线圈（166 号）线至接插器 X2（164 号）线间电阻正常；从接插器 X2（164 号）线至接触器 KM5（或 KM6）触点的（159 号）线间电阻无穷大已经开路，恢复模拟故障点开关，故障排除。

注：M7120 电磁吸盘 YH 线圈密封不好，受冷却液的侵蚀造成出线头短路，可能烧 FU5 或 FU8，还有整流器 VC，变压器 TC。

2.【故障现象】电磁吸盘吸力不足。

【故障原因】电路电压偏低；整流器 VC 损坏（正常直流电压应不低于 110V，空载时直流输出电压为 130V～140V），若发现整流二极管易损坏，要特别注意放电回路 R、C 的开路或损坏；电磁吸盘 YH 有短路；接插器 X2 接触电阻变大。

【排除方法】查变压器 TC 的一、二次绕组电压：380V/145V 左右正常；整流器 VC 输出电压偏低为正常的一半左右。结果发现有一只整流二极管损坏，全波桥式整流变成半波整流电路，更换二极管故障排除。

注：1）模拟板上，整流器 VC 输出电压为直流电压 36V。

2）在检修时，整流器 VC 经运行后，发热的二极管是好的，不发热的二极管反而是坏的或者已经开路。

3.【故障现象】取件困难，或退磁不好。

【故障原因】退磁控制电路断路，根本没有退磁作用；接触器 KM6 损坏；退磁电压过高；退磁时间太长或太短；接插器 X2。

【排除方法】按下 SB10，接触器 KM6 不动作。查 KM6 线圈正常；查 KM5 动断触点电阻已经无穷大呈开路，修复或更换接触器，故障排除。

【模拟故障】24 点：按下 SB10，接触器 KM6 不动作，根本没有退磁作用。断开电源，查接触器 KM6 线圈正常；接触器 KM6 线圈（143 号）线至 KM5 的动断触点（142 号）线已经断开，恢复模拟故障点开关，故障排除。

4.【故障现象】四台电动机都不能起动。

【故障原因】主要出在熔断器 FU1、FU2、FU3；欠电流继电器 KA；相关整流电路 VC、熔断器 FU4；电源开关 QS1。

【排除方法】从简单入手，先查熔断器 FU1 完好；查 FU2 损坏；更换熔体，故障排除。

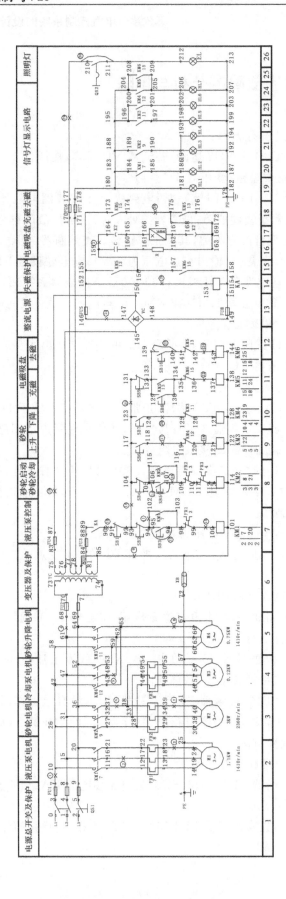

附图3-3 M7120平面磨床故障原理图

【模拟故障】4 点:四台电动机都不能起动。查三相电源引入电路至熔断器 FU2 输出端交流电压都正常(交流 380V);查熔断器 FU2 输入端(68 号)线与(69 号)线之间电压为零伏。断开电源,用电阻挡测量熔断器 FU1(8 号)线与熔断器 FU2(68 号)线间的电阻,证实已开路,恢复模拟故障点开关,故障排除。

5.【故障现象】砂轮电动机不转、冷却泵不输送冷却水。

【故障原因】接触器 KM2 损坏;热继电器 FR2、FR3 过载动作,按钮 SB4、SB5 损坏。

【排除方法】按下 SB5,接触器 KM2 不动作,确认故障范围在控制电路。查接触器 KM2 线圈正常;查热继电器 FR2、FR3 动断触点完好;当查到起动 SB5 的触点时,发现触点已经氧化,修复触点,故障排除。

【模拟故障】16 点:按下 SB5,接触器 KM2 不动作,确定故障范围在控制电路。查接触器 KM2 线圈正常;查热继电器 FR2、FR3 动断触点完好;当查 FR3 动断触点(109 号)线至 SB5(107 号)线之间电阻值无穷大已开路,恢复模拟故障点开关,电路正常。

6.【故障现象】冷却泵电动机烧毁。

【故障原因】电源;冷却泵电动机绕组或匝间短路;电动机间隙增大;冷却泵被堵转。

【排除方法】检查电源正常;控制台电路正常;发现冷却泵被杂物塞住造成堵转,引起电流急剧上升而烧毁,彻底清理杂物故障排除。

7.【故障现象】四台电动机都不工作,照明工作正常。

【故障原因】熔断器 FU1、FU3 熔断;欠电流继电器 KA 损坏;相关整流电路 VC 损坏、熔断器 FU4 熔断;QS1 及相关连接导线断开。

【排除方法】查熔断器 FU1、FU3 正常;当查欠电流继电器 KA 动断触点未闭合,查欠电流继电器 KA 线圈已经损坏,更换欠电流继电器 KA 故障排除。

【模拟故障】26 点:四台电动机都不工作,照明工作正常。说明熔断器 FU2 是好的;查熔断器 FU1、FU3 正常;当查欠电流继电器 KA 动断触点未闭合,查 FU5(152 号)线与 FU8(151 号)线间直流电压正常;查欠电流继电器 KA 线圈完好,查欠电流继电器 KA 线圈(153 号)线至熔断器 FU5(152 号)已经开路,恢复模拟故障点开关,故障排除。

8.【故障现象】液压泵电机 M1 缺相。

【故障原因】接触器 KM1 主触点;热继电器 FR1 热元件;液压泵电机 M1 及连接导线有一相断开。

【排除方法】查接触器 KM1 主触点的上桩头线电压正常,下桩头 U-V 相间线电压和 V-W 相间线电压不正常,U-W 相间线电压正常。V 相主触点已损坏,修复正常。

【模拟故障】2 点:液压不正常,并且液压泵电机伴有很响的"嗡嗡"声。断开液压泵电机的电源线,接通 SB3,接触器 KM1 获电吸合动作。查接触器 KM1 主触点的上桩头、下桩头的线电压正常,查热继电器 FR1 热元件的上桩头 U-V 相间线电压和 V-W 相间线电压不正常,U-W 相间线电压正常。断电后,用电阻挡测量 KM1 主触点(16 号)线至 FR1 热元件的上桩头(17 号)线已开路,恢复模拟故障点开关,故障排除。

9.【故障现象】液压电动机 M1 只能点动控制。

【故障原因】接触器 KM1 的自锁触点。

【排除方法】查 KM1 的自锁触点电阻很大已损坏,修复或更换接触器,故障排除。

【模拟故障】11 点:按下 SB3,液压电动机 M1 能起动,松开 SB3,液压电动机 M1 停转。

查 KM1 的自锁触点正常,查 KM1 的自锁触点(102 号)线至按钮 SB3 的(95 号)线之间电阻很大已断开,恢复模拟故障点开关,故障排除。

10.【故障现象】液压电动机 M1 直接起动。

【故障原因】接触器 KM1 主触点熔焊;起动按钮 SB3 被短路。

【排除方法】查接触器 KM1 主触点完好;用电阻挡(×1Ω)查起动按钮 SB3 触点的电阻值为零欧,确认被短路,仔细检查是按钮内的引线因碰线而造成短路。拨开线头,故障排除。

【模拟故障】12 点:合上 QS1,液压电动机 M1 直接起动。断开电源,用电阻挡(×1Ω)查起动按钮 SB3 触点的电阻值为零欧,确认被短路,恢复模拟故障点开关,故障排除。

11.【故障现象】液压电机 M1、砂轮电机 M2、冷却泵电机 M3、砂轮升降电机 M4 都缺相。

【故障原因】总电源;熔断器 FU1;总开关 QS1 等有一相断开。

【排除方法】查三相电源进线电压正常;查熔断器 FU1 的 U 相已断开,更换熔体,故障排除。

【模拟故障】1 点:查三相电源进线电压正常;合上电源总开关 QS1 出线电压正常;查熔断器 FU1 出线电压正常,断开总电源,用电阻挡进一步检查熔断器 FU1 的(7 号)线与接触器 KM1 的上桩头(10 号)线(即 U 相)间的电阻,证实已经断开,恢复模拟故障点开关,故障排除。

12.【故障现象】砂轮升降电动机 M4 不能上升,只能下降。

【故障原因】砂轮升降电动机 M4 的上升控制电路。接触器 KM3;按钮 SB6;接触器 KM4 动断触点。

【排除方法】查接触器 KM3 线圈正常;进一步查接触器 KM4 动断触点已经损坏;修复或更换接触器 KM4 故障排除。

【模拟故障】18 点:按下 SB6,砂轮升降电动机 M4 不能上升。查接触器 KM3 线圈正常;进一步查接触器 KM3 线圈(121 号)线与接触器 KM4 动断触点(120 号)线之间电阻,证实已经开路,恢复模拟故障点开关,故障排除。

13.【故障现象】电磁吸盘没有吸力。

【故障原因】熔断器 FU4、FU5、FU8 熔断;整流器 VC 损坏;接插器 X2 的接触不好;电磁吸盘 YH 线圈出线头断路或短路;变压器 TC 烧毁。

【排除方法】查熔断器 FU4 正常;查熔断器 FU5 时发现已经熔断;查其后面的电路没有发现短路,更换熔体,故障排除。

【模拟故障】25 点:电磁吸盘没有吸力,其他工作正常。查熔断器 FU4、FU5、FU8 正常;通电后,整流器 VC 的(148 号)线与(147 号)线间输出电压正常(正常电压应为直流电压 36V),查整流器 VC(148 号)线与熔断器 FU5(146 号)线之间直流电压为零伏,证实整流器 VC(147 号)线与熔断器 FU5(146 号)线之间已经开路,恢复模拟故障点开关,故障排除。

注:25 点断开,引起整流器 VC 没有直流电压输出,继电器 KA 不能得电动作,会导致控制电路没电,四台电动机不能工作。

14.【故障现象】冷却泵不输送冷却水、砂轮电动机不能转动或转动很慢,并伴有很响的"嗡嗡"声。

【故障原因】故障范围在砂轮电动机、冷却泵的主电路公共部分已经缺相;接触器 KM2 主触点及连接导线。

【排除方法】查接触器 KM2 主触点有一相已经烧坏,更换接触器,电路恢复正常。

【模拟故障】6 点:按下 SB5,听到接触器 KM2 的动作声,但冷却泵不输送冷却水、砂轮电动机不能转动或转动很慢,并伴有很响的"嗡嗡"声,立刻关掉电源,用电阻挡测量接触器 KM2 主触点是好的,当测量接触器 KM2 主触点(37 号)线至热继电器 FR2 热元件(38 号)线,或至热继电器 FR3 热元件(54 号)线间的电阻已经证实开路。恢复模拟故障点开关,故障排除。

注:在排除缺相故障时,断开电动机,用电压测量法;或断开电源,用电阻测量法。

15.【故障现象】电磁吸盘既没有充磁,也没有去磁。

【故障原因】充磁、去磁的控制电路;电磁吸盘的直流供电电路。

【排除方法】按下 SB8、SB10 时,接触器 KM5、KM6 都不动作,查其公共电路部分。查停止按钮 SB9 已经损坏,更换停止按钮,故障排除。

【模拟故障】21 点:按下 SB8、SB10 时,接触器 KM5、KM6 都不动作,说明电磁吸盘既没有充磁,也没有去磁。查其公共供电部分,查停止按钮 SB9 完好;查停止按钮 SB9 的(131号)线至按钮 SB7 (123 号)线间电阻无穷大,已经开路,恢复模拟故障点开关,故障排除。

M7120 型磨床电路问答题

1. U 相熔断器 FU1 熔断?

答:四台电动机:液压电机 M1、砂轮电机 M2、冷却泵电机 M3、砂轮升降电机 M4 都缺相。

2. W 相熔断器 FU1 熔断?

答:变压器 TC 一次绕组没有电压,二次绕组输出为零伏,整台磨床不工作。

3. 熔断器 FU3 熔断?

答:照明电路、指示电路、电磁吸盘电路都正常,控制电动机工作的电路都不正常。

4. 砂轮电动机 M2、冷却泵 M3 工作不正常,液压泵 M1、砂轮升降电机 M4 工作正常?

答:查 KM2 动作与否。

若 KM2 动作,故障主要在 KM2 主触点,以及连接导线。

若 KM2 不动作,KM2 线圈断线,停止按钮 SB4,起动按钮 SB5,以及连接导线。

5. 液压泵 M1 工作都不正常,砂轮电动机 M2、冷却泵 M3、砂轮升降电机 M4 工作正常?

答:接触器 KM1 线圈、主触点损坏;热继电器 FR1 动断触点断开;按钮 SB2、SB3 损坏。

6. 整流器 VC 有什么作用?

答:为电磁吸盘 YH 提供了直流电源。

7. 整流器 VC 输出电压不正常?

答:整流器 VC 输出电压正常为直流 110V。

1)若电源电压只有原来正常的一半,可以确定是一个桥臂已经开路。

2)输出电压为零,查变压器 T1 二次绕组电压应为交流 145V,熔断器 FU4、FU8 熔断;整流器 VC 损坏。

3)输出电压远低于正常电压,电磁吸盘 YH 短路。

8. 电磁吸盘 YH 无吸力?

答:整流器 VC 损坏;电磁吸盘 YH 线圈断路;接触器 KM5 主触点;接插件 X2 断开。

9. KA 的作用?

答:欠电流继电器 KA 的作用:防止整流器 VC 输出电压太低,电磁吸盘吸力不足时,加工工件脱出发生事故。

10. 砂轮升降电机 M4 只能上升?

答:接触器 KM4 损坏;接触器 KM3 损坏;按钮 SB7 以及连接导线。

11. 电磁吸盘 YH 退磁不正常?

答:接触器 KM6 损坏;接触器 KM5 动断触点损坏;SB10 损坏。

12. 电阻 R 和 C 的作用?

答:为了防止电磁吸盘 YH 在电源接通或断开时,产生很大的自感电动势,易使线圈或其他电器由于过电压而损坏,特别对 VC 影响很大。吸收电磁吸盘产生的自感电动势的电路。

13. 熔断器 FU5 或 FU8 熔断?

答:造成电磁吸盘 YH 无吸力。

14. 熔断器 FU6 熔断?

答:照明不正常。其他工作正常。

15. 变压器 TC 的作用?

答:变压器 TC 将 380V 的交流电压变为 145V、110V、36V(或 24V)、6V 的交流电压。

附录 3-4　15/3T 桥式起重机的故障分析与排除

1.【故障现象】合上电源开关 QS1,并按下起动按钮 SB 后,KM 主触点不吸合。

【故障原因】电路电压太低;熔断器 FU1 熔断;紧急开关 QS4、安全门开关 SQc、SQd、SQe 未合上。各凸轮控制器手柄没在零位 SA1-7、SA2-7、SA3-7 触点处于分断状态;过电流继电器 KA0～KA4 动作后未复位;KM 线圈断路。

【排除方法】先查驾驶舱门窗、栏杆门、紧急开关 QS4 是否已经合上;各凸轮控制器手柄已在零位;查电源电压正常;熔断器 FU1 熔体完好;查过电流继电器 KA0～KA4 未动作,动断触点良好;查 KM 线圈断路。更换故障排除。

注:若发现熔断器 FU1 熔断,须检查电路中有无短路或碰壳;过电流继电器 KA0～KA4 已经动作,须检查电动机有无短路,或碰壳,或过载的原因。

【模拟故障】模拟故障 17 点;查电源电压正常;接通电源,按下起动按钮,接触器 KM 不吸合。先断开 QS1,然后查驾驶舱门窗、栏杆门(SQc、SQd、SQe)的各位置开关的位置正确;紧急开关 QS4 是否已经合上;各凸轮控制器手柄是在零位;;熔断器 FU1 熔体是否完好;查过电流继电器 KA0～KA4 未动作;用电阻测量法,查 QS1 的 U 相至 FU1 的(131 号)接线柱电路通,查 FU1 的(132 号)接线柱至 KM 线圈的(130 号)接线柱电路不通,确认 17 点已经断开,恢复模拟故障点开关,故障排除。

注:16 号点、8 号点、7 号点、6 号点、12 号点的故障现象同上。

2.【故障现象】主接触器 KM 吸合后,过电流继电器 KA1 立即动作。

【故障原因】出现大电流,如碰壳或接地等;主要有凸轮控制器 SA1～SA4 电路接地;电动机 M1～M4 绕组有短路或碰壳接地。电磁抱闸 YB1～YB4 线圈开路或接地。

【排除方法】用万用表或摇表来检测。必须记住:在断电的情况下进行。一般用万用表能测出电阻值,说明短路较严重。用摇表测出电阻值小于 0.5MΩ 以下都不正常。过电流继电器 KA1 立即动作,故障范围落在相应被控制电路部分。

【模拟故障】3 点:当拨动凸轮控制器 SA1 时,电动机应该能正常转动,但现在由于制动电磁铁 YA1 未吸合动作,电动机处于制动状态(抱闸状态),查 YA1 线圈电阻正常,查 YA1 线圈引线发现已经开路。此时副钩电动机处于制动状态,因电流过大引起 KA1 动作,恢复模拟故障点开关,故障排除。

注:如果设置第 3 点模拟故障点,应该在 KA1 动断触点处断开,为什么?

因为制动电磁铁 YA1 线圈断电以后,此时副钩电动处于制动状态,堵转电流过大会引起 KA1 动作,否则,模拟故障出得太理论化,不符合实际情况。

3.【故障现象】当接通电源后,转动凸轮控制器 SA1 手柄,副钩电动机不转动。

【故障原因】凸轮控制器的主触点、滑触线与集电环接触不良;电动机缺相或定子绕组、转子绕组断路;电磁抱闸线圈断路或制动器未松闸。

【排除方法】对照凸轮控制器的触点分合表,查凸轮控制器的主触点接触良好;观察制动器正常放松;用电阻挡测量电动机 1M3 线已经断路,恢复模拟故障点开关,故障排除。

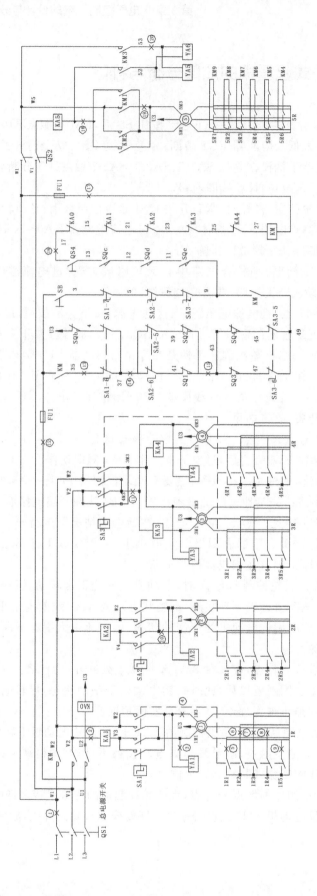

附图3-4 15/3T桥式起重机故障原理图

【模拟故障】4 点:当拨动凸轮控制器 SA1 时,制动电磁铁 YA1 动作。当测量 SA1 下桩头电压正常,查电动机 M1 进线电压不正常;断电后,用电阻测量法,查电动机 M1 的 1M3 线已断,恢复模拟故障点开关,故障排除。

4. 【故障现象】制动电磁铁噪声大。

【故障原因】交流电磁铁短路环开路;动、静铁芯端面有油污或生锈;铁芯松动;端面不平及变形;电磁铁过载。

【排除方法】观察铁芯外表,检查短路环无开路,油污、生锈等情况正常;查制动电磁铁 YA2 噪声较大,用螺丝刀顶一下,声音立刻变轻,清洁铁芯端面,故障消除。若铁芯端面不平整或变形,可借助印泥,在白纸上盖端面印迹,据印迹的完整程度来分析是否平整。

【模拟故障】在制动电磁铁 YA2 衔铁上垫一层一定厚度的黑胶布,使得 KA2 吸合时,铁芯不到位,产生较大的噪声。断电后,仔细观察铁芯的确不到位,清除黑胶布故障排除。

5. 【故障现象】主钩既不能上升,也不能下降。

【故障原因】欠电压继电器 KV 不动作,查线圈是否断路;凸轮控制器 SA4 未回到零位;熔断器 FU4 熔断;过电流继电器 KA5 动作触点未复位;主令控制器的触点 S2、S3、S4、S5、S6 接触不良;电磁抱闸线圈断路或制动器未松闸。

【排除方法】使凸轮控制器 SA4 回到零位;熔断器 FU4 熔体正常;查欠电压继电器 KV 线圈已断路,更换线圈故障排除。

【模拟故障】23 点:合上 QS3、SA4 后,查熔断器 FU2 正常,测量欠电压继电器 KV 线圈(184 号)线与熔断器 FU2 的(179 号)线之间电压正常(380V);查欠电压继电器 KV 线圈(184 号)线与凸轮控制器 SA4 的(180 号)线之间电压正常(380V);查欠电压继电器 KV 线圈(184 号)线与 KA5 的(182 号)线之间电压正常(380V);但 KV 线圈两端没有电压,断电后,用电阻挡测量欠电压继电器 KV 线圈(183 号)线与 KA5 的(183 号)线之间电阻很大已开路,恢复模拟故障点开关,故障排除。

【模拟故障】21 点:测量熔断器 FU2 的(173 号)线和(177 号)线之间电压正常(380V);欠电压继电器 KV 线圈(184 号)线与熔断器 FU2 的(177 号)线之间无电压;查欠电压继电器 KV 线圈(184 号)线与熔断器 FU2 的(173 号)线之间电阻无穷大已开路,恢复模拟故障点开关,故障排除。

【模拟故障】22 点:测量熔断器 FU2 的(173 号)线和(177 号)线之间电压正常(380V);凸轮控制器 SA4(S1)的(179 号)线与熔断器 FU2 的(173 号)线之间无电压;查凸轮控制器 SA4(S1)的(179 号)线与熔断器 FU2 的(173 号)线之间电阻无穷大证实已开路,恢复模拟故障点开关,故障排除。

6. 【故障现象】凸轮控制器在转动过程中触点火花过大。

【故障原因】动、静触点接触不良、烧毛;控制容量过大(过载)。

【排除方法】对动、静触点接触不良进行调整恢复,对烧毛后凹凸不平的触点进行研磨修复。

【模拟故障】8 点:当拨动凸轮控制器 SA1 置于"2"挡现象正常,置于"3"挡现象不正常。断电后,查短接 1R4 的触点完好,查它的连线已断开,恢复模拟故障点开关,故障排除。(在模拟机床中,由于没有带电动机,触点不会有火花)

7. 【故障现象】电动机输出功率不足,转动速度慢。

【故障原因】制动器未松开;转子中起动电阻未完全断开;有机械卡阻现象;电网电压下降。

【排除方法】检查电网电压正常;仔细观察制动器工作灵活、机械没有卡阻现象;查控制器未按要求切除转子中起动电阻,更换接触器KM4,故障排除。

【模拟故障】29点:主钩起动时,发现接触器KM4未动作,用电阻挡测量,接触器KM4线圈完好,查KM4线圈(218号)线至S7(217号)线间电阻值,为无穷大已开路,恢复模拟故障点开关,故障排除。

8.【故障现象】电动机在运转中有异常声响。

【故障原因】轴承缺油或滚珠损坏;转子摩擦定子铁芯;有异物入内。

【排除方法】加油或更换;更换轴承;进行清除。

9.【故障现象】电磁铁断电后衔铁不复位。

【故障原因】机构被卡住;铁芯面有油污粘住;寒冷时润滑油冻结。

【排除方法】进行机构修复,清除油污或处理润滑油,故障排除。

10.【故障现象】接触器衔铁吸不上。

【故障原因】电源电压过低;可动部分被卡住;线圈已损坏;触点压力过大。

【排除方法】查电源电压正常;机械部分没有发现卡住的现象;查接触器KM的线圈完好;查QS4接触不良,修复QS4故障排除。

【模拟故障】16点:按下SB,接触器KM不吸合,用电阻法检查FU1(131号)线至KM线圈(130号)线的电阻正常(零欧);查KM线圈完好;查KA0~KA4动断触点的电阻为零欧正常;查KA0的(119号)线至紧急开关QS4的(111号)线间电阻很大,说明已经开路,恢复模拟故障点开关,故障排除。

11.【故障现象】接触器衔铁吸合后不释放或释放缓慢。

【故障原因】触点熔焊;可动部分被卡住;反力复位弹簧疲劳或损坏;铁芯剩磁太大;端面有油污。

【排除方法】更换触点;排除卡住故障;更换弹簧、铁芯;清除油污。

【模拟故障】在灭弧罩下垫绝缘材料。合上电源开关QS1,接触器KM已经吸合,根据原理分析,主要故障在接触器的主触点上,查接触器主触点电阻为零,证明已经熔焊,打开灭弧罩,取下绝缘材料,故障排除。

12.【故障现象】接触器衔铁释放缓慢(断电后,过一会儿才释放)。

【故障原因】主要是铁芯中柱间隙变小,剩磁太大;端面油污太多;反力弹簧疲劳或损坏。

【排除方法】检查端面没有油污,重点检查铁芯磨损过大,中柱间隙太小,剩磁太大。更换接触器或铁芯,故障排除。

13.【故障现象】接触器KM不能自锁。

【故障原因】自锁触点损坏或自锁电路KM(78号)→SA1-6→SA2-6→SQ1→SQ3→SA3-6→KM(109号)有一处断路。

【排除方法】模拟通电,按下接触器的触点。查自锁KM(78号)线与KM(79号)线间电阻很大,触点已损坏,除去氧化层或更换接触器,故障排除。

【模拟故障】13点:按下SB,接触器KM吸合,松开SB,KM立即释放。主要查KM自锁触点及自锁通电路径,查自锁FU1(77号)与KM(79号)线间电阻正常,接触器KM(39

号)线至 SA1-6(80 号)线电阻无穷大,确定电路已经断路,恢复模拟故障点开关,故障排除。

注:14 点、15 点故障现象同上。

15/3T 桥式起重机电路问答题

1. 桥式起重机采用什么方式供电?

答:小型(一般 10T 以下)桥式起重机采用软电缆供电;大型的桥式起重机采用滑触线和集电刷供电。

2. 桥式起重机一般采用什么样的电动机?

答:采用具有较高的机械强度和较大的过载能力,起动转矩大、起动电流小的绕线式转子异步电动机。

3. 桥式起重机有哪些保护措施?

答:具备必要的零位、短路、过载和过流、终端(或限位)保护、接地保护、安全开关、紧急停止开关。

4. 桥式起重机起动前准备工作?

答:应将所有凸轮控制器手柄置于"0"位,零位联锁触点 SA1-7、SA2-7、SA3-7 处于闭合状态。关好舱门和横梁栏杆门,即位置开关 SQc、SQd、SQe 处于闭合状态。

5. 凸轮控制器手柄置于"0"位的作用?

答:起动时,使 KM 线圈得电吸合。确保电动机正反转起动时,所有电阻串入转子回路中,限制起动电流不会太大。

6. 桥式起重机大车、小车等用什么来控制? 主钩用什么来控制?

答:大车、小车和副钩电动机容量都较小,一般采用凸轮控制器。主钩电动机容量较大,一般采用主令控制器和接触器配合进行控制。

7. 副钩带有重负载时,要注意什么?

答:副钩带有重负载时,考虑到负载的重力作用,在下降负载时,应先把手轮逐级扳到"下降"的最后一挡,然后根据速度要求逐级退回升速,以免引起快速下降而造成事故。

8. 手柄置于"J"挡时,时间不宜过长?

答:手柄置于"J"挡时,是下降准备挡,电动机处于正转倒拉并抱闸制动状态,时间不宜过长,以免烧坏电气设备。

9. 若负载较轻时,为什么不能处于"1"挡?

答:若负载较轻时,电动机会运转于正向电动状态,重物不但不能下降,反而会被提升。

10. 接触器 KM2 支路中 KM2 动合触点与 KM9 的辅助动断触点并联的作用?

答:保证了只有在转子电路中串接一定附加电阻的前提下,才能进行反接制动,以防止反接制动时造成直接起动而产生过大的冲击电流。

11. 为什么提升的第一级作为预备级?

答:提升的第一级作为预备级是为了消除传动隙和张紧钢丝绳,以避免过大的机械冲击。所以起动转矩不能过大,一般限制在额定转矩的一半以下。

12. 桥式起重机采用什么制动方式?

答:桥式起重机采用了电磁抱闸断电制动方式。

第4章 可编程控制器概述

4.1 可编程控制器的定义

可编程控制器是在继电器控制技术和计算机控制技术的基础上开发出来的,最初的可编程控制器主要用于顺序控制,一般只能进行逻辑控制,因此称为可编程逻辑控制器(Programmable Logic Controller),简称 PLC。随着计算机技术的发展及微处理器的应用,可编程控制器的功能不断扩展和完善,远远超出逻辑控制的范围,具备了模拟量控制、过程控制、远程通信及计算等功能,因此应称其为可编程控制器(Programmable Controller),简称 PC,但为了与个人计算机(PC)相区别,习惯上仍称其为 PLC。

国际电工委员会(IEC)于 1987 年对可编程控制器作了如下定义:"可编程控制器是专为在工业环境下应用而设计的一种数字运算操作的电子装置,是带有存储器、可以编制程序的控制器。它能够存储和执行指令,进行逻辑运算、顺序控制、定时、计数和算术运算等操作,并通过数字式和模拟式的输入和输出,控制各种类型的机械或生产过程。可编程控制器及其有关的外围设备,都应按易与工业控制系统形成一个整体、易于扩展其功能的原则设计。"

4.2 可编程控制器的特点与应用

PLC 应用了微处理器控制技术,可在工业环境下使用,它具备了继电器控制系统和计算机控制技术的性能,因而在工控领域得到广泛应用。

4.2.1 可编程控制器的特点

可编程控制器是从继电器控制系统发展而来的。由于应用了微处理器、电子技术,使得PLC 具有以下特点:

1. 可靠性高

PLC 采用了许多抗干扰措施,如对 CPU 模块进行电磁屏蔽、在电源电路和 I/O 模块中设置滤波电路、在输入输出电路中采用光电隔离、工作时采用集中采样集中输出等一系列软硬件抗干扰措施,因此其具有很强的抗干扰能力,能在恶劣的环境下可靠工作。另外与继电器控制系统相比,PLC 的硬接线少,大大降低了故障率。一般 PLC 的平均无故障时间可达

5万小时以上。同时PLC还具有完善的自诊断功能,一旦发生故障也能迅速准确地查找,减少了停机时间。

2.功能强

PLC不但具有开关量控制、模拟量控制、算术运算、数据通信、中断控制等功能,还可以很方便地进行功能及容量的扩展,可根据工业控制的需要扩展输入输出点数及增加控制功能。

3.编程简单,使用方便

PLC提供了多种面向用户的编程语言,常用的有梯形图、指令语句、功能图等,其中梯形图语言与继电器控制系统的电气原理图类似,这种编程语言形象直观,不需要专门的计算机知识,只要懂得电气控制原理就能很容易地掌握。当控制流程需要改变时,可用手持式编程器或在个人计算机上修改程序,并可在现场进行调试和在线修改,运行过程可直接在计算机屏幕上进行监控。

4.体积小,结构紧凑

由于应用了集成电路,使其结构紧凑,体积小巧,很容易装在机械设备内部,因而成为机电一体化产品及工业自动控制的主要控制设备。

5.编程语言尚未统一

虽然各厂家生产的可编程控制器均采用了梯形图语言进行编程,功能大同小异,但每个厂家均采用了各自的指令系统,尚未达到完全统一,这给用户使用不同品牌的PLC带来了诸多不便。

4.2.2 可编程控制器的应用

可编程控制器以其强大的控制功能,使用简单方便等特点,目前已广泛应用于各种生产机械和生产过程的自动控制中,成为工业控制的标准设备。PLC的主要应用有:

1.开关量的逻辑控制

开关量的控制是PLC的一个最基本的应用,它类似于继电器控制系统,对开关量进行逻辑运算和逻辑控制,主要用于机床电气控制、印刷机械、注塑机、装配流水线等机械设备的逻辑动作控制。

2.模拟量的过程控制

可编程控制器能够实现模拟量的控制,配上闭环控制(PID)模块后即可对温度、压力、流量等连续变化的模拟量进行闭环过程控制,使变量保持在设定值上。

3.机械运动控制

可编程控制器可实现对伺服电机和步进电机的速度与位移进行控制,广泛应用于数控机床、工业机器人等。

4.控制网络

PLC与计算机、PLC与PLC之间可以联网进行通信,可构成集散式控制系统,实现对整个生产过程的信息管理和功能控制,是柔性制造系统和工厂自动化网络中的基本组成部分,广泛用于电力、石油、化工行业。

4.3 可编程控制器的组成

可编程控制器是一种工业控制计算机,其硬件系统由 CPU、存储器、I/O 接口、I/O 扩展接口和电源等部分组成,各部分之间由内部系统总线连接,如图 4-1 所示。

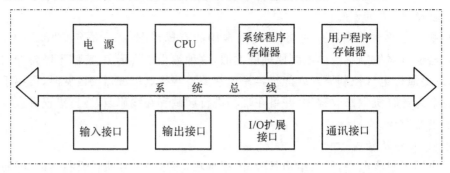

图 4-1 可编程控制器的基本组成

1. 中央处理单元(CPU)

CPU 是整个 PLC 的核心,其主要功能是接收并存储从计算机或编程器输入的用户程序和数据,检测系统的工作状态,执行指令规定的任务。CPU 通过扫描方式从输入接口接收现场的状态存入输入映象寄存器,然后从用户程序存储器中逐条读取和执行指令,并将运算结果分别送到中间数据寄存器或输出映象寄存器,再经输出接口去控制被控装置。

不同的可编程控制器的 CPU 类型不一定相同,一般采用通用微处理器芯片如 8086,80286 等,单片机(51 系列)以及位片式微处理器。其中单片机集成了 CPU、存储器及 I/O 接口,性价比较高,多用于中小型 PLC。

2. 存储器

PLC 的存储器包括系统存储器、用户程序存储器和数据存储器。

系统存储器用来存放系统程序、键盘输入处理程序、翻译程序、信息传送程序、监控程序等系统软件。这些程序在 PLC 出厂时已被固化在只读存储器中,用户不能修改这部分内容。

用户程序存储器是用来存放用户编制的应用程序。用户程序是 PLC 用户根据现场生产过程及控制要求而编写的控制程序,它由用户通过计算机或手持式编程器写到 CPU 单元内的用户程序区中。程序经修改调试通过后,存入快闪内存中,快闪内存不会因电源掉电而消失。

数据存储器包括只读数据内存和读/写数据内存。读/写数据内存可用来存储 PLC 程序运行过程中产生的各种中间结果。当 PLC 断电时,读/写数据内存(DM)、保持继电器(HR)、辅助记忆继电器(AR)和计数器(CNT)由超级电容供电,一般可维持 20 天左右,若超出时间则其内部的数据会丢失。

3. 输入/输出(I/O)接口

I/O 接口是 PLC 与工业现场的输入输出设备之间的连接部件,包括数字 I/O 和模拟 I/O 两种。I/O 接口一般都具有光电隔离和滤波,其作用是把 PLC 与外部电路隔离开,以提高 PLC 的抗干扰能力。输入接口将输入端的各种状态如按钮、行程开关、传感器信号等转换成数字信号送入 PLC;输出接口将 CPU 运算结果转换成控制信号去驱动输出装置如电磁阀、指示灯、接触器线圈等。

为了满足工业上复杂的控制需要,PLC 产品配置了各种类型的 I/O 模块,如开关量/模拟量 I/O 模块、开关量的交流/直流 I/O 模块、模拟量的电压/电流 I/O 模块等。

4.电源

PLC 的工作电源一般为单相交流电源(AC100～240V,50/60Hz),也有用直流 24V 供电的。PLC 对电源的稳定性要求不是太高,一般允许电源电压在其额定值的 ±10%～15% 内波动。对于小型 PLC,电源与 CPU 合为一体,对于中大型 PLC,往往用单独的电源模块供电。

4.4　可编程控制器的基本工作原理

可编程控制器与计算机一样,通过执行用户程序来实现控制任务。PLC 采用扫描工作方式,通过"采集输入量、执行程序、输出控制量"的循环扫描方式实现程序的运行,如图 4-2 所示。扫描就是从第一条指令开始,在无中断或跳转控制的情况下,按程序存储的地址号按顺序逐条执行指令,直至最后一条指令,然后再从头开始扫描,如此循环。

从"输入采样 → 执行程序 → 输出刷新"所用的时间称为一个扫描周期。扫描周期的长短与 CPU 时钟频率、指令类型、程序长短有关,一般输入采样和集中输出所用时间小于 10ms,程序执行时间取决于程序长度,每条指令执行时间从几微秒到十几微秒不等。

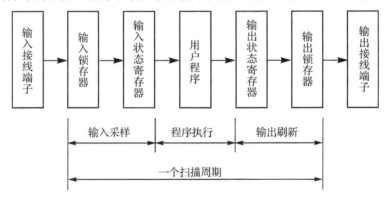

图 4-2　PLC 扫描工作方式

1.输入采样阶段

在输入采样阶段,PLC 以扫描方式按顺序对所有输入端的输入状态进行采样,并存入输入状态寄存器中,接着进入程序执行阶段,在程序执行阶段或输出阶段,即使输入状态发生变化,输入状态寄存器中的内容也不会改变,输入状态的变化要到下一个扫描周期的输入采样阶段才能被读入。

2.程序执行阶段

在程序执行阶段,PLC 对程序按顺序逐行进行扫描并执行。在梯形图中,程序总是按先上后下,先左后右的顺序进行。CPU 执行程序时,根据输入状态寄存器中的内容按用户编好的程序要求进行运算处理,运算结果存入到输出状态寄存器中。在这个阶段,CPU 与输入输出端的状态无联系。

3. 输出刷新阶段

当程序执行完毕后,输出状态寄存器中的内容转存到输出锁存器输出,驱动外部负载。

由于 PLC 对输入状态的采样只在输入采样阶段进行,当 PLC 进入程序执行阶段后输入端的状态变化 CPU 无法读取,要到下一个扫描周期开始的输入采样阶段才会被 CPU 读取到,输出端的状态刷新也是同样道理。这样当 PLC 采用了集中采样和集中输出的方式时,如果程序较长,则程序运算时间相对较长,导致一个扫描周期就比较长,这样就会影响CPU 对输入输出的响应速度。对于 I/O 点数少的小型 PLC,一般程序也不会太长,影响较小,但对于 I/O 点数较多的大中型 PLC,其控制功能强,用户程序也较长,这时为提高系统的响应速度,可以采用定期输入采样、输出刷新,或采用中断方式来提高响应速度。

4.5　可编程控制器的基本指标

可编程控制器的种类繁多,各有特色,其基本指标主要有:

1. 输入输出点数

可编程控制器的一个重要指标是输入输出点数,通常称为 I/O 点数,I/O 点数就是输入接线端与输出接线端的个数。输入点和输出点一般按一定比例设置,但不同厂家的 PLC 其设置比例会不同,如 OMRON 公司生产的 CPM1A 型 I/O 比为 3∶2,而三菱的 FX2N 系列 I/O 比为 1∶1。用户可根据实际控制系统所需输入输出信号数量和信号类型来决定 PLC 的型号或相应的输入输出模块。

2. 存储容量

存储容量一般指存放用户程序的存储器的容量,通常用"字"或"步"来表示。"步"就是 PLC 中存放程序的地址单位,每一步占用两个字,一条基本指令一般为一步,而复杂的功能指令往往有若干步。如 OMRON 的 CPM1A 型 PLC 的存储容量为 2048 字,三菱的 FX2N 系列 PLC 的存储容量为 8K 步(可扩至 16K 步)。

3. 编程语言

不同厂家生产的 PLC 所用的编程语言不同,而且互不兼容。一般梯形图和指令表是 PLC 最常用的编程语言。目前,PLC 编程基本上都在计算机上完成,梯形图以其直观、编程容易而成为主要编程语言,编制完成的梯形图程序可直接输入 PLC 进行调试,用户无需写出指令表。但若用手持式编程器进行编程时,要输入指令表语句。

4.6　典型 PLC 简介

PLC 产品种类繁多,功能也略有不同,所用的编程语言的写法也有差异。本节以日本 OMRON 公司生产的 CPM1A 型 PLC 和三菱公司生产的 FX2N 系列 PLC 为例,介绍其硬件结构及技术性能。

4.6.1 OMRON 的 CPM1A 型 PLC

1.面板图

如图 4-3 所示为 CPM1A-40CDR-A 型 CPU 单元的面板图。

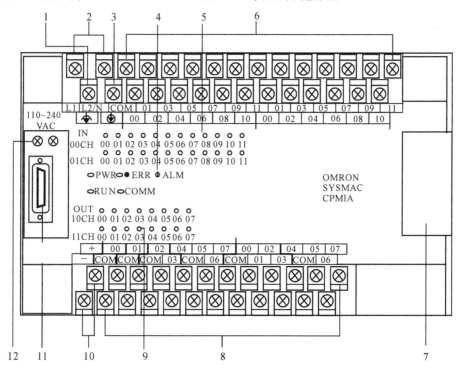

图 4-3 CPM1A-40CDR-A 型 PLC 面板图

1—功能接地端子;2—电源输入端子;3—保护接地端子;4—状态显示 LED;5—输入 LED;6—输入端子;

7—扩展接口;8—输出端子;9—输出 LED;10—直流输出电源端子;11—外设端口;12—模拟设定电位器

2.I/O 扩展与地址分配

CPM1A 型 PLC 组成的控制系统,必须至少有一台基本单元。若基本单元的 I/O 点数不够用时,可用 I/O 扩展单元来扩展 I/O 点数,但只有 30 点、40 点的 CPU 基本单元才能扩展,并且最多扩展 3 个单元。CPM1A 的 CPU 单元及扩展 I/O 单元的输入输出点数与输入输出的地址分配如图 4-4 所示。

3.型号含义及应用场合

CPM1A 型 PLC 的型号说明如下:

I/O 点数:有 10(6/4),20(12/8),30(18/12),40(24/16),输入/输出之比为 3∶2;

单元类型:C——基本单元,E——扩展单元(仅 30 和 40 点可扩展);

输入类型:D——直流 24V 输入;

输出类型:R——继电器,S——晶闸管,T——晶体管;

电源类型:A——AC100～240V 50/60Hz 供电,D——DC24V 供电。

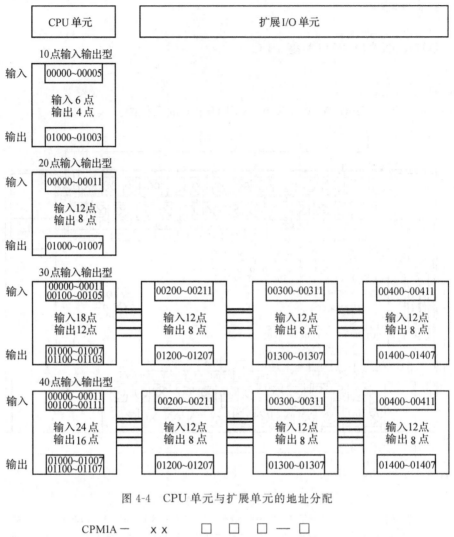

图 4-4 CPU 单元与扩展单元的地址分配

例如：CPM1A-30CDR-A 表示 30 点的基本单元，继电器输出型，交流供电。

CPM1A-20EDR 表示 20 点的扩展单元，继电器输出型。

对不同的控制对象选用不同的输出类型，其中继电器输出型既可带直流负载，也可带交流负载，但其动作频率较低，一般用于低速大功率的场合；晶体管输出型只能带直流负载，带载能力较弱，一般用于高速小功率的场合；晶闸管输出型只能带交流负载，带载能力较强，可用于高速大功率的场合。表 4-1 所示为 CPM1A 型 PLC 型号一览表。

表 4-1　CPM1A 型 PLC 型号一览表

型　　号	电源	继电器输出	电　源	晶体管输出
10 点输入输出型	AC 电源	CPM1A-10CDR-A	DC 电源（NPN 型）	CPM1A-10CDT-D
	DC 电源	CPM1A-10CDR-D	DC 电源（PNP 型）	CPM1A-10CDT1-D
20 点输入输出型	AC 电源	CPM1A-20CDR-A	DC 电源（NPN 型）	CPM1A-20CDT-D
	DC 电源	CPM1A-20CDR-D	DC 电源（PNP 型）	CPM1A-20CDT1-D
30 点输入输出型	AC 电源	CPM1A-30CDR-A	DC 电源（NPN 型）	CPM1A-30CDT-D
	DC 电源	CPM1A-30CDR-D	DC 电源（PNP 型）	CPM1A-30CDT1-D
40 点输入输出型	AC 电源	CPM1A-40CDR-A	DC 电源（NPN 型）	CPM1A-40CDT-D
	DC 电源	CPM1A-40CDR-D	DC 电源（PNP 型）	CPM1A-40CDT1-D
扩展 I/O 单元	—	CPM1A-20EDR	—	CPM1A-20EDT
				CPM1A-20EDT1

4.性能规格（见表 4-2）

表 4-2　CPM1A 型 PLC 性能规格

项　　目		10 点输入输出型	20 点输入输出型	30 点输入输出型	40 点输入输出型
控制方式		存储程序方式			
输入输出控制方式		循环扫描方式和即时刷新方式并用			
编程语言		梯形图			
指令长度		1 步/1 指令、1～5 字/1 指令			
指令种类	基本指令	14 种			
	应用指令	77 种 135 个			
处理速度	基本指令	0.72～16.2μs			
	应用指令	MOV 指令＝16.3μs			
程序容量		2048 字			
最大 I/O 点数	仅 CPU 单元	10 点	20 点	30 点	40 点
	扩展时	—	—	50 点、70 点、90 点	60 点、80 点、100 点
输入继电器		00000～00915	不作为输入输出继电器使用的通道可作为内部辅助继电器		
输出继电器		01000～01915			
内部辅助继电器		512 点：20000～23115（200～231CH）			
特殊辅助继电器		384 点：23200～25515（232～255CH）			
暂存继电器		8 点：(TR0～7)			
保持继电器		320 点：HR0000～1915（HR00～19CH）			
辅助记忆继电器		256 点：AR0000～1515（AR00～15CH）			

续表

项　　目	10 点输入输出型	20 点输入输出型	30 点输入输出型	40 点输入输出型
链接继电器	256 点：LR0000～1515(LR00～15CH)			
定时器/计数器	128 点：TIM/CNT000～127 100ms 型：TIM000～127 10ms 型(高速定时器)：TIMH000～127(与 100ms 定时器号共用) 减法计数器 CNT000～127、可逆计数器 CNTR000～127(两者计数器号共用)			
数据内存　可读/写	1024 字(DM0000～1023)			
数据内存　只读	512 字(DM6144～6655)			
输入中断	2 点		4 点	
间隔定时器中断	1 点(0.5～319968ms、单触发模式或定时中断模式)			
停电保持功能	保持继电器(HR)、辅助记忆继电器(AR)、计数器(CNT)、数据内存(DM)			
内存后备	快闪内存：用户程序、数据内存(只读)(无电池保持) 超级电容：数据内存(读/写)、保持继电器、辅助记忆继电器、计数器(保持 20 天/环境温度 25℃)			
自诊断功能	CPU 异常(WDT)、内存检查、I/O 总线检查			
程序检查	无 END 指令、程序异常(运行时一直检查)			

5.存储器分配

PLC 存储器分为系统程序存储器、用户程序存储器和数据存储器。数据存储器是存入输入输出状态、中间结果、运算结果等数据的随机存储器(RAM)，RAM 区进行了统一分区和地址编码。

PLC 中的继电器分为输入继电器、输出继电器、辅助继电器、定时器/计数器等，这些继电器与通常所说的继电器之间的区别在于它们是由程序来实现逻辑状态的改变，故称软继电器。

数据存储器将若干个连续单元划分为一个继电器区，所有的继电器区组成了数据存储器，每个存储单元又称通道，每个通道有 16 个二进制数位，每 1 位就是一个继电器。这些继电器是怎么工作的呢？二进制数只有 0 和 1 两种状态，如果其中的某一位为 1，则表示该继电器接通，为 0 则表示断开。每个通道的 16 位数对应 16 个软继电器，编号为 00～15，对于通道 000 的第 D2 位地址 00002 就是继电器的地址编号。

下面介绍一下各存储器区的功能。

(1)输入继电器(IR)

输入继电器区为 000～009 通道，每个通道 16 个，共 160 个。其中每个通道只有 00～11 共 12 个继电器有对应的输入接线端，即只有前 12 个继电器可以接收外部的输入信号，后 4 个继电器没有对应的接线端子，只能作内部辅助继电器使用。一旦外部信号接通，则对应的输入继电器动作。输入继电器只能由外部输入信号驱动，它有无数个常开和常闭触点供编程时使用。

（2）输出继电器（OR）

输出继电器区为 010～019 通道，每个通道 16 个，共 160 个。其中每个通道只有 00～07 共 8 个继电器有对应的输出接线端，即只有前 8 个继电器可以输出信号去驱动负载，后 8 个继电器没有对应的接线端子，只能作内部辅助继电器使用。输出继电器用于将 PLC 的输出信号通过输出端子去驱动负载，它是由程序驱动的，有一定的负载能力。

（3）内部辅助继电器（MR）

内部辅助继电器实际上是一些存储单元，只起中间继电器的作用，供编程时使用。其地址编号为 200～231 通道。

（4）特殊辅助继电器（SR）

特殊辅助继电器是 PLC 内部具有特定功能的继电器，用户不能占用，即用户不能改变其状态，但可在编程时读取其状态。其地址编号为 232～255 通道。表 4-3 列出了部分常用的特殊继电器功能。

表 4-3 CPM1A 型 PLC 常用特殊继电器功能

继电器编号	功　能
25313	常 ON
25314	常 OFF
25315	PLC 运行开始的第一个扫描周期为 ON
25400	1 分钟时钟脉冲（30s ON，30s OFF）
25401	0.02s 时钟脉冲（0.01s ON，0.01s OFF）
25500	0.1s 时钟脉冲（0.05s ON，0.05s OFF）
25501	0.2s 时钟脉冲（0.1s ON，0.1s OFF）
25502	1s 时钟脉冲（0.5s ON，0.5s OFF）
25503	ER 标志（执行指令出错发生时为 ON）
25504	CY 标志（执行指令结果有进位发生时 ON）
25505	＞标志（比较结果大于时为 ON）
25506	＝标志（比较结果等于时为 ON）
25507	＜标志（比较结果小于时为 ON）

（5）暂存继电器（TR）

TR 用于暂存梯形图中分支点的状态。共 8 个：TR0～TR7。

（6）保持继电器（HR）

HR 是具有掉电保护功能的继电器，当电源断电时，能保持原来的状态不变。其地址编号为 HR00～HR19 通道。

（7）定时器（T）/计数器（C）

CPM1A 型 PLC 中共有 128 个继电器用作定时器/计数器，每个继电器既可作为定时器，也可作为计数器使用，但同一编号的继电器不能在程序中同时用作定时器和计数器，即：

如果用了 T000,就不能出现 C000,而必须用 C001。定时器分普通定时器和高速定时器两种,其区别为:

普通定时器:用 TIM 表示,脉冲周期为 100ms,定时范围为 0~999.9s。

高速定时器:用 TIMH 表示,脉冲周期为 10ms,定时范围为 0~99.99s。

其动作原理是根据设定的时间常数进行减法计数,当减到 0 时,定时器的触点动作。两种定时器可用 000~127 任一编号,在编程时用 TIM 或 TIMH 来区分其定时精度。

计数器也分普通计数器和可逆计数器两种,其区别为:

普通计数器:用 CNT 表示,根据设定值作减法计数,设定值范围为 0~9999。

可逆计数器:用 CNTR 表示,可用加法或减法计数,设定值范围为 0~9999。

两种计数器可用 000~127 任一编号,在编程时用 CNT 或 CNTR 来区分。

(8)数据存储器(DM)

数据存储器是以通道(或字)为单位进行操作,而以上 1~7 种继电器都是以位为单位。

4.6.2 三菱 FX2N 系列 PLC

1.外形图(见图 4-5)

图 4-5 FX2N-48MR 型 PLC 外形图

2.型号

FX2N 系列 PLC 的型号说明如下:

单元类型:M——基本单元,E——扩展单元,EX——扩展输入单元,EY——扩展输出单元;

输出类型:R——继电器输出型,T——晶体管输出型,S——晶闸管输出型;

例如:FX2N-64MR 表示 I/O 点数为 64 点的基本单元,继电器输出型。

FX2N-48ET 表示 I/O 点数为 48 点的扩展单元,晶体管输出型。

3.输入/输出继电器及地址分配(见表 4-4)

FX2N 系列中 X 表示输入继电器,Y 表示输出继电器,输入/输出之比为 1：1。表 3-4 所示为其地址分配表。

表 4-4 FX2N 系列地址分配表

型　号	FX2N-16M	FX2N-32M	FX2N-48M	FX2N-64M	FX2N-80M	FX2N-128M	带扩展	
输入继电器 X	X000～X007 8 点	X000～X017 16 点	X000～X027 24 点	X000～X037 32 点	X000～X047 32 点	X000～X077 64 点	X000～X267(X177) 184 点(128 点)	I/O 合计 256 点
输出继电器 Y	Y000～Y007 8 点	Y000～Y017 16 点	Y000～Y027 24 点	Y000～Y037 32 点	Y000～Y047 40 点	Y000～Y077 64 点	Y000～Y267(Y177) 184 点(128 点)	

4.性能规格(见表 4-5)

表 4-5 FX2N 系列 PLC 性能规格

项　目		性　能　规　格
运算控制方式		存储程序反复运算方式(专用 LSI),中断命令
输入/输出控制方式		批处理方式(执行 END 指令时)有 I/O 刷新指令
程序语言		继电器符号＋步进梯形图方式(可用 SFC 表示)
程序存储器	最大存储容量	16K 步(含注释文件寄存器最大 16K),有键盘保护功能
	内置存储器容量	8K 步 RAM,电池寿命:约 5 年,使用 RAM 卡盒约 3 年
	可选存储卡	RAM 8K,EEPROM 4K/8K/16K,EPROM 8K
指令种类	顺控步进梯形图	顺控指令 27 条,步进梯形图指令 2 条
	应用指令	128 种,298 条
运算处理速度	基本指令	$0.08\mu s$/指令
	应用指令	$1.52\sim$ 数百 μs /指令
输入/输出点数	扩展并用输入点数	X000～X267 184 点(8 进制编号)
	扩展并用输出点数	Y000～Y267 184 点(8 进制编号)
	扩展并用总点数	256 点
输入继电器/输出继电器		X000～X267(八进制)/ Y000～Y267(八进制)
辅助继电器	一般用	M0～M499 500 点
	保持用	M500～M1023 524 点
	保持用	M1024～M3071 2048 点
	特殊用	M8000～M8255 156 点
状态寄存器	初始化	S0～S9 10 点
	一般用	S10～S499 490 点
	保持用	S500～S899 400 点
	信号用	S900～S999 100 点

续表

项 目		性 能 规 格
定时器	100ms	T0～T199 200 点 (0.1～3276.7s)
	10ms	T200～T245 46 点 (0.01～327.67s)
	1ms 积算型	T246～T249 4 点 (0.001～32.767s)
	100ms 积算型	T250～T255 6 点 (0.1～3276.7s)
计数器	16 位向上	C0～C99 100 点 (0～32767 计数)
	16 位向上	C100～C199 100 点 (0～32767 计数)
	32 位双向	C200～C219 20 点 (−2147483648～+2147483647 计数)
	32 位双向	C220～C234 15 点 (−2147483648～+2147483647 计数)
	32 位高速双向	C235～C255 中的 6 点
数据寄存器 (使用 1 对时 用 32 位)	16 位通用	D0～D199 200 点
	16 位保持用	D200～D511 312 点
	16 位保持用	D512～D7999 7488 点 (D1000 以后可以 500 点为单位设置文件寄存器)
	16 位保持用	D8000～D8195 196 点
	16 位保持用	V0～V7 Z0～Z7 16 点
指 针	JUMP / CALL	P0～P127 128 点
	输入中断,计时中断	I0□□～I8□□ 9 点
	计数中断	I010～I060 6 点
嵌套标志	主控	N0～N7 8 点
常 数	10 进制(K)	16 位:−32768～32767 32 位:−2147483648～2147483647
	16 进制(H)	16 位:0～FFFF 32 位:0～FFFFFFFF

5.存储器分配

(1)输入继电器(X)

输入继电器编号范围为 X0～X267(X177),以八进制编号,即 X0～X7,X10～X17,X20～X27,…,以此类推。输入继电器线圈只能由外部输入信号驱动,不能通过程序驱动。

(2)输出继电器(Y)

输出继电器编号范围为 Y0～Y267(Y177),以八进制编号,即 Y0～Y7,Y10～Y17,Y20～Y27,…,以此类推。输出继电器线圈只能通过程序驱动。

(3)辅助继电器(M)

辅助继电器分为通用型、掉电保持型和特殊辅助继电器三种,其功能如下:

▲ 通用型辅助继电器

继电器编号为 M0～M499,共 500 点。其主要用途相当于中间继电器,常用于逻辑运算的中间状态存储及信号类型的变换,其线圈只能由程序来驱动。

▲ 掉电保持型辅助继电器

掉电保持型分两部分:第一部分编号为 M500～M1023 共 524 点,这些继电器为电池备用区,根据设定参数可以变更为非电池备用区;第二部分编号为 M1024～M3071 共 2048 点,这部分为电池备用固定区,区域特性不能变更。掉电保持是指在 PLC 外部电源断开后,由机内电池为某些特殊工作单元供电,能保持它们在掉电前的状态。

▲ 特殊辅助继电器

继电器编号为:M8000～M8255,共 256 点,这些继电器具有特定的功能。表 4-6 列出了部分常用的特殊继电器功能。

表 4-6　FX2N 系列 PLC 常用特殊继电器功能

继电器编号	功　能
M8002	PLC 运行开始的第一个扫描周期为 ON,其余为 OFF
M8003	PLC 运行开始的第一个扫描周期为 OFF,其余为 ON
M8011	10ms 时钟脉冲
M8012	100ms 时钟脉冲
M8013	1s 时钟脉冲
M8014	1min 时钟脉冲
M8020	零标志,加减运算结果为"0"时 ON
M8021	借位标志,减运算结果小于最小负数值时为 ON
M8022	进位标志,加运算有进位时或结果溢出时为 ON
M8034	禁止所有输出,外部输出端全为 OFF
M8039	定时扫描方式

(4)定时器(T)

FX2N 系列 PLC 中有以下四种类型:

100ms 定时器　T0～T199,共 200 个,定时范围为 0.1～3276.7s;

10ms 定时器　T200～T245,共 46 个,定时范围为 0.01～327.67s;

1ms 积算定时器　T246～T249,共 4 个(中断动作),定时范围为 0.001～32.767s;

100ms 积算定时器　T250～T255,共 6 个,定时范围为 0.1～3276.7s。

定时器定时时间为时间常数×定时精度。如某定时器为 T10 K200,表示定时器编号为 T10,定时时间为 200×100ms＝20s。定时器时间常数设定范围为 K1～K32767。

上面四种定时器中前两种为普通定时器,当驱动线圈的触点断开或 PLC 断电时,定时器复位,不能保持。后两种为积算定时器,具有记忆功能,其定时为"累计"计时,当驱动定时器的触点断开或 PLC 断电时,其计时值保持,当再次接通该定时器线圈时,从当前值开始计时。如要对该定时器复位,必须用专门的复位指令,如 RST T250。

（5）计数器（C）

计数器分普通计数器和双向计数器两种，其编号如下：

16 位通用加法计数器　　C0～C99，共 100 个，计数范围为 K1～K32767；

16 位掉电保持计数器　　C100～C199，共 100 个；

32 位通用双向计数器　　C200～C219，共 20 个，设定范围为－2147483648～2147483647；

32 位掉电保持计数器　　C220～C234，共 15 个。

上面后两种 32 位计数器其设定值寄存器为 32 位，其中首位为符号位，设定值的最大绝对值为 31 位二进制数所表示的十进制数，即－2147483648～2147483647。设定值可直接用常数 K 或间接用数据寄存器 D 的内容。间接设定时，要用编号紧连在一起的两个数据寄存器。

C200～C234 计数器的计数方向（加/减计数）由特殊辅助继电器 M8200～M8234 设定。当 M82××接通（置 1）时，对应的计数器 C2××为减法计数；当 M82××断开（置 0）时为加法计数。

4.6.3　松下 FP1 系列 PLC

一、概　述

目前在我国销售的 FP 系列可编程序控制器是日本松下电工株式会社 20 世纪 90 年代开发的第三代产品，可以说它代表了当今世界 PLC 的发展水平。日本松下电工株式会社是从 1982 年开始生产第一代可编程序控制器的，起步不是很早。

（一）日本松下电工株式会社 FP 系列 PLC 分类

FP 系列 PLC 可分为三大类。

1. 整体式机型 FP1 及其特点

FP1 是日本松下电工生产的小型 PLC，有 C14～C72 多种规格，已系列化。它集 CPU、I/O、通信等诸多功能模块为一体，具有体积小、功能强、性能价格比高等特点。它适用于单机、小规模控制，在机床、纺机、电梯控制等领域得到了广泛的应用，适合我国国情，特别适合在中小企业中推广应用。

FP1 分为主机、扩展、智能单元三种。其中主机包括 14 点、16 点、24 点、40 点、56 点、72 点；扩展单元包括 8 点、16 点、24 点、40 点，且其 I/O 点数的多少还可在一定的范围内选择；智能单元包括远程 I/O 单元、C-NET 网络单元、A/D 单元、D/A 单元。最多可扩展到 152 点，同时还可以控制 4 路 A/D、4 路 D/A。

FP1 型的主要特点为：

（1）程序容量最大可达 5000 步，并为用户提供充足的数据区（最大 6144 字）、内部继电器（最大 1008 点）、定时器/计数器（最大 144 个）。

（2）具有基本指令 81 条，高级指令 111 条。除能进行基本逻辑运算外，还可进行＋、－、×、÷等四则运算。除能处理 8 位、16 位字外，还可以处理 32 位数字，并能进行多种码制变换。除一般小型 PLC 中常用的指令外，还有中断和子程序调用、凸轮控制、高速计数、字符打印以及步进指令等特殊功能指令。由于具有丰富的基本指令和高级指令，使编程更为简捷、容易，故给用户提供了极大的方便。

（3）具有完善的高级功能。机内高速计数器可输入频率高达 10kHz 的脉冲,并可同时输入两路脉冲。晶体管输出型的 FP1 可以输出频率可调的脉冲信号。该小型机具有 8 个中断源的中断优先权管理;输入脉冲捕捉功能可捕捉最小脉冲宽度 0.5ms 的输入脉冲;可调输入延时滤波功能可以使输入响应时间根据外围设备的情况进行调节,调节范围为 1～128ms;手动拨盘式寄存器控制功能,可通过调节面板上的电位器使特殊数据寄存器 DT9040～DT9043 中的数值在 0～255 之间改变,实现从外部进行输入设定。还有强制置位/复位控制功能、口令保护功能、固定扫描时间设定功能、时钟/日历控制功能等。实现了对各种对象的控制。

（4）具备网络功能。使用松下电工的 C-NET 网,用 RS485 双绞线,可将 1200m 范围内多达 32 台 PLC 联网,实现上位机监控。FP1 的监控功能很强,可实现梯形图监控和列表继电器监控,可同时监控 16 个 I/O 点时序的动态时序图。具有几十条监控命令,多种监控方式,如单点、多点、字、双字等等。

2.模块式机型及其特点

采用模块式机型有 FP2,FP3,FP10,FP10S,FP10SH,FPΣ。模块化产品以其组合灵活,功能强大,模块丰富等特点,被广泛应用于机械、包装、食品、冶金、化工等行业的中大规模的控制。各种模块可大致分为以下几类。

（1）CPU 单元:FP2,FP3,FP10,FP10S 等多种单元。

（2）电源单元:直流 24V,交流 220V,电流输出 2.4A,6A 等。

（3）母板:3 槽、5 槽、8 槽等。

（4）输入/输出单元:8 点、16 点、32 点、64 点输入等,16 点、32 点、64 点输出等。

（5）模拟量控制单元:4 路、8 路 A/D 模块,2 路、4 路 D/A 模块,4 路热电阻输入模块,4 路热电偶输入模块,PID 模块等。

（6）位置控制单元:1 路、2 路高速计数模块,脉冲输出模块,单轴、双轴位置控制模块,双轴、三轴联动位置控制模块等。

（7）数据处理单元。

（8）网络单元:C-NET,MEWNET-H,MEWNET-P,MEWNET-W 网络模块等。

3.板式机型及其特点

单板式 PLC 产品有 FP-M 和 FP-C 两大系列。FP-M 是在 FP1 型 PLC 基础上改进设计的产品,其性能与前面介绍的 FP1 基本相同,其最大 I/O 点数可达 192 点,采用堆叠式的扩展方法,由主控板、扩展板、模拟 I/O 板、网络板组成。FP-C 是在 FP3 型 PLC 基础上改进设计的产品,其性能基本同 FP3。

单板式 PLC 在编程上完全与整体式或模块式的 PLC 相同,只是结构更加紧凑,体积更加小巧,价格也相对便宜,是松下电工功能完备比较独特的产品。它适用于安装空间很小或对成本要求很严的场合,如大批量生产的轻工机械等产品。

（二）FP 系列新产品

在现有的 FP 系列基础上,松下电工不断推出新产品,如 FP-BASIC 型 PLC,它使用 BASIC 语言进行编程,为不熟悉梯形图语言的用户提供了方便。同时,由于 BASIC 语言具有易读性强、运算功能强等特点,在编制位控程序及通信程序时,也不失为一种较好的编程语言。

最新推出的 FP10SH,它具有极高的运算速度,每一步基本指令的扫描时间为 $0.04\mu s$,1万步程序的扫描时间为 1ms,可称得上是当今世界运算速度最快的 PLC 之一。

最新推出的另一种产品是超小型尺寸的 FP0 型 PLC,一个控制单元只有 25mm 宽,甚至扩充到 I/O 128 点,宽度也只有 105mm,它的安装面积是同类产品中最小的。由于它的超小型尺寸和高度兼容性,FP0 拥有广泛的应用领域,如室内检测、传送控制、给料机、食品加工、包装机、停车器、自动货架、行车限距仪等都可采用 FP0 实现 PLC 控制。现今又推出一种 FPΣ 型的小型 PLC,其尺寸与 FP0 相同,运算速度与 FP10SH 相同,是当今世界功能最强的小型机。

（三）中文编程软件

为了使用户能够更方便地编程,更容易地调试程序,更多地发挥 PLC 的功能,松下电工在其功能强大的 FP 系列 PLC 编程软件 NPST for DOS 的基础上,又推出了 FPSOFT for Windows 中文版,将用户从复杂的英文甚至日文环境中解放出来,专心于 PLC 程序本身。

编程软件中文版不但提供全部中文的菜单,用户还可以使用在线帮助以及输入中文注释。其独特的"动态时序图"功能可使用户同时监控 16 个 I/O 点的时序,是调试程序的极好工具。

表 4-7～4-10 是 FP1 规格一览表。

表 4-7　FP1 控制单元规格

系列		内藏式存储器	I/O 点数	机芯电压	输入 COM 极性	说　　　明	
						类　　型	型　　号
C14	标准型	EEPROM	14 (I:8 O:6)	24V DC	±	继电器	AFP12313B
						晶体管(NPN 集电极开路)	AFP12343B
						晶体管(PNN 集电极开路)	AFP12353B
				100～240V AC	±	继电器	AEP12317B
						晶体管(NPN 集电极开路)	AFP12347B
						晶体管(PNN 集电极开路)	AFP12357B
C16	标准型	EEPROM	16 (I:8 O:8)	24V DC	±	继电器	AEP12113B
						晶体管(NPN 集电极开路)	AFP12143B
						晶体管(PNN 集电极开路)	AFP12153B
					±	继电器	AEP12112B
						晶体管(NPN 集电极开路)	AFP12142B
				100～240V AC	±	继电器	AEP12117B
						晶体管(NPN 集电极开路)	AFP12147B
						晶体管(PNN 集电极开路)	AFP12157B
					＋	继电器	AEP12116B
						晶体管(NPN 集电极开路)	AFP12146B

续表

系列					说　　　明	
	内藏式存储器	I/O 点数	机芯电压	输入 COM 极性	类　　型	型　　号
C24						
	标准型 RAM	24 $\left(\begin{matrix}I:16\\O:8\end{matrix}\right)$	24V DC	±	继电器	AFP12213B
					晶体管(NPN 集电极开路)	AFP12243B
					晶体管(PNN 集电极开路)	AFP12253B
				+	继电器	AEP12212B
					晶体管(NPN 集电极开路)	AFP12242B
			100～240V AC	±	继电器	AEP12217B
					晶体管(NPN 集电极开路)	AFP12247B
					晶体管(PNN 集电极开路)	AFP12257B
				+	继电器	AEP12216B
					晶体管(NPN 集电极开路)	AFP12246B
	C 型 RAM	24 $\left(\begin{matrix}I:16\\O:8\end{matrix}\right)$	24V DC	±	继电器	AFP12213CB
					晶体管(NPN 集电极开路)	AFP12243CB
					晶体管(PNN 集电极开路)	AFP12253CB
				+	继电器	AEP12212CB
					晶体管(NPN 集电极开路)	AFP12242CB
			100～240V AC	±	继电器	AEP12217CB
					晶体管(NPN 集电极开路)	AFP12247CB
					晶体管(PNN 集电极开路)	AFP12257CB
				+	继电器	AEP12216CB
					晶体管(NPN 集电极开路)	AFP12246CB
C40						
	标准型 RAM	40 $\left(\begin{matrix}I:24\\O:16\end{matrix}\right)$	24V DC	±	继电器	AFP12413
					晶体管(NPN 集电极开路)	AFP12443
					晶体管(PNN 集电极开路)	AFP12453
				+	继电器	AEP12412
					晶体管(NPN 集电极开路)	AFP12442
			100～240V AC	±	继电器	AEP12417
					晶体管(NPN 集电极开路)	AFP12447
					晶体管(PNN 集电极开路)	AFP12457
				+	继电器	AEP12416
					晶体管(NPN 集电极开路)	AFP12446
	C40C 型具有 RS232C 口及日历/时钟功能 RAM	40 $\left(\begin{matrix}I:24\\O:16\end{matrix}\right)$	24V DC	±	继电器	AFP12413C
					晶体管(NPN 集电极开路)	AFP12443C
					晶体管(PNN 集电极开路)	AFP12453C
				+	继电器	AEP12412C
					晶体管(NPN 集电极开路)	AFP12442C
			100～240V AC	±	继电器	AEP12417C
					晶体管(NPN 集电极开路)	AFP12447C
					晶体管(PNN 集电极开路)	AFP12457C
				+	继电器	AEP12416C
					晶体管(NPN 集电极开路)	AFP12446C

系列	I/O 点数	机芯工作电压	输入 COM 极性	输出类型	型号
E16	16（I：16）	—	±	—	AFP13103
	16 (I：8 O：8)	—	+	继电器	AFP13112
				晶体管（NPN 集电极开路）	AFP13142
		—	±	继电器	AFP13113
				晶体管（NPN 集电极开路）	AFP13143
				晶体管（PNP 集电极开路）	AFP13153
	16 （O：16）	—	—	继电器	AFP13110
				晶体管（NPN 集电极开路）	AFP13140
E24	24 I：16 O：8	24V DC	+	继电器	AFP13212
				晶体管（NPN 集电极开路）	AFP13242
			±	继电器	AFP13213
				晶体管（NPN 集电极开路）	AFP13243
				晶体管（PNP 集电极开路）	AFP13253
		100～240V AC	+	继电器	AFP13216
				晶体管（NPN 集电极开路）	AFP13246
			±	继电器	AFP13217
				晶体管（NPN 集电极开路）	AFP13247
				晶体管（PNP 集电极开路）	AFP13257
E40	40 I：24 O：16	24V DC	+	继电器	AFP13412
				晶体管（NPN 集电极开路）	AFP13442
			±	继电器	AFP13413
				晶体管（NPN 集电极开路）	AFP13443
				晶体管（PNP 集电极开路）	AFP13453
		100～240V AV	+	继电器	AFP13416
				晶体管（NPN 集电极开路）	AFP13446
			±	继电器	AFP13417
				晶体管（NPN 集电极开路）	AFP13447
				晶体管（PNP 集电极开路）	AFP13457

表 4-9　FP1 智能单元规格

类型	性能说明	工作电压	型号
FP1 A/D 转换单元	模拟输入通道：4 通道/单元 模拟输入范围：0～5V，0～10V，0～20mA 数字输出范围：K0～K1000	24V DC	AFP1402
		100～240V AC	AFP1406
FP1 D/A 转换单元	数字输入范围：K0～K1000 模拟输出通道：2 通道/单元 模拟输出范围：0～5V，0～10V，0～20mA	24V DC	AFP1412
		100～240V AC	AFP1416

表 4-10 控制单元技术性能

项　目		C14	C16	C24	C40	C56	C72
程序存储器类型		EEPROM 无电池		RAM 锂电池保存;主存储器单元 EEP-ROM/存储器单元 EPROM			
程序容量		900 步		2720 步		5000 步	
运行速度		1.6μs/步					
指令种类	基本	41		80		81	
	高级	85		111			
内部继电器(R)		256 点		1008 点			
内部特殊继电器(R)		64 点					
定时器(T)/计数器(C)		128 点		144 点			
辅助定时器		无				点数不限	
数据寄存器(DT)		256 字		1660 字		6144 字	
特殊数据寄存器(DT)		70					
索引寄存器(IX,IY)		2 字					
主控寄存器		16 点		32 点			
标记数(JMP,LOOP)		32 点		64 点			
微分(DF 或 DF/)点数		点数不限					
步进数		64 级		128 级			
子程序数		8 个		16 个			
中断		无		9 个程序			
输入滤波时间(ms)		1～128					
中断输入		无		8 点			
脉冲输出(晶体管输出型)		1 点(Y7) 输出频率:45Hz～ 4.9kHz			2 点(Y6,Y7) 输出频率:45Hz～ 4.9kHz		
日历时钟		无		有			
自诊断功能		看门狗定时器,电池检测,程序检查					
脉冲捕捉输入		4 点		8 点			
高速计数器		1 点 计数方式:1 通道(递增,递减,增/减,两相) 计数输入(X0,X1)计数范围:−8388608～8388607 复位输入(X2)最小输入脉冲宽度:1 相 50μs,2 相 10μs					

二、FP1 系列 PLC 的构成及特性

FP1 系列 PLC 有 C14,C16,C24,C40,C56,C72 等型号,它们的硬件结构、指令系统、性能指标、编程方法基本相同,FP1 系列 PLC 的构成及其特性:

1.控制单元

控制单元设有与编程器、计算机相连的接口,与 I/O 扩展单元(或 A/D,D/A 转换单元)相连的扩展口,输入输出端子,电源输入和输出端子等。C24 控制单元提供输入点 16 个,输出点 8 个,C40 控制单元提供输入点 24 个,输出点 16 个,C56 控制单元提供输入点 32 个,输出点 24 个,C72 控制单元提供输入点 40 个,输出点 32 个。

2.扩展单元

(1)E8 和 E16 系列;

(2) E24 和 E40 系列。

3. 智能单元

(1) FP1 A/D 转换单元；

(2) FP1 D/A 转换单元。

三、FP1 的内部寄存器及 I/O 配置

使用 PLC 之前最重要的是先了解 PLC 的内部寄存器及 I/O 配置情况。表 4-11 是 PLC 的内部寄存器及 I/O 配置一览表。

表 4-11　FP1 的内部寄存器及 I/O 配置

功能	名称和功能说明	符号 位/字	编号		
			C14 C126	C24 C40	C56 C72
外部输入输出继电器	外部输入继电器:将限位开关、按钮、光电继电器等外设送来的主令信号送到 PLC	X(bit 位)	208 点(X0～X12F)		
		WX(word 字)	13 字(WX0～WX12)		
	外部输出继电器:输出 PLC 程序执行结果并使电磁阀、接触器线圈、电动机等外部设备动作。	Y(bit 位)	208 点(Y0～Y12F)		
		WY(word 字)	13 字(WY0～WY12)		
内部继电器	内部继电器:它不受外部设备直接控制,亦不能提供外部输出,而只能在 PLC 内部当作纯中间继电器使用	R(bit)	256 点 R0～R15F	1008 点 R0～R62F	
		WR(word)	16 字 WR0 ～WR15	63 字 WR0～WR62	
	特殊内部继电器:是有特殊用途的专用内部继电器,它不能用于输出而只能作为接点使用。可参见特殊内部继电器表	R(bit)	64 点(R9000～R903F)		
		WR(word)	4 字(WR900～WR903)		
定时器计数器	定时器接点:它是定时器指令(TM)的输出,若定时器指令延时时间到,则对应定时器接点动作	T(bit)	100 点(T0～T99)		
	计数器接点:它是计数器指令(CT)的输出,若计数器指令计数完毕,则对应计数器接点动作	C(bit)	28 点 (C0～C127)	44 点 (C100～C143)	
	设置值:定时器,计数器设置值区是存储其指令预置值的存储区,由一个字组成。此存储区的地址对应于定时器,计数器指令的号码	SV(word)	128 字 (SV0～ SV127)	144 字 (SV0～SV143)	
	定时器,计数器经过值:定时器,计数器经过值区是存储其指令经过值的存储区,由一个字组成。此存储区的地址对应于定时器,计数器指令的号码	EV(word)	128 字 (EV0～ EV127)	144 字 (EV0～EV143)	

续表

功能	名称和功能说明	符号 位/字	编号		
			C14 C126	C24 C40	C56 C72
数据区	数据寄存器:用于存储 PLC 内部处理的数据,每个数据寄存器由一个字组成	DT(word)	256 字	1660 字	6144 字
	特殊数据寄存器:是有特殊用途的数据存储区,详细说明见特殊数据寄存器	DT(word)	70 word (DT9000～DT9069)		
索引修正值	索引寄存器:用于存放地址和常数的修正值	IX(word) IY(word)	一个字/每个单元 (无编号系统)		
常数	十进制常数	K	16 位常数(word 字) K－32768～K＋32767		
			32 位常数(双字) K－2147483648～K＋2147483647		
	十六进制常数	H	16 位常数(word 字) H0～HFFFF		
			32 位常数(双字) H0～HFFFFFFFF		

(一)表 4-11 中的有关说明

1.继电器

(1)外部输入、输出继电器 X,Y 及内部继电器 R 的地址确定

这些继电器的最低位地址用 16 进制数表示,第二位和第三位用十进制数表示:

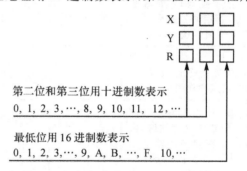

【例 4-1】 外部输入继电器 X 的地址编号。

外部输入继电器 X 的地址编号如下所示:

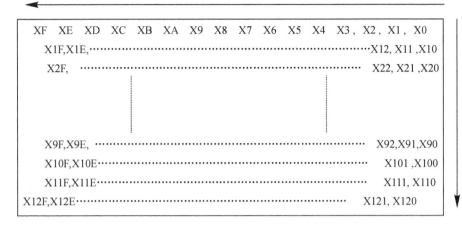

（2）

用字表示外部输入、输出继电器 X，Y 及内部继电器 R 的地址

外部输入、输出继电器 X，Y 及内部继电器 R 的地址也可用字的形式表示。字的形式是将 16 位继电器组作为一个字。它们分别为字输入继电器 WX、字输出继电器 WY 和字内部继电器 WR。

【例 4-2】　字外部输入继电器 WX 的地址编号。

位地址

WX0：　XF　　XE　XD XC XB XA X9 X8 X7 X6 X5 X4 X3，X2，　X1，　X0

WX1：　X1F，X1E，…………………………………………… X12，X11，X10

⋮

WX12：X12F,X12E，…………………………………………… X122,X121,X120

由于字继电器的内容与该继电器组的状态相对应,即若某继电器接通,则对应字继电器的内容就改变。

例如：字内部继电器 WR0 的字原为十进制的 K0,则其 16 位各位均为零。若其最低两位 R0,R1 接通,即 R0＝1、R1＝1,则 WR0 的字变为十进制的 K3(见图 4-6)。

同样,字内部继电器 WR0 的字从十进制的 K0 变为 K3,则意味着字内部继电器 WR0 的最低两位 R0 和 R1 接通。

（3）外部输入继电器 X

它将外部设备的主令信号（按钮,限位开关,光电继电器,热继电器,压力继电器等)送给 PLC。注意：实际不存在的输入不能使用外部输入继电器,可编程序控制器的程序不能改变外部输入继电器 X 的状态,外部输入继电器 X 没有线圈。

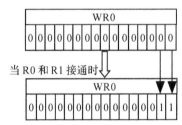

图 4-6　字继电器的内容

（4）输出继电器 Y

它将输出可编程序控制器的程序运行的结果,在输出继电器 Y 接点容量所允许的范围内使外部设备如电磁阀,接触器,电动机等动作。

输出继电器的接点编程的使用次数没有限制,可重复使用,但作为 KP 和 OT 指令输出时,不允许重复使用同一继电器。当可编程序控制器的工作方式由 PROG 转换成 RUN 方式时,如果检测到输出重复使用,则 ERR 指示灯点亮,且不执行重复输出。但使用同一继电器作为诸如 SET,RST 和 F0（MV）指令的操作数时,可以执行重复输出。这是为安全而设。若能保证安全,可改变系统寄存器 No.20 的设置,可允许使用重复输出（见图 4-7）。

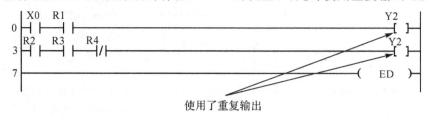

使用了重复输出

图 4-7　使用重复输出

（5）内部继电器 R

它仅用于可编程序控制器内部,不直接接受外部控制,也不直接提供外部输出,当内部继电器 R 的线圈被激励时,其对应接点接通。内部继电器 R 的接点编程的使用次数没有限制,可重复使用,当作为 KP 和 OT 指令输出时,不允许重复使用同一继电器。当可编程序控制器的工作方式由 PROG 转换成 RUN 方式时,如果检测到输出重复使用,则 ERR 指示灯点亮,且不执行重复输出。但使用同一继电器作为诸如 SET,RST 和 F0（MV）指令的操作数时,可以执行重复输出。这是为安全而设。若能保证安全,可改变系统寄存器 No.20 的设置,可允许使用重复输出。

内部继电器 R 的保持与非保持设置:内部继电器 R 可以以字为单位,通过设置系统寄存器 No.7 确定是保持型还是非保持型。保持的意义是在工作电源失电或可编程序控制器的工作方式由 RUN 转换成 PROG 方式时,存储器的内容不会丢失或修改;非保持的意义是在工作电源失电或可编程序控制器的工作方式由 RUN 转换成 PROG 方式时,存储器的内容将会丢失或修改。

在缺省设置时,系统寄存器 No.7 的默认值为 K10,FP1 的 C14 和 C16 系列非保持型继电器字为 WR0～WR9（即 R0～R9F）,保持型继电器字为 WR10～WR15（即 R100～R15F）;FP1 的 C24,C40,C56 和 C72 系列非保持型继电器字为 WR0～WR9（即 R0～R9F）,保持型继电器字为 WR10～WR62（即 R100～R62F）。即在缺省设置时,内部继电器从 R0 到 R9F 设置为非保持型,R100 以上设置为保持型继电器。

（6）特殊内部继电器 R

从 R9000 开始的内部继电器均为特殊内部继电器。它们有专门的用途,不能作为 OT 或 KP 指令的操作数使用,这些特殊内部继电器的主要功能是:或作为错误标志;或作为工作状态标志;或作为特殊情况下 ON/OFF 控制继电器标志。

2.定时器、计数器

指的是基于 TM 和 CT 指令的定时器和计数器。定时器和计数器的指令编号与它们的接点相对应,而且对于每个定时器和计数器编号都有一组 SV 和 EV 与之对应,如表 4-12 所示。

表 4-12 定时器和计数器缺省设置的指令编号与存储区表

定时器和计数器 指令编号	预置值寄存器 SV	经过值寄存器 EV	定时器和计数器 接点
TM0	SV0	EV0	T0
⋮	⋮	⋮	⋮
TM99	SV99	EV99	T99
CT100	SV100	EV100	C100
⋮	⋮	⋮	⋮

定时器和计数器分配个数的改变:改变系统寄存器 No.5 设置的计数区起始地址,就可改变定时器和计数器的个数。在初始设置中,统寄存器 No.5 的默认值为 K100 时,FP1 的 C14 和 C16 系列的定时器为 TM0～TM99 共 100 个,计数器为 C100～C127 共 28 个;FP1 的 C24,C40,C56 和 C72 系列的定时器为 TM0～TM99 共 100 个,计数器为 C100～C143 共 44 个。

定时器和计数器区保持/非保持型设置:可由系统寄存器 No.6 设定。保持的意义是在工作电源失电或可编程序控制器的工作方式由 RUN 转换成 PROG 方式时,存储器的内容不会丢失或修改;非保持的意义是在工作电源失电或可编程序控制器的工作方式由 RUN 转换成 PROG 方式时,存储器的内容将会丢失或修改。统寄存器 No.6 的默认值为 K100 时,FP1 的 C14 和 C16 系列的定时器为 TM0～TM99 共 100 个为非保持型区,计数器为 C100～C127 共 28 个为保持型区;FP1 的 C24,C40,C56 和 C72 系列的定时器 TM0～TM99 共 100 个为非保持型区,计数器为 C100～C143 共 44 个为保持型区。当然可根据需要,通过对系统寄存器 No.6 的设置,将定时器设置成保持型的,而将计数器设置成保非持型的。

定时器接点 T 是定时器 TM 指令的输出控制,即若定时时间到,则相对应的接点接通,当 TM 指令的触发信号断开时,其相对应的接点 T 也随之断开。

计数器接点 C 是计数器 CT 指令的输出控制,即若计数值到设定值,则相对应的接点接通,当计数器检测到复位触发信号的上升沿时,计数器复位,相对应的计数器接点 C 也随之断开。

3.数据寄存器

数据寄存器 DT 是一个 16 位(一个字)数据区,用于存储数据。

可用的数据寄存器有:

C14 和 C16 系列 256 字(DT0～DT225)

C24 和 C40 系列 1660 字(DT0～DT1659)

C56 和 C72 系列 6144 字(DT0～DT6143)

在数据寄存器中处理 32 位(双字)数据时,规定使用两个相邻的数据寄存器作为一组使用。此时,若低 16 位区的数据寄存器地址已被确定,则这个地址码加一后的数据寄存器地址就是高 16 位区的地址。

数据寄存器的保持/非保持型设置:由设置系统寄存器 No.8 可设定数据寄存器 DT 为保持型还是非保持型。

特殊数据寄存器 DT 设置:规定从 DT9000 之后的数据寄存器都是特殊数据寄存器。

这些数据寄存器有特殊的用途,大多数特殊数据寄存器用高级指令(如 F0(MV))也不能将数据写入。

这些寄存器的主要功能是:

· 作为工作状态寄存器;

· 作为错误状态存储寄存器;

· 作为时钟/日历寄存器;

· 作为 FP-M 高速计数板或模拟控制板的寄存器。

4.索引寄存器 IX 和 IY

每个 FP-M/FP1 都有两个索引寄存器(IX 和 IY)可用。

索引寄存器的功能分为如下两类:

· 其他操作数的修正值;

· 存储区。

当作为其他操作数的修正值时:在高级指令和一些基本指令中,索引寄存器可作为其他操作数(WX,WY,WR,SV,EV,DT 和常数 K 与 H)的修正值。有了这种功能,可用一条指令取代多条编程指令的控制。

地址修正值功能(指对 WX,WY,WR,SV,EV 和 DT)为:当索引寄存器与另一操作数(WK,WY,WR,SV,EV 或 DT)一起编程时,源存储区的地址移动,其移动次数等于索引寄存器(IX 或 IY)的值。当索引寄存器作为地址修正值时,IX 和 IY 可单独使用。

【例 4-3】 将 DT0 中的数据传送到 DT100 和 IX 指定的数据寄存器(DT)中。

当 I X=K10 时:DT0 中的数据传送到 DT110。

当 I X=K20 时:DT0 中的数据传送到 DT120。

```
  X0
0├─┤ ├──[F0 MV      , DT 0    , IXDT 100    ]            ─┤
                                  ↑
                               源存储区
```

常数修正值功能(对 K 和 H):当索引寄存器与一个常数(K 或 H)一起编程时,索引寄存器的值被加在源常数(K 或 H)上。当索引寄存器作为常数修正值时,要注意以下几点:

①在 16 位指令中,IX 和 IY 可单独使用。

②在 32 位指令中,IX 被作为低 16 位,IY 则自动设定为高 16 位(只能确定 IX)。

【例 4-4】 将 K100 和 IY 与 IX 数据相加,相加的结果写入 DT0。

当 IY,IX=K10 时, K110 写入 DT1 和 DT0。

当 IY,IX=K1,000,000,时, K1,000,000 写入 DT1 和 DT0。

```
  X0
0├─┤ ├──[F1 DMV     , IXK 100    , DT 0     ]            ─┤
                          ↑
                       源常数
```

注意:索引寄存器不能用索引寄存器来修正。当索引寄存器作为地址修正值时,要确保修正后的地址没有越限。如果修正后的地址越限,则产生操作错误,且 ERR 指示灯亮。当索引寄存器作为常数修正值时,修正后的值可能会上溢或下溢。

索引寄存器可以作为存储区使用。当将索引寄存器作为 16 位存储区使用时,IX 和 IY

可单独使用。当将索引寄存器作为 32 位存储区使用时,指定 I X 为低 16 位区,I Y 为高 16 位区。当将其作为 32 位操作数编程时,若指定 IX 为低 16 区,则 IY 自动确定为高 16 位区,如图 4-8 所示。

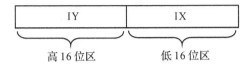

图 4-8　索引寄存器作为存储区使用

5. 常数

(1)十进制常数 K

十进制常数使用频繁,主要用于向可编程序控制器输入数据。某些数据如定时器/计数器的预置值,应使用十进制常数输入。十进制常数采用在数据前加词头 K 来表示。输入到可编程序控制器的十进制常数在内部被转换为 16 位二进制数(采用二进制的补码系统)。例如,将 K10 输入 PLC,过程表示如下:

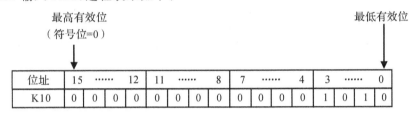

【例 4-5】　将 K－32(十进制常数负 32)输入 PLC。

过程表示如下:

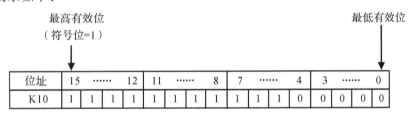

十进制负数用二进制表示是将绝对值的所有位按位取反,结果加 1。

$$K32 = 0000\ 0000\ 0010\ 0000$$

↓ 所有位按位取反

$$1111\ 1111\ 1101\ 1111$$

↓ 加 1

$$K-32 = 1111\ 1111\ 1110\ 0000$$

也可以用 32 位等值(双字)区域表示十进制常数。十进制常数可用的范围为

- 16 位等值数据:K－32,768～＋K 32,767;
- 32 位等值数据:K－2,147,483,648～＋2,147,483,647。

十进制负数用二进制表示是将绝对值的所有位按位取反,结果加 1。

(2)十六进制常数 H

十六进制常数可用较少的位数表示二进制数。十六进制数用 1 位数表示 4 位二进制数(bits)。十六进制常数用数据前加"H"来表示。通常高级指令或系统寄存器输入控制数据,

采用的是 16 进制常数。输入到可编程控制器的十六进制常数,在内部转换为 16 位二进制数(采用二进制的补码系统)。

【例 4-6】 当输入 HA 时,其过程表示如下:

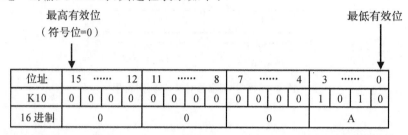

最高有效位 (符号位=0)　　　　　　　　　　　　　　　最低有效位

位址	15 …… 12	11 …… 8	7 …… 4	3 …… 0
K10	0 0 0 0	0 0 0 0	0 0 0 0	1 0 1 0
16 进制	0	0	0	A

【例 4-7】 当输入 HFFE0 时,其过程表示如下:

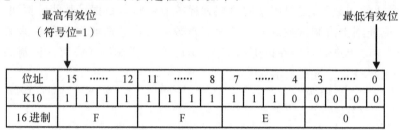

最高有效位 (符号位=1)　　　　　　　　　　　　　　　最低有效位

位址	15 …… 12	11 …… 8	7 …… 4	3 …… 0
K10	1 1 1 1	1 1 1 1	1 1 1 0	0 0 0 0
16 进制	F	F	E	0

当十六进制常数转换为二进制数的最高符号位是 1 时,该值是一个负数。二进制负数的绝对值,可以由二进制的所有位按位取反并加 1 得到。

$$HFFE0 = 1111\ 1111\ 1110\ 0000$$

↓ 1 所有位取反

$$0000\ 0000\ 0001\ 1111$$

↓ 加 1

$$|K32| = 0000\ 0000\ 0010\ 0000$$

用 32 位等值(双字)区域表示十六进制常数。十六进制常数可用的范围为

16 位等值数据:H 8000～H 7FFF(K－32768～＋32767)

32 位等值数据:H80000000～H 7FFFFFFF(K－2,147,483,648,～＋K2,147,483,647)

注意:①表中寄存器均为 16 位。表中 X,WX 和 Y,WY 均为 I/O 区继电器,可以直接和输入、输出端子传递信息。但 X 和 Y 是按位寻址的,而 WX 和 WY 只能按"字"(即 16 位)寻址。

②表中 R0～R62F 和 WR0～WR62 均为内部通用寄存器,它相当于继电接触控制电路的中间继电器,有接点,也有线圈,供用户使用。而 R9000～R903F 和 WR900～WR903 均为特殊寄存器,只有接点,没有线圈,这些寄存器均有专门的用途,用户不能主动占用,其详细介绍可见本章末附录。R 是按位寻址,WR 是按"字"寻址的。数据寄存器 DT9000～DT9067 是 FP1 内部特殊寄存器或称内部特殊继电器,其用途见本章末附录。另外,还有些寄存器是作为 PLC 系统控制设置用的,称系统寄存器,这些寄存器的用途见本章末附录。

③K 是存放十进制常数的,其值为－32768～＋32767 之间的整数。H 是用以存放 4 位十六进制常数的,其值为 0～FFFF 之间。

④X 和 Y 的编号说明如下:如 X120,即 WX12 寄存器中的第 0 号位;X12F,即 WX12

寄存器中第 F 号位。Y 的编号也与此相同。

由表中所给 X 和 Y 的数目即可知该种型号 PLC 的 I/O 点数。X 为 X0～X12F 共 208 个,Y 为 Y0～Y12F 共 208 个,即该 PLC 总共可扩展 416 点。但受外部接线端子和主机驱动能力的限制一般只用到 100～200 点,其余均可做内部寄存器用。如 FP1-C40 最大可扩到 120 点。

(二)FP1 中的数据

FP-M/FP-1 型可编程序控制器处理数据,可采用 16 位(单字)单元,也可采用 32 位(双字)单元。数据表示方法如下:

16 位数据

16 位二进制数据	十进制常数	4 位十六进制常数
0111 1111 1111 1111	K　32,767	H　7FFF
......	......	......
0000 0000 0000 0001	K　　1	H　0001
0000 0000 0000 0000	K　　0	H　0000
1111 1111 1111 1111	K　−1	H　FFFF
......	......	......
1000 0000 0000 0000	K　−32,768	H　8000

32 位数据

32 位二进制数据	十进制常数	8 位十六进制常数
0111 1111 1111 1111 1111 1111 1111 1111	K　2,147,483,647	H　7FFF FFFF
......	......	......
0000 0000 0000 0000 0000 0000 0000 0001	K　　1	H　0000 0001
0000 0000 0000 0000 0000 0000 0000 0000	K　　0	H　0000 0000
1111 1111 1111 1111 1111 1111 1111 1111	K　−1	H　FFFF FFFF
......	......	......
1000 0000 0000 0000 0000 0000 0000 0000	K　−2,147,483,648	H　8000 0000

1.可编程控制器中的数据

(1)二进制数字系统

可编程控制器中的十进制和十六进制,基本上处理成二进制补码表示的 16 位或 32 位二进制数。16 位或 32 位的最高有效位(MSB)表示数据的正、负。当 MSB 是"0"时,数据为 0 或为正数。当 MSB 是"1"时,数据是一负数。当 MSB 为"0"时,将各位的权重求和,即可将二进制数转换成十进制数。举例如下。

【例 4-8】　把 0000 0111 0100 1100 表示为十进制数。

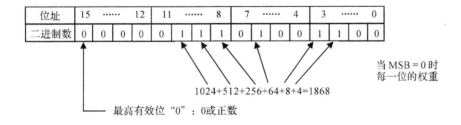

当 MSB 为"1"时，将二进制数转换成十进制负数使用的是二进制补码。举例如下。

【例 4-9】 将 1111 1111 1111 1100 表示为十进制数。

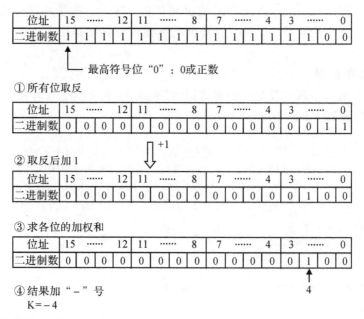

位址	15	……	12	11	……	8	7	……	4	3	……	0
二进制数	1	1	1	1	1	1	1	1	1	1	1	1	1	1	0	0

└── 最高符号位 "0"：0或正数

① 所有位取反

位址	15	……	12	11	……	8	7	……	4	3	……	0
二进制数	0	0	0	0	0	0	0	0	0	0	0	0	0	0	1	1

② 取反后加 1

位址	15	……	12	11	……	8	7	……	4	3	……	0
二进制数	0	0	0	0	0	0	0	0	0	0	0	0	0	1	0	0

③ 求各位的加权和

位址	15	……	12	11	……	8	7	……	4	3	……	0
二进制数	0	0	0	0	0	0	0	0	0	0	0	0	0	1	0	0

4

④ 结果加 "－" 号
K=－4

（2）二进制编码的十进制（BCD）码

二进制编码的十进制（BCD）码，是用二进制表示的代码之一。BCD 码的引入提供了一种数据处理方法，可十分方便地将数据输入或取出数字设备。将 BCD 码转换成十进制数易于用户掌握，而二进制数又很便于数字设备处理。只要将十进制的每一位表示为四位（bits）二进制数，就可以很容易地将十进制数转换为 BCD 码。BCD 码常用于数字开关输入数据，或将数据输送到七段显示器。

BCD 码通常是四位（bit）一组表示一位数字，这与表示十六进制常数 H 的方法相同。当BCD 码由四个位（bit）组成时，用数据加前缀 H 表示。因为每位 BCD H 码的权相同，所以，当处理 BCD H 码时，切记不能与十六进制数混淆。

【例 4-10】 用 BCD 码表示 K1993（十进制）。

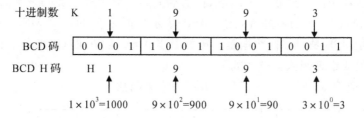

十进制数 K	1	9	9	3
BCD 码	0 0 0 1	1 0 0 1	1 0 0 1	0 0 1 1
BCD H 码 H	1	9	9	3

$1 \times 10^3 = 1000$ $\quad$ $9 \times 10^2 = 900$ $\quad$ $9 \times 10^1 = 90$ $\quad$ $3 \times 10^0 = 3$

BCD 码表

十进制	二进制编码的十进制数	
	二进制码	BCD H 码
K0	0000	H0
K1	0001	H1
K2	0010	H2
K3	0011	H3
K4	0100	H4
K5	0101	H5
K6	0110	H6
K7	0111	H7
K8	1000	H8
K9	1001	H9

注意:在十进制中,我们只使用数字 0～9,故在 BCD 编码中,因这些数字的每一位都是用一个四位(bit)的二进制数来表示的,所以其数值不能超过 1001[H9(BCD)]。与标准的二进制数相比,当位(bit)数相同时,BCD 码表示的数据范围比较小。

【例 4-11】　对单字标准的二进制数据来说,表示数据范围是 K-32,768～K+32,767,而 BCD H 表示数据范围是 H0～H9999。

对双字标准的二进制数据来说,表示数据范围是 K-2,147,483,648～K+2,147,483,647,而 BCD H 表示数据范围是 H0～H99999999。

(3)可编程控制器中的可用数据

能够被可编程控制器处理的二进制数为

16 位二进制数:K-32,768～K32,767。

32 位二进制数:K-2,147,483,648～K2,147,483,647。

能够被可编程控制器处理的 BCD 码为

4 位数(16-bit)BCD H 码:H0～H9999。

8 位数(32-bit)BCD H 码:H0～H99999999。

习题与思考题

1. 简述 PLC 的扫描工作方式。

2. 指出 CPM1A-30CDR-A 型和 FX2N-64MR 型 PLC 有多少个输入接线端和多少个输出接线端,其地址分别为多少?

3. FX2N-64MR 型 PLC 程序中某定时器线圈标注为 T100 K50,请问其定时时间为多少?

4. 某控制系统有 16 个输入信号和 10 个输出信号,请问能否用 CPM1A-20CDR-A 加一个扩展单元 CPM1A-20EDR 来实现?为什么?

5. 简述 FP1 型 PLC 按 I/O 点数和结构形式可分为几类?

第 5 章　可编程控制器指令系统及编程

可编程控制器是通过运行程序来实现控制功能的,指令系统是程序设计的基础和依据。但到目前为止,众多的 PLC 厂家生产的产品所用的编程语言互不兼容,指令系统各成体系,虽然同一个国家生产的 PLC,如日本的 OMRON、三菱、松下等品牌的产品其指令功能大同小异,但仍然是不通用的,这就给用户使用不同的产品带来了不便。本章通过 OMRON 的 CPM1A 型和三菱的 FX2N 系列 PLC 所用的编程语言为例来介绍 PLC 的指令系统及编程方法。

5.1　梯形图语言

PLC 有多种编程语言,绝大多数 PLC 都将梯形图作为其编程语言。梯形图语言是在继电器控制线路的基础上演变而来的,与原有的继电器逻辑控制技术和电气操作原理基本一致。

梯形图语言沿用了传统的继电器控制系统中的触点、线圈、串并联等术语,图形的画法与继电器电气原理图相似,只是表示符号不同。

1. 继电器原理图与梯形图对应关系

图 5-1 为继电器原理图与梯形图中所用图符的对比关系。

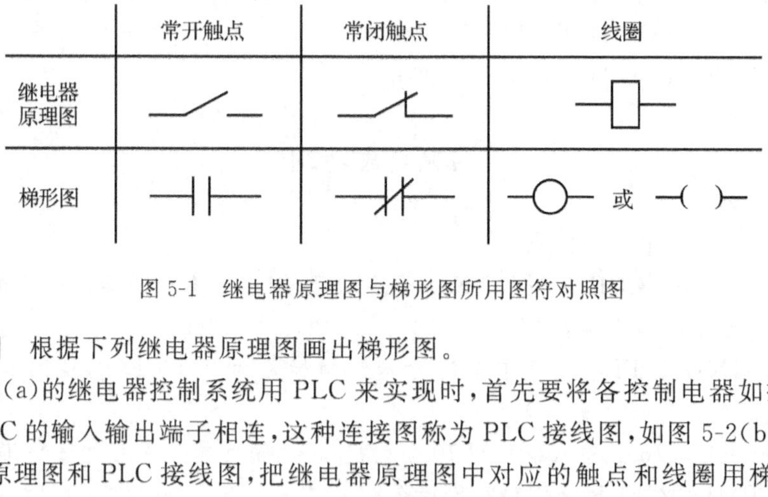

	常开触点	常闭触点	线圈
继电器原理图			
梯形图			

图 5-1　继电器原理图与梯形图所用图符对照图

【例 5-1】　根据下列继电器原理图画出梯形图。

当图 5-2(a)的继电器控制系统用 PLC 来实现时,首先要将各控制电器如按钮、接触器线圈等与 PLC 的输入输出端子相连,这种连接图称为 PLC 接线图,如图 5-2(b)所示。然后根据继电器原理图和 PLC 接线图,把继电器原理图中对应的触点和线圈用梯形图符号代替,就很容易画出梯形图,如图 5-2(c)所示。画梯形图时,程序内容画在垂直两条母线之间,左母线为高电位端,输入继电器触点安排在左侧,输出元件画在最右端。

图(b)中,SB2,SB3 接在 PLC 的输入端,在编程时用输入继电器 00001(X1)和 00002

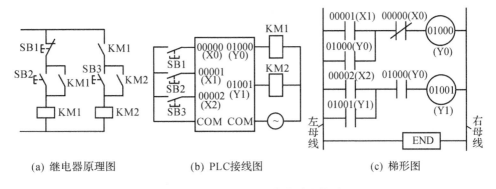

(a) 继电器原理图　　　(b) PLC接线图　　　(c) 梯形图

图 5-2　从继电器原理图直接转为梯形图

(X2)表示,是常开触点;SB1用输入继电器00000(X0)表示,是常闭触点;

KM1,KM2接在PLC的输出端,用输出继电器01000(Y0)和01001(Y1)表示,输出元件为线圈。

梯形图结束要用END表示。

梯形图的书写顺序是先左后右,自上而下,PLC也按此顺序执行程序,梯形图中触点可以串联或并联,但输出线圈不能串联只能并联。

例5-1中继电器控制线路与对应的PLC等效电路如图5-3所示。

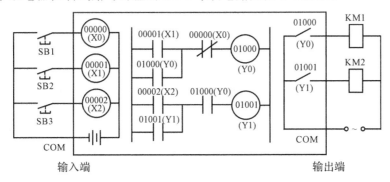

输入端　　　　　　　　　　　　　　　　　　　输出端

图 5-3　PLC等效电路

2. 梯形图的设计原则

(1)梯形图按自上而下、从左到右的顺序排列,每个继电器线圈为一逻辑行,每个逻辑行起于左母线,经过触点、线圈,止于右母线。

注意:(a)左母线与线圈之间一定要有触点。

(b)线圈与右母线之间不能有任何触点。

(c)每个逻辑行最后都必须是继电器线圈。

图5-4的画法均不正确。

(2)一般情况下,梯形图中某个编号的继电器线圈只能出现一次,不允许有双线圈输出,一旦出现双线圈现象,应把其前面的触点并联,而继电器触点可用无限次。如图5-5(a)的画法不正确,应改为图5-5(b)所示的画法。

(3)在某线圈前面有多条支路并联时,应将单个触点的支路放在下方,而将有多个触点串联的电路放在上方,这样可以减少存储单元。如图5-6(a)所示的画法不合理(但是允许

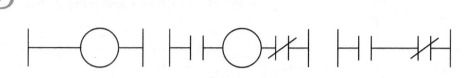

图 5-4　错误的梯形图画法

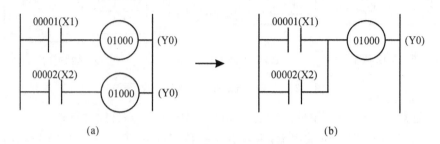

图 5-5　双线圈的处理

的），应当改为图（b）所示的画法。

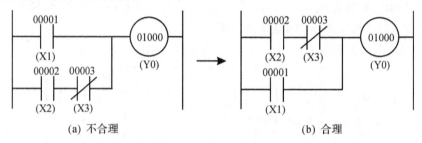

图 5-6　多个并联支路的处理

（4）在每个逻辑行中，并联触点多的电路应放在左边，这样做可减少编程语句，节约存储单元。如图 5-7（a）所示的画法不合理，应改为如图（b）所示的画法。

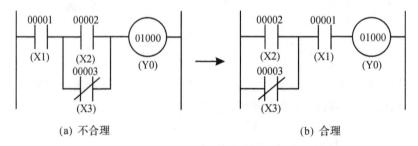

图 5-7　多个串联电路的处理

（5）在梯形图中，不允许一个触点上有双向"电流"流过，如图 5-8（a）所示的桥式电路应作适当的变换画成如图（b）所示的电路才可编程。

（6）在设计梯形图时，输出线圈不能是输入继电器 IR 或特殊继电器 SR。

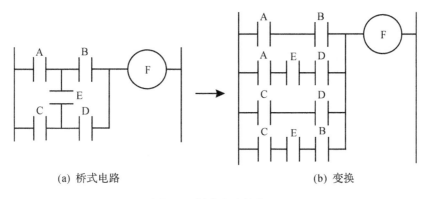

|(a) 桥式电路|(b) 变换|

图 5-8　桥式电路的处理

5.2　OMRON CPM1A 型 PLC 指令系统

　　CPM1A 型 PLC 共有 93 种指令,其中基本指令 14 种,功能指令 79 种。基本指令在编程器上备有指令输入键,功能指令在编程器上没有对应的输入键,这些指令必须通过功能号输入。本节介绍 CPM1A 型 PLC 中最常用的基本指令和功能指令的使用方法。

5.2.1　基本指令

1.逻辑读取、取反、输出线圈指令(LD,LD NOT,OUT)(见表 5-1,图 5-9)

表 5-1

梯形图	指　令	功　　能	操作元件
┤├	LD	读取第一个常开触点	00000~01915,20000~25507,HR0000~1915, AR0000~1515,LR0000~1515,T/C000~127, TR0~TR7(仅使用于 LD 指令)
┤╱├	LD NOT	读取第一个常闭触点	
─○	OUT	输出线圈	01000~01915,20000~23115,HR0000~1915, AR0000~1515,LR0000~1515,TR0~TR7

　　注:从左母线开始的第一个触点都要用 LD 或 LD NOT 指令,OUT 指令不能用于输入继电器(IR)。

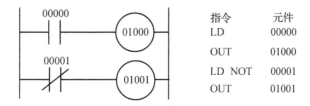

图 5-9　LD,LD NOT,OUT 指令的应用

2. 触点串联指令(AND,AND NOT)(见表 5-2,图 5-10)

表 5-2

梯形图	指 令	功 能	操作元件
⊢⊣⊢⊣⊢	AND	串联一个常开触点	0000～01915,20000～25507,HR0000 ～ 1915,AR0000 ～ 1515,LR0000 ～ 1515,T/C000～127
⊢⊣⊢/⊢	AND NOT	串联一个常闭触点	

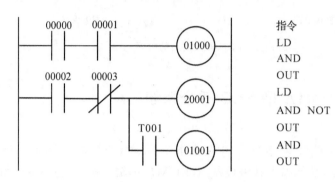

图 5-10 AND,AND NOT 指令的应用

3. 触点并联指令(OR,OR NOT)(见表 5-3,图 5-11)

表 5-3

梯形图	指 令	功 能	操作元件
	OR	与一个常开触点并联	00000～01915,20000～25507,HR0000～ 1915,AR0000～1515,LR0000～1515,T/ C000～127
	OR NOT	与一个常闭触点并联	

4. 电路块串、并联指令(AND LD,OR LD)(见表 5-4)

表 5-4

梯形图	指 令	功 能	操作元件
	AND LD	并联电路块的串联	无
	OR LD	串联电路块的并联	无

两个或两个以上触点并联的电路称为并联电路块。电路块串联指令 AND LD 又称为电路块与指令,其功能是将两个并联电路块串联,如图 5-12 所示。

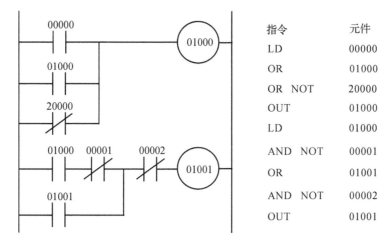

图 5-11 OR,OR NOT 指令的应用

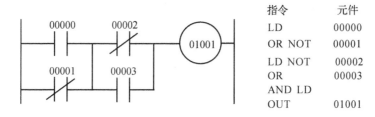

图 5-12 电路块与指令 AND LD 的应用

两个或两个以上触点串联的电路称为串联电路块。电路块并联指令 OR LD 又称为电路块或指令,其功能是将两个串联电路块并联,如图 5-13 所示。

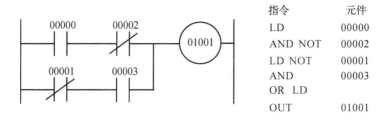

图 5-13 电路块或指令 OR LD 的应用

三个以上电路块串联或并联时,AND LD 和 OR LD 指令有两种写法:分置法和后置法,但使用这些指令时,电路块串联或并联个数最多为 8 个,如图 5-14 所示。

5.置位和复位指令(SET,RSET)(见表 5-5)

表 5-5

梯形图	指令	功　能	操作元件
SET	SET	动作接通并保持 ON	01000 ～ 01915,20000 ～ 25507, HR0000 ～ 1915,AR0000 ～
RSET	RSET	动作断开为 OFF	1515,LR0000～1515

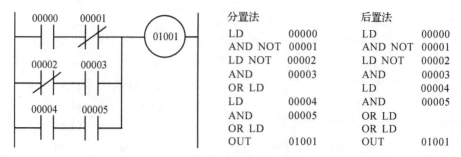

图 5-14 三个以上电路块并联时 OR LD 的用法

置位指令 SET 的功能是当输入信号来一个 ON 脉冲时,被驱动的继电器线圈接通并保持。复位指令 RSET 的功能是当输入信号来一个 ON 脉冲时,被驱动的继电器线圈断开。

SET 和 RSET 指令的应用如图 5-15 所示。

图 5-15 SET 和 RSET 指令的应用

6. 定时器指令(TIM,TIMH)

TIM 是一个定时精度为 0.1s 的普通定时器,TIMH 是一个定时精度为 0.01s 的高速定时器。

定时器线圈的梯形图符号为:

其中:×××为 000～127,设定值为♯0000～9999(BCD),对应于定时时间为 TIM:0～999.9s,TIMH:0～99.99s。设定值也可为通道号,具体定时时间由该通道内容来定,通道内的数据必须为 BCD 码,否则出错标志 25503 为 ON。

定时器指令的用法如图 5-16 所示。

程序说明:

当输入继电器 00000 线圈接通,00001 线圈断开时,定时器 T000 开始计时,定时 15s 以后,T000 触点接通,输出继电器 01000 接通。当 00002 线圈接通后,定时器 T001 开始计时,计时时间为 201 通道中的内容乘以 0.1s。例如:201 通道中的内容为 0800,则定时时间为 0800×0.1s＝80s,即延时 80s 后 T001 接通,输出继电器 01001 接通。

通道内容作为定时器的设置值时,这些通道可以是 000～019,200～255,HR00～HR19,AR00～AR15,LR00～LR15,DM0000～DM1023,DM6144～DM6655,通道中内容为 4 位 BCD 码。

高速定时器指令 TIMH 的使用方法同 TIM 指令,唯一的区别在于它是一个定时精度为 0.01s 的高速定时器,定时时间为 0～99.99s。

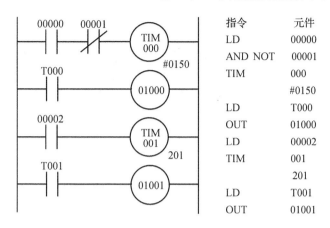

图 5-16 定时器指令 TIM 的应用

7.计数器指令(CNT,CNTR)

计数器线圈的梯形图符号如下：

其中:CP——计数信号输入端；

R——复位端；

×××——计数器编号,为 000～127；

设定值——计数个数设定值,设置值为 0000～9999 或通道号(可用通道同定时器)。

计数器是减法计数器,CP 为计数脉冲输入端,每来一个脉冲,计数器的当前值减 1,当减到 0 时,计数器的常开触点闭合,常闭触点断开。R 为复位端,当 R 端接通时,计数器复位,返回设定值。

计数器的编程顺序是:计数脉冲输入端 CP → 复位端 R → 计数器线圈。

如图 5-17 所示为计数器编程举例。

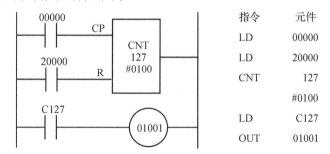

图 5-17 计数器指令 CNT 的应用

图 5-17 的工作过程为:当计数脉冲输入端 00000 输入 100 个脉冲后,计数 100 次到,计数器 C127 线圈得电,C127 的常开触点闭合,输出继电器 01001 线圈接通。当复位端的输入信号 20000 为 ON 时,计数器复位,C127 线圈失电,输出继电器 01001 断开。其时序图如

图 5-18 所示。

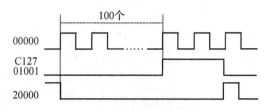

图 5-18　时序图

注：当计数信号 CP 与复位信号 R 同时到达时,复位信号优先。

另外还有可逆计数器指令 CNTR,其功能是当 ACP 端来一个脉冲,则计数值加 1；当 SCP 端来一个脉冲,则计数值减 1。

定时器当电源断电时,定时器复位；计数器当电源断电时,计数器当前值保持不变,故计数器有掉电保持功能,只有当 R 端来一高电平脉冲后才会复位。同一程序中不能出现同一编号的定时器和计数器,如 T001 和 C001 不能同时使用。

【例 5-2】　根据梯形图,写出指令表程序(见图 5-19)。

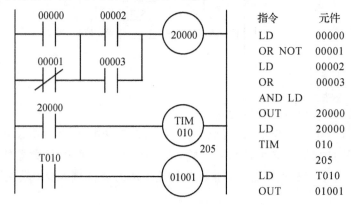

图 5-19　例 5-2 梯形图及指令表程序

5.2.2　功能指令

PLC 指令可通过编程器输入到 PLC 中,上述基本指令在编程器上都能找到相应的键。除了这些基本指令外,CPM1A 型 PLC 其余的指令在编程器上找不到对应的按键,这些指令需要通过功能键 FUN 加两位数字键输入,如 FUN(01),括号内的 01 表示功能号,故这些指令也称为功能指令。

常用的功能指令有：

1. 空操作指令 NOP(00)(见表 5-6)

表 5-6

梯形图	指　　令	功　　能	操作元件
─┤ NOP ├─	NOP	无动作	无

此指令无功能,CPU 执行该指令时,不作任何逻辑操作,只占用程序存储器的一个地

址。该指令的用处是在程序输入时预留地址,以便调试程序时插入指令,还可用于短暂的延时。另外当全部程序被清除时,所有指令均为 NOP。

2.程序结束指令 END(01)(见表 5-7)

表 5-7

梯形图	指　令	功　　能	操作元件
┤├─ END	END	输入/输出处理,程序返回到开始	无

END 的功能是程序结束。每个程序的最后一条指令都必须是 END 指令,否则将会出错。在程序调试时,可在程序段中插入 END 指令,用于分段调试,当调试通过后再将其删除,只保留最后一个 END 指令。

3.互锁指令 IL(02)和解锁指令 ILC(03)

互锁指令 IL 的功能是程序分支的起始点,解锁指令 ILC 表示分支程序段结束。IL 和 ILC 指令成对使用,其梯形图如图 5-20 所示。

IL 作为条件判断指令,与 LD 指令连用,当 IL 的条件为 ON 时,则 IL 与 ILC 之间的程序正常执行;若 IL 的条件为 OFF 时,IL 与 ILC 之间的程序仍被执行,程序段中所有输出继电器 OR、辅助继电器 MR 和定时器 TIM 线圈全部断电,而计数器 CNT、保持继电器 HR 和移位寄存器保持当前状态。

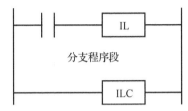

图 5-20　IL/ILC 指令的梯形图格式

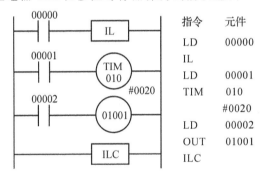

图 5-21　IL/ILC 指令的应用

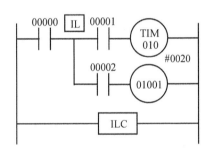

图 5-22　IL/ILC 指令的另一种画法

在图 5-21 的梯形图中,当触点 00000 闭合时,IL 有效,此时 IL 与 ILC 之间的程序段与无 IL 和 ILC 指令时一样正常操作。当触点 00000 断开时,IL 无效,若此时 00001 和 00002 触点闭合,线圈 T010 和 01001 均不得电,T010 处于复位状态。图 5-21 的梯形图也可形象地画成如图 5-22 所示的形式。

IL 与 ILC 指令通常成对使用,如果梯形图一行有多个分支点,也可以将多个 IL 指令与一个 ILC 指令配合使用,因为所有的 IL 指令都被一个 ILC 指令清除,这时在检查程序时,编程器上会显示 IL-ILC-ERR 错误,这不影响 PLC 程序的正常运行。但不允许把 IL-ILC 嵌套使用,如 IL-IL-ILC-ILC。如图 5-23 所示的梯形图就是 IL-IL-ILC 的形式。

暂存继电器 TR 必须和 LD,OUT 指令配合使用(见图 5-24),TR 继电器共有 8 个,为

TR0～TR7,每个 TR 的使用次数不限,但在同一程序段中不能使用同一编号的暂存继电器。

若在分支点之后,支路未经触点而直接连接继电器线圈输出时,则只能使用 TR,而不能使用 IL/ILC 指令,如图 5-25 所示。

4.跳转指令JMP(04)和跳转结束指令JME(05)

JMP 和 JME 指令也必须成对使用,且跳转开始与跳转结束的编号要一致。如图 5-26 所示,为 JMP/JME 指令格式。JMP/JME 指令与 IL/ILC 指令的区别在于:JMP/JME 指令当 JMP 指令前

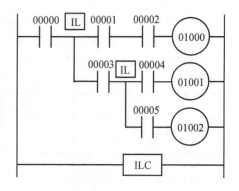

图 5-23 IL-IL-ILC 指令的应用

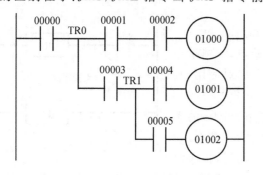

指令	元件	指令	元件
LD	00000	OUT	TR1
OUT	TR0	AND	00004
AND	00001	OUT	01001
AND	00002	LD	TR1
OUT	01000	AND	00005
LD	TR0	OUT	01002
AND	00003		

图 5-24 暂存继电器 TR 指令的应用

指令	元件	指令	元件
LD	00000	LD	TR0
OUT	TR0	AND	00005
OUT	01000	OUT	01002
LD	TR0		
AND	00003		
OUT	01001		

图 5-25 不能使用 IL/ILC 指令的梯形图

面的触点断开时,跳过该程序段,这部分程序不执行,程序段中的所有继电器状态都保持不变,而 IL/ILC 指令当 IL 指令前面的触点断开时,仍然执行该程序段,程序段中的所有继电器状态会发生变化。跳转指令的应用如图 5-27 所示。

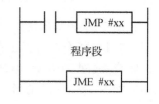

图 5-26 JMP/JME 指令格式

当触点 00000 接通时,程序同没有 JMP/JME 指令时相同,当00000 断开时,程序跳过 JMP/JME 之间的程序段,直接执行 JME 后面的程序,JMP/JME 之间的所有继电器都保持 00000 断开前的状态不变,无论 00002 触点是接通还是断开,定时器 T010 既不计时也不复位。

JMP/JME 指令适用于控制某些需要输出保持的设备,如气动装置和液压系统;IL/ILC 指令适用于控制不需要输出保持的设备,如电子装置。

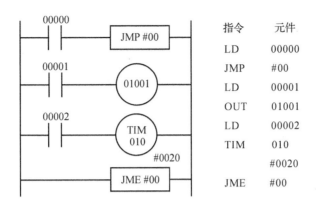

图 5-27　JMP/JME 指令的应用

5.上升沿微分指令 DIFU(13)和下降沿微分指令 DIFD(14)(见表 5-8)

表 5-8

梯形图	指令	功　能	操作元件
├┤├─[DIFU□]─	DIFU	上升沿微分输出	01000～01915,20000～25507, HR0000～1915, AR0000～ 1515,LR0000～1515
├┤├─[DIFD□]─	DIFD	下降沿微分输出	

DIFU 的功能是当输入信号由 OFF 变为 ON 时,被驱动的继电器线圈接通一个扫描周期。DIFD 的功能是当输入信号由 ON 变为 OFF 时,被驱动的继电器线圈接通一个扫描周期。

DIFU 和 DIFD 指令的应用如图 5-28 所示。

图 5-28　DIFU 和 DIFD 指令的应用

6.保持指令 KEEP(11)(见表 5-9)

表 5-9

梯形图	指令	功　能	操作元件
S├─[KEEP]─ R├	KEEP	线圈接通并保持	01000～01915, 20000～25507, HR0000～1915, AR0000～1515, LR0000～1515

其功能相当于一个锁存器,它是置位和复位指令的组合。当置位信号 S 和复位信号 R 同时到达时,复位信号优先。KEEP 指令的编程顺序是:置位端 S、复位端 R、输出线圈。该指令应用如图 5-29 所示。

197

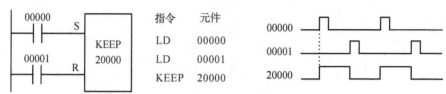

图 5-29 KEEP 指令的应用

7. 移位寄存器指令 SFT(10)(见表 5-10)

表 5-10

梯形图	指令	功　能	操作元件
IN SET SP C1 R C2	SFT	在 SP 端来一个脉冲,通道 C1 到 C2 中所有位左移一位,并将 IN 端的状态移入通道 C1 的最低位	000～019,200～252,HR00～19,AR00～15,LR00～15

SFT 指令的功能是将指定通道内的数据按位移位,相当于一个串行左移移位寄存器,可用于单方向顺序控制。

SFT 指令工作过程为:当复位端 R 为低电平时,时钟端 SP 每接收一个脉冲信号上升沿时,IN 端的状态就被移入通道 C1 中的最低位,通道 C1 到 C2 中的所有数据都依次左移一位,C2 中的最高位丢失。

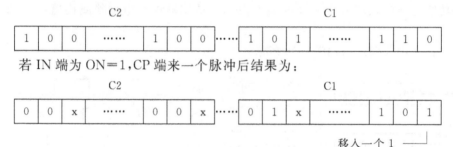

若 IN 端为 ON=1,CP 端来一个脉冲后结果为:

```
     C2                            C1
| 0 | 0 | x | …… | 0 | 0 | x |…… | 0 | 1 | x | …… | 1 | 0 | 1 |
                                 移入一个 1
```

当复位输入端 R 为 ON 时,从 C1 到 C2 中的每一位都复位为 0,其中 C1 到 C2 必须是同一类型的继电器,且 C2≥C1。

SFT 的编程顺序为:数据输入端 IN、时钟脉冲输入端 SP、复位端 R、移位寄存器线圈、通道 C1 和通道 C2。SFT 指令的应用如图 5-30 所示。

【例 5-3】 分析如图 5-31 所示梯形图的工作原理。

图 5-31 所示的梯形图程序在第一个扫描周期,25315 为 ON,200 通道清 0,16 个继电器全断开,这时 20000,20001 和 20002 的常闭触点闭合,所以 SFT 的输入端 IN=1,当 25502 来第一个脉冲时,IN 的状态 1 移入 20000 中,原来 20000～20002 的状态左移一位,成为图 5-31 右表中第二行所示,由于这时 20000=1,所以其常闭触点断开,IN=0。直到第 4 个脉冲到来后,"1"移到 20003,这时 20000～20002 的常闭触点又全接通,IN=1,如此循环,这样输出 01000 的状态就成为 3s OFF,1s ON。

该梯形图的 SP 每来一个脉冲,200 通道中前 4 个继电器 20000～20003 按顺序接通一个,因此该程序常用于顺序控制系统中。

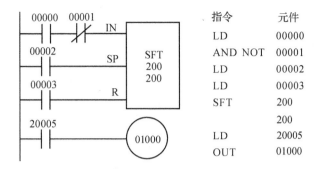

图 5-30　SFT 指令的应用

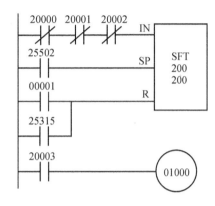

图 5-31　SFT 指令应用实例

8. 传送指令 MOV(21)(见表 5-11)

表 5-11

梯形图	指令	功　　能	操作元件
MOV S D	MOV	将源通道 S 中的数据传送到目标通道 D 中	S:000～019,200～255,HR00～19,AR00～15,LR00～15,＃0000～FFFF,DM0000～1023,6144～6655 D:010～019,200～252,HR00～19,AR00～15,LR00～15,DM0000～1023

　　MOV 指令的功能是将源通道的内容传送到目标通道中去,每次传送 16 位(见图 5-32)。

　　学习了 MOV 指令后,就可知道,各通道内的数据可通过这个指令预先设置。

　　9. 步进指令 STEP(08)/ SNXT(09)

　　该指令到后面第 4.5 节结合编程时再介绍。

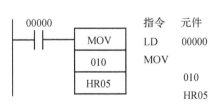

图 5-32　MOV 指令的应用

5.3 三菱 FX2N 系列 PLC 指令系统

FX2N 系列 PLC 共有基本指令 27 条,步进指令 2 条,功能指令 128 条。基本指令在编程器上有对应指令输入键,功能指令在编程器上没有对应的输入键,这些指令必须通过功能键输入,如 FUN(01),其中括号内的 01 表示功能号。

PLC 指令的写法一般是指令+操作元件,如 LD X000,其中 LD 为指令,X000 为操作元件,X000 也可写为 X0。

5.3.1 基本指令

1.逻辑读取、取反、输出线圈指令(LD,LDI,OUT)(见表 5-12)

表 5-12

梯形图	指 令	功 能	操作元件
⊣├	LD	读取第一个常开触点	X,Y,M,S,T,C
⊣/├	LDI	读取第一个常闭触点	X,Y,M,S,T,C
─○	OUT	输出线圈	Y,M,S,T,C

由于输入继电器线圈只能由外部输入信号驱动,不能通过程序驱动,因此 OUT 指令的操作元件不能为 X。图 5-33 为这些指令的应用实例,根据左边的梯形图写出其对应的指令表。

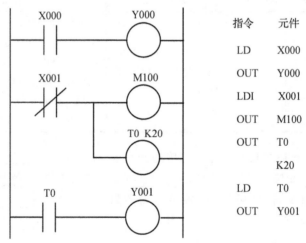

图 5-33 LD,LDI,OUT 指令的应用

2.触点串联指令(AND,ANI)(见表 5-13,图 5-34)

表 5-13

梯形图	指　令	功　　能	操作元件
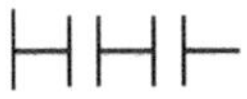 ⊣├┤├⊢	AND	串联一个常开触点	X,Y,M,S,T,C
 ⊣├┤╱├	ANI	串联一个常闭触点	X,Y,M,S,T,C

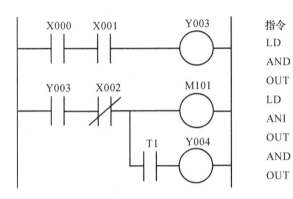

指令	元件
LD	X000
AND	X001
OUT	Y003
LD	Y003
ANI	X002
OUT	M101
AND	T1
OUT	Y004

图 5-34　AND,ANI 指令的使用

3.触点并联指令(OR,ORI)(见表 5-14,图 5-35)

表 5-14

梯形图	指　令	功　　能	操作元件
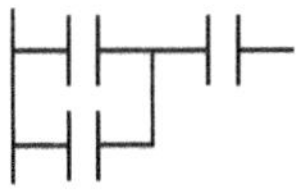 并联常开	OR	与一个常开触点并联	X,Y,M,S,T,C
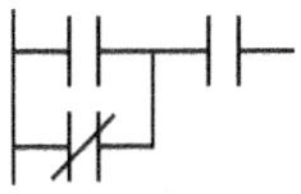 并联常闭	ORI	与一个常闭触点并联	X,Y,M,S,T,C

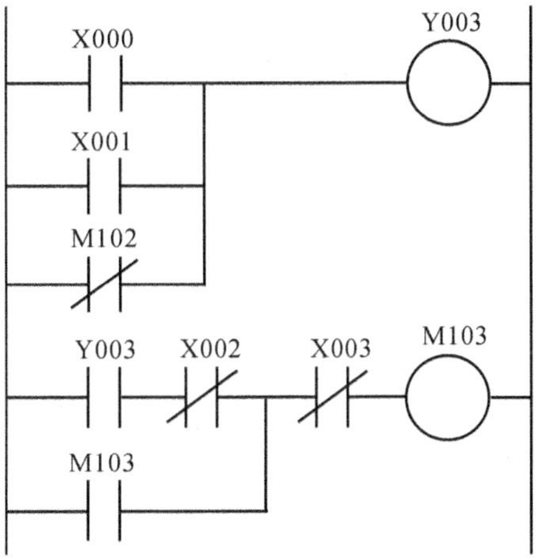

指令	元件
LD	X000
OR	X001
ORI	M102
OUT	Y003
LD	Y003
ANI	X002
OR	M103
ANI	X003
OUT	M103

图 5-35　OR,ORI 指令的使用

4. 电路块串、并联指令(ANB,ORB)(见表 5-15,图 5-36)

表 5-15

梯形图	指　令	功　　能	操作元件
	ANB	并联电路块的串联	无
	ORB	串联电路块的并联	无

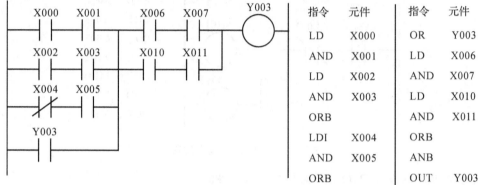

图 5-36　ANB,ORB 指令的使用

ANB 和 ORB 指令是不带操作元件的指令。两个或两个以上触点串联或并联的电路称为电路块。单个触点与前面电路并联或串联时不能用电路块指令,如图 5-36 中的触点 Y003 与上面的电路块之间是"或"的关系,而不是"电路块或"。ANB 和 ORB 指令的连续使用次数最多为 8 次。

5. 分支电路指令(MPS/MRD/MPP)(见表 5-16)

表 5-16

梯形图	指　令	功　　能	操作元件
	MPS	进栈	无
	MRD	读栈	无
	MPP	出栈	无

这组指令分别为进栈、读栈、出栈指令,用于带分支的多路输出电路。MPS 和 MPP 必须成对使用,且连续使用次数应少于 11 次。MPS 将分支开始处的状态存入堆栈,在分支最后一行使用 MPP 指令将数据弹出堆栈。进栈和出栈指令遵循先进后出、后进先出的次序。

【例 5-4】　单个分支程序中 MPS/MRD/MPP 指令的应用(见图 5-37)。

【例 5-5】　多个分支程序中 MPS,MPP 指令的应用(见图 5-38)。

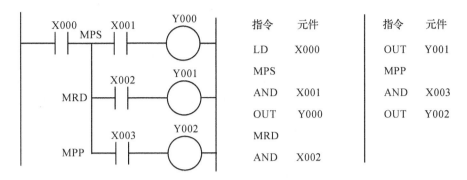

图 5-37　单个分支程序中 MPS/MRD/MPP 指令的应用

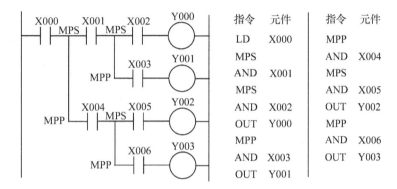

图 5-38　多个分支程序中 MPS/MPP 指令的应用

6. 主控触点（MC/MCR）（见表 5-17）

表 **5-17**

梯形图	指　令	功　能	操作元件
┤├ MC Nx Y M	MC	主控电路块起点	M 除特殊继电器外
MCR Nx	MCR	主控电路块终点	

MC 为主控指令，用于公共串联触点的连接，MCR 为主控复位指令。当梯形图中有多个线圈同时受一个或一组触点控制时，可将该触点或该组触点与 MC/MCR 指令来减少存储单元，具体见例 5-6。

【例 5-6】　MC/MCR 指令的使用（见图 5-39）。

例 5-6 中，当输入 X000 为 ON 时，执行从 MC 到 MCR 的指令，Y001 和 Y002 分别在 X001 和 X002 为 ON 时接通。当输入 X000 为 OFF 时，Y001 和 Y002 均断开。积算式定时器、计数器、用 SET/RST 指令驱动的元件，在 MC 触点断开后可以保持断开前状态不变。

MC 指令后，母线移到 MC 触点之后，主控指令 MC 后面的任何指令均以 LD 或 LDI 指令开始，MCR 指令使母线返回。通过更改 M 的地址号，可以多次使用 MC 指令，从而形成多个嵌套级，嵌套级 N 的编号由小到大，返回时使用 MCR 指令，从大嵌套开始复位。

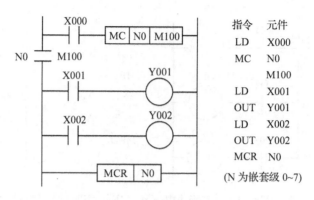

图 5-39　MC/MCR 指令的使用

7. 置位和复位指令(SET,RST)(见表5-18,图5-40)

表 5-18

梯形图	指　令	功　能	操作元件
┤├ SET	SET	动作接通并保持	Y,M,S
┤├ RST	RST	动作断开,寄存器清零	Y,M,S,T,C,D,V,Z

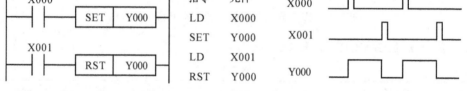

图 5-40　SET 和 RST 指令的使用

8. 上升沿微分和下降沿微分指令(PLS,PLF)(见表5-19)

表 5-19

梯形图	指　令	功　能	操作元件
┤├ PLS	PLS	上升沿微分输出	Y,M
┤├ RST	PLF	下降沿微分输出	Y,M

　　PLS/PLF 指令为脉冲输出指令,分别表示在输入信号的上升沿/下降沿到来时,输出线圈接通一个扫描周期时间。

9. 空操作指令(NOP)(见表5-20)

表 5-20

梯形图	指　令	功　能	操作元件
┤ NOP	NOP	无动作	无

NOP 指令不执行任何动作,当将全部程序清除时,全部指令均为 NOP。

10. 程序结束指令(END)(见表 5-21)

表 **5**-21

梯形图	指　令	功　能	操作元件
─[END]	END	输入/输出处理,程序返回到开始	无

END 为程序结束指令。用户在编程时,可在程序段中插入 END 指令进行分段调试,等各段程序调试通过后删除程序中间的 END 指令,只保留程序最后一条 END 指令。每个 PLC 程序结束时必须用 END 指令,若整个程序没有 END 指令,则编程软件在进行语法检查时会显示语法错误。

5.3.2　功能指令

由于功能指令较多,这里只介绍几条常用的功能指令的用法,其余的可查阅有关手册。

1. 跳转指令 CJ(00)

CJ 称为条件跳转指令,跳转到的位置标号为 P0～P127。

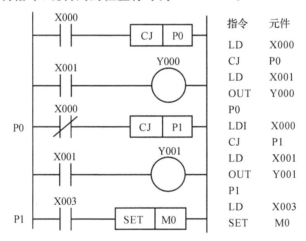

指令	元件
LD	X000
CJ	P0
LD	X001
OUT	Y000
P0	
LDI	X000
CJ	P1
LD	X001
OUT	Y001
P1	
LD	X003
SET	M0

图 5-41　CJ 指令的应用

在图 5-41 中,当 X000 为 ON 时,程序跳转到 P0 处,被跳过的程序不执行,即无论 X001 为 ON 还是 OFF,Y000 均保持 X000 为 ON 之前的状态。当 X000 为 OFF 时,程序按指令顺序执行,当执行到 P0 标号处时,由于 X000 常闭触点为接通,程序就跳到标号为 P1 处,此时 Y001 线圈不受 X001 控制,该行程序不执行。

2. 数据传送指令 MOV(12)(见表 5-22)

表 5-22

指令名称	助记符	指令代码	操作数	
			S(*)	D(*)
传送	MOV	FNC 12	K，H，KnX，KnY，KnM，KnS，T，C，D，V，Z	KnY，KnM，KnS，T，C，D，V，Z

MOV 指令是将源操作数内的数据传送到目标操作数内,即[S]→[D]。其中 S 一般以字为单位操作,因此在这里首先介绍几个基本概念。

(1)位元件和字元件

前面我们学过的继电器如 X,Y,M,S 等只有 ON 和 OFF 两种状态,用数字表示为 1 和 0,我们称之为位元件。另一种由多位数据组成的元件称为字元件,如 D,T,C 等。功能指令处理的大多数元件为字元件,为使 X,Y,M,S 也能以字为单位进行处理,往往将多个位元件按一定规律组合成字元件,组合时,每连续 4 位位元件组成一组,用符号 Kn 表示,其中 n 表示组数。16 位数据用 K1～K4,32 位数据用 K1～K8。例如:K2X0 表示由 X7,X6,X5,X4,X3,X2,X1,X0 这 8 个位元件组成二进制 8 位数据,当执行 MOV K2X0 D10 指令时,就将从 X7 到 X0 这 8 位二进制数送入 D10,由于 D10 是十六位的寄存器,当送入的数据为 8 位时,自动存入低八位,而高八位补 0。

每个字元件以 4 位为一组,因此不同位数的字表示方法不同,如 K1Xn,K1Yn 表示四位的字,K2Xn,K2Mn 表示 8 位的字,K4Xn,K4Yn 等表示 16 位的字,K8Yn,K8Mn 表示 32 位的字。组成字时要注意位元件的制式,输入继电器 X 和输出继电器 Y 是八进制,其余都是十进制的。

(2)变址寄存器 V 和 Z 的使用方法

变址寄存器 Vn 和 Zn 是 16 位的寄存器,n 为 0～7,Vn 有 V0～V7 八个,Zn 有 Z0～Z7 八个。在传送、比较等指令中用来改变操作数的地址。使用时将 V,Z 放在各种寄存器的后面充当后缀,操作数的实际地址就是寄存器当前值和 V 或 Z 内容之和。当进行 32 位运算时,将 V 和 Z 结合使用,指定 Z 为低 16 位,而 V 自动充当高 16 位。当不作为变址寄存器时,V 和 Z 可当作普通数据寄存器使用。可以用变址寄存器进行变址的软元件有 X,Y,M,S,P,T,C,D,K,H,KnX,KnY,KnM,KnS。当源或目标寄存器的表示方法为(S *)或(D *)时,说明该指令可以使用 V 或 Z 后缀来改变元件地址。如用指令 MOV D5V1 D10Z2,当 V1=8,Z2=14 时,D5V1=D(5+8)=D13,D10Z2 = D(10+14)=D24,则该指令就是将 D13 中的数据送到 D24 中去。

在图 5-42 中,第一行指令将变址寄存器 V1 赋值为 10,Z2 赋值为 20,第二行指令将数据 100 送入 D15 中,第三行指令将 Y17～Y10 和 Y7～Y0 的内容传送到 D28 中去。

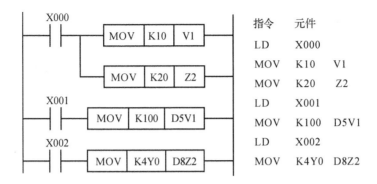

图 5-42　MOV 指令及变址寄存器的应用

3.比较指令 CMP(10)(见表 5-23)

表 5-23

指令名称	助记符	指令代码	操　作　数		
			S1(＊)	S2(＊)	D(＊)
比较	CMP	FNC 10	K,H,KnX,KnY,KnM,KnS,T,C,D,V,Z		Y,M,S

比较指令 CMP 的功能是对两个数据[S1]和[S2]进行代数比较,然后根据比较的结果是大于、等于或小于,分别对指定的相邻三个目标软元件进行置位或清零操作。

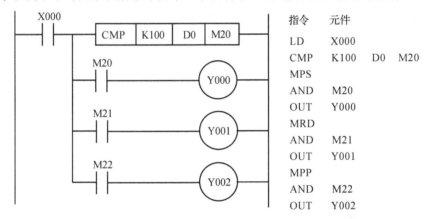

图 5-43　CMP 指令的应用

在图 5-43 的程序中,将数 100 与 D0 中的内容去比较,若 100＞(D0),则 M20 接通,输出 Y0 为 ON;若 100 ＝(D0),则 M21 接通,输出 Y1 为 ON;若 100＜(D0),则 M22 接通,输出 Y2 为 ON。总之,执行了 CMP 指令后,被指定的连续 3 个软元件中只有一个为 ON,其余两个为 OFF。

5.4　松下 FP1 系列 PLC 指令系统

　　FP1 可编程控制器具有丰富的指令系统。C14,C16 型机有 126 条指令;C24,C40 型机有 191 条指令;C56,C72 型机有 192 条指令。

　　FP1 的指令系统,按其功能可分为基本指令和高级指令。基本指令的功能主要是完成逻辑运算、定时、计数、移位、程序的流程控制等。高级指令的功能主要是完成数据传输、二进制数运算、BCD 算术运算、数据比较、数据的转换、数据的移位、高速计数以及其他一些特殊的功能等。

　　指令主要按以下类型分类:

　　1. 基本指令

　　这是以位(bit)为单位的逻辑操作,是构成继电器控制电路的基础,如表 5-24 所示。

　　2. 功能指令

　　①基本功能指令　产生定时,计数和移位。有定时器、计数器和移位寄存器指令,如表 5-25 所示。

　　②控制指令　控制程序的执行顺序和流程,如表 5-26 所示。

　　③比较指令　进行数据比较,如表 5-27 所示。

　　注意:表中标 A 表示可用,不标表示不可用,本章各表都采用该符号。

表 5-24　基本顺序指令

名称	助记符	说　　明	步数	可用性		
				FP1		
				C14/C16	C24/C40	C56/C72
				FP-M		
				—	2.7K 型	5K 型
初始加载	ST	以常开接点开始一个逻辑操作	1	A	A	A
初始加载非	ST/	以常闭接点开始一个逻辑操作	1	A	A	A
输出	OT	将运行结果送给规定的输出	1	A	A	A
非	/	将该指令的结果取反	1	A	A	A
与	AN	串接一常开接点	1	A	A	A
与非	AN/	串接一常闭接点	1	A	A	A
或	OR	并接一常开接点	1	A	A	A
或非	OR/	并接一常闭接点	1	A	A	A
组与	ANS	实行指令块的与操作	1	A	A	A
组或	ORS	实行指令块的或操作	1	A	A	A
推入堆栈	PSHS	存储该指令处的操作结果		A	A	A
读取堆栈	RDS	读取 PSHS 指令存储的操作结果		A	A	A

续表

名称	助记符	说　　明	步数	可用性		
				FP1		
				C14/C16	C24/C40	C56/C72
				FP-M		
				—	2.7K 型	5K 型
弹出堆栈	POPS	读取并清除由 PSHS 指令存储的操作结果		A	A	A
上升沿微分	DF	当检测到触发信号的上升沿时,接点仅接通一个扫描周期		A	A	A
下降沿微分	DF/	当检测到触发信号的下降沿时,接点仅接通一个扫描周期		A	A	A
置位	SET	保持接点接通	3	A	A	A
复位	RST	保持接点断开	3	A	A	A
保持	KP	使输出接通并保持	1	A	A	A
空操作	NOP	空操作	1	A	A	A

表 5-25　基本功能指令表

名　　称	助记符	说　　明	步数	可用性		
				C14/C16	C24/C40	C56/C72
0.01s 定时器	TMR	设置以 0.01s 为单位的延时动作定时器(0～327.67s)	3	A	A	A
0.1s 定时器	TMX	设置以 0.1s 为单位的延时动作定时器(0～3276.7s)	3	A	A	A
01s 定时器	TMY	设置以 1s 为单位的延时动作定时器(0～32767s)	4	A	A	A
辅助定时器	F137 (STMR)	设置以 0.01s 为单位的延时动作定时器(见高级指令"F137")	5			A
计数器	CT	减计数器	3	A	A	A
移位寄存器	SR	16 位数据左移位	1	A	A	A
加/减计数器	F118 (UDC)	加/减计数器(见高级指令"F118")	5	A	A	A
左右移位寄存器	F119 (LRSR)	16 位数据区左移或右移 1 位(见高级指令"F119")	5	A	A	A

表 5-26　控制指令表

名　　称	助记符	说　　明	步数	可用性		
				C14/C16	C24/C40	C56/C72
主控继电器开始	MC	触发条件接通时，执行 MC 到 MCE 之间的命令	2	A	A	A
主控继电器结束	MCE		2	A	A	A
跳转	JP	当触发条件接通时，跳转到指定标号	2	A	A	A
跳转标记	LBL	执行 JP、LOOP 指令时所用标号	1	A	A	A
循环跳转	LOOP	跳转到同一标号并重复执行标号后的程序，直到指定操作数变为 0	4	A	A	A
结束	ED	表示一个扫描周期的结束	1	A	A	A
条件结束	CNDE	当触发条件接通时，结束一个扫描	1	A	A	A
步进开始	SSTP	表示步进程序开始	3	A	A	A
步进转移（脉冲式）	NSTP	检测到触发信号的上升沿时，激活当前过程，并将前一过程复位	3	A	A	A
步进转移（扫描式）	NSTL	检测到触发信号接通时，激活当前过程，并将前一过程复位	3	A	A	A
步进清除	CSTP	清除指定的过程	3	A	A	A
步进结束	STPE	步进区域结束	1	A	A	A
调用子程序	CALL	跳转执行指定的子程序	2	A	A	A
子程序入口	SUB	开始子程序	1	A	A	A
子程序返回	RET	结束子程序并返回到主程序	1	A	A	A
中断控制	ICTL	规定中断方式	5		A	A
中断入口	INT	开始一中断程序	1		A	A
中断返回	IRET	结束中断程序并返回到主程序	1		A	A

表 5-27　比较指令表

名称	助记符/操作数	说　明	步数	可　用　性		
				FP1		
				C14/C16	C24/C40	C56/C72
				FP-M		
				—	2.7K 型	5K 型
单字:相等加载	ST＝,S1,S2	比较两单字,按条件执行 Start,AND 或 OR 操作:ON:当 S1＝S2,OFF:S1≠S2	5		A	A
单字:相等时与	AN＝,S1,S2		5		A	A
单字:相等时或	OR＝,S1,S2		5		A	A
单字:不等加载	ST＜＞,S1,S2	比较两单字,按条件执行 Start,AND 或 OR 操作:ON:当 S1≠S2,OFF:当 S1＝S2	5		A	A
单字:不等时与	AN＜＞,S1,S2		5		A	A
单字:不等时或	OR＜＞S1,S2		5		A	A
单字:大于加载	ST＞,S1,S2	比较两单字,按条件执行 Start,AND 或 OR 操作:ON:当 S1＞S2,OFF:当 S1≤S2	5		A	A
单字:大于时与	AN＞,S1,S2		5		A	A
单字:大于时或	OR＞,S1,S2		5		A	A
单字:不小于时加载	ST＞＝,S1,S2	比较两单字,按条件执行 Start,AND 或 OR 操作:ON:当 S1≥S2,OFF:当 S1＜S2	5		A	A
单字:不小于时与	AN＞＝,S1,S2		5		A	A
单字:不小于时或	OR＞＝,S1,S2		5		A	A
单字:小于时加载	ST＜,S1,S2	比较两单字,按条件执行 Start,AND 或 OR 操作:ON:当 S1＜S2,OFF:当 S1≥S2	5		A	A
单字:小于时与	AN＜,S1,S2		5		A	A
单字:小于时或	OR＜,S1,S2		5		A	A
单字:不大于时加载	ST＜＝,S1,S2	比较两单字,按条件执行 Start,AND 或 OR 操作:ON:当 S1≤S2,OFF:当 S1＞S2	5		A	A
单字:不大于时与	AN＜＝,S1,S2		5		A	A
单字:不大于时或	OR＜＝,S1,S2		5		A	A
双字:相等加载	STD＝,S1,S2	比较两双字,按条件执行 Start,AND 或 OR 操作;ON:当(S1+1,S1)＝(S2+1,S2),OFF:当(S1+1,S1)≠(S2+1,S2)	9		A	A
双字:相等时与	AND＝,S1,S2		9		A	A
双字:相等时或	ORD＝,S1,S2		9		A	A
双字:不等加载	STD＜＞,S1,S2	比较两双字,按条件执行 Start,AND 或 OR 操作;ON:当(S1+1,S1)≠(S2+1,S2),OFF:当(S1+1,S1)＝(S2+1,S2)	9		A	A
双字:不等时与	AND＜＞,S1,S2		9		A	A
双字:不等时或	ORD＜＞,S1,S2		9		A	A

5.4.1　基本指令

1.ST,ST/和 OT 指令

(1)指令功能

ST:常开触点与母线连接,相当于继电器电路的常开触点与控制左母线连接。

ST/：常闭触点与母线连接，相当于继电器电路的常闭触点与控制左母线连接。

OT：线圈驱动指令，将运算结果输出到指定继电器，相当于继电器电路的驱动线圈。

操作码 ST，ST/ 的操作数可以是继电器 X，Y，R 和定时器 T，计数器 C，操作码 OT 的操作数只可以是继电器 Y，R。

（2）程序用法举例

梯形图程序：

```
   X0                                          Y0
0 ─┤├──────────────────────────────────────┤ ├
   X1                                          Y1
2 ─┤/├──────────────────────────────────────┤ ├
```

指令表程序：

地址	指 令
0	ST X 0
1	OT Y 0
2	ST/ X 1
3	OT Y 1

解释：

1）当 X0 接通时，Y0 接通。

2）当 X1 断开时，Y1 接通。

3．指令使用说明

（1）初始加载指令（ST）：开始逻辑运算，并且输入的接点为常开接点。

（2）初始加载非指令（ST/）：开始逻辑运算，并且输入的接点为常闭接点。

（3）输出指令（OT）：将运算结果输出到指定线圈。

2．"/"非指令

（1）指令的功能：将该指令处的运算结果取反。

（2）程序用法举例

梯形图程序：

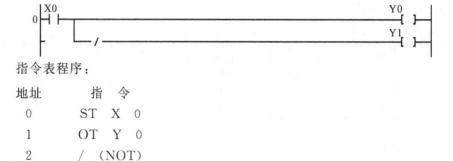

指令表程序：

地址	指 令
0	ST X 0
1	OT Y 0
2	/ （NOT）
3	OT Y1

例题解释：

1）当 X0 接通时，Y0 接通，Y1 断开。

2)当 X0 断开时,Y0 断开,Y1 接通。Y1 和 Y0 的状态相反。

3.AN 和 AN/指令

(1)指令功能

AN:串联常开接点指令,把原来保存在结果寄存器中的逻辑操作结果与指定的继电器内容相"与",并把这一逻辑操作结果存入结果寄存器。相当于继电器控制电路串联一个常开接点。

AN/:串联常闭接点指令,把原来被指定的继电器内容取反,然后与结果寄存器的内容进行逻辑"与",操作结果存入结果寄存器。相当于继电器控制电路串联一个常闭接点。

操作码 AN,AN/的操作数可以是继电器 X,Y,R 和定时器 T,计数器 C。

(2)程序用法举例

梯形图程序:

指令表程序:

地址	指　令
0	ST　X　0
1	AN　X　1
2	AN/X　2
3	OT　Y0

例题解释:当 X0,X1 都接通且 X2 断开时,Y0 才接通。

4.OR 和 OR/指令

(1)指令功能

OR:并联常开接点指令,把结果寄存器的内容与指定继电器的内容进行逻辑"或",操作结果存入结果寄存器。

OR/:并联常闭接点指令,把指定继电器内容取反,然后与结果寄存器的内容进行逻辑"或",操作结果存入结果寄存器。

操作码 OR,OR/的操作数可以是继电器 X,Y,R 和定时器 T,计数器 C。

(2)程序用法举例

梯形图程序:

指令表程序:

地址	指　令
0	ST　X　0
1	OR　X　1

```
2        OR/   X  2
3        OT    Y  0
```

解释：当 X0 或 X1 接通或 X2 断开时，Y0 接通。

5. ANS 指令

(1)指令功能：实现多个指令块的"与"运算。

(2)程序用法举例

梯形图程序：

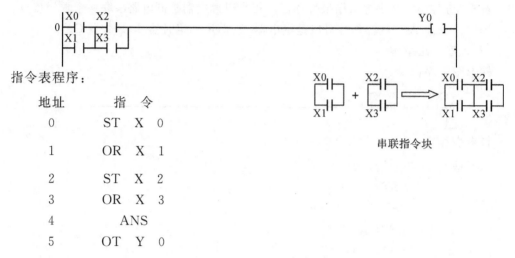

串联指令块

指令表程序：

地 址	指　　令
0	ST X 0
1	OR X 1
2	ST X 2
3	OR X 3
4	ANS
5	OT Y 0

例题解释：当 X0 或 X1 且 X2 或 X3 接通时，Y0 接通。

6. ORS 指令

(1)指令功能：实现多个指令块的"或"运算。

(2)程序用法举例

梯形图程序：

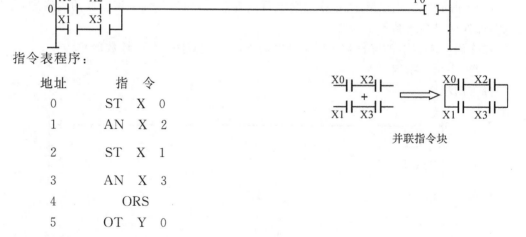

并联指令块

指令表程序：

地 址	指　　令
0	ST X 0
1	AN X 2
2	ST X 1
3	AN X 3
4	ORS
5	OT Y 0

解释：当 X0 和 X2 都接通或者 X1 和 X3 都接通时，Y0 接通。

7. PSHS,RDS,POPS 指令

(1)指令功能

PSHS:存储该指令处的运算结果(推入堆栈—入栈)。

RDS:读出由 PSHS 指令存储的运算结果(读出堆栈—读栈)。

POPS:读出并清除由 PSHS 指令存储的运算结果(弹出堆栈—出栈)。

(2)程序用法举例

梯形图程序:

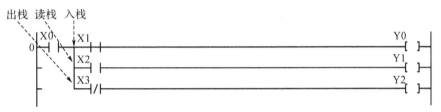

指令表程序:

地址	指　令	地址	指　令
0	ST　X　0	6	OT　Y　1
1	PSHS	7	POPS
2	AN　X　1	8	AN/X　3
3	OT　Y　0	9	OT　Y　2
4	RDS		
5	AN　X　2		

解释:当 X0 接通时,有

1)存储 PSHS 指令处的运算结果,当 X1 接通时,Y0 输出(为 ON)。

2)由 RDS 指令读出存储结果,当 X2 接通时,Y1 输出(为 ON)。

3)由 POPS 指令读出存储结果,当 X3 断开时,Y2 输出(为 ON),且 PSHS 指令存储的结果被清除。

(3)指令使用说明

1)PSHS:存储该指令处的运算结果并执行下一步指令。

2)RDS:读出由 PSHS 指令存储的结果,并利用该内容,继续执行下一步指令。

3)POPS:读出由 PSHS 指令存储的运算结果,并利用该内容,继续执行下一步指令,且 PSHS 指令存储的运算结果被清除。

4)重复使用 RDS 指令,可多次使用同一运算结果,当使用完毕时,一定要用 POPS 指令。

8.DF 和 DF/指令

(1)指令功能

DF:前沿微分指令,输入脉冲前沿(上升沿)使指定继电器接通一个扫描周期,然后复位。

DF/:后沿微分指令,输入脉冲后沿(下降沿)使指定继电器接通一个扫描周期,然后复位。

（2）程序用法举例

梯形图程序：

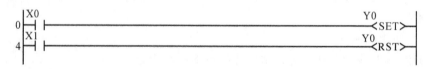

指令表程序：

地址	指 令	地址	指 令
0	ST X 0	4	DF/
1	DF	5	OT Y 1
2	OT Y 0		
3	ST X 1		

解释：

1）当检测到 X0 接通时的上升沿时，Y0 仅 ON 一个扫描周期。

2）当检测到 X1 断开时的下降沿时，Y1 仅 ON 一个扫描周期。

因 Y0 或 Y1 接通的时间仅一个扫描周期，故人眼根本看不到在驱使 X0 或 X1 通断变化时 Y0 或 Y1 的激励变化。

DF 和 DF/指令无使用次数限制。

9. SET,RST 指令

（1）指令功能

SET：置 1 指令（置位指令），强制接点接通。

RST：置零指令（复位指令），强制接点断开。

操作码 SET,RST 的操作数是继电器 R 或 Y,而 X,T,CT 无效。

（2）程序用法举例

梯形图程序：

指令表程序：

地址	指 令	
0	ST X 0	
1	SET Y 0	（SET 指令占用 3 步）
4	ST X 10	
5	RST Y 0	（RST 指令占用 3 步）

解释：当 X0 接通时，Y0 接通并保持。当 X1 接通时，Y0 断开并保持。

（3）指令使用说明

1）当触发信号接通时，执行 SET 指令。不管触发信号如何变化，输出接通并保持。

2）当触发信号接通时，执行 RST 指令。不管触发信号如何变化，输出断开并保持。

3）对继电器（Y 和 R），可以使用相同编号的 SET 和 RST 指令，次数不限。

4)当使用 SET 和 RST 指令时,输出的内容随运行过程中每一阶段的执行结果而变化。

10. KP 指令

(1)指令功能

KP 指令相当于一个锁存继电器,当置位输入接通(ON)时,使输出接通(ON)并保持。当复位输入接通(ON)时,使输出断开(OFF)并保持。

(2)程序用法举例

梯形图程序:

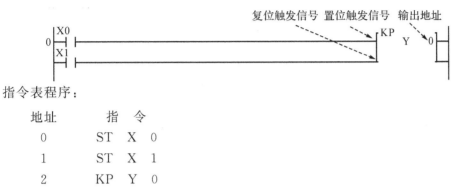

指令表程序:

地址	指令
0	ST X 0
1	ST X 1
2	KP Y 0

解释:当 X0 接通(ON)时,继电器 Y0 接通(ON)并保持。当 X1 接通(ON)时,继电器 Y0 断开(OFF)并保持。

(3)指令使用说明

1)当置位触发信号接通(ON)时,指定的继电器输出接通(ON)并保持。

2)当复位触发信号接通(ON)时,指定的继电器输出断开(OFF)并保持。

3)一旦置位信号将指定的继电器接通,则无论置位触发信号是接通(ON)状态还是断开(OFF)状态,指定的继电器输出保持为 ON,直到复位触发信号接通(ON)时才断开。

4)如果置位、复位触发信号同时接通(ON),则复位触发优先。

5)即使在 MC 指令运行期间,指定的继电器仍可保持其状态。

6)当工作方式选择开关从"RUN"切换到"PROG"方式,或当切断电源时,KP 指令的状态不再保持。若要在从"RUN"切换到"PROG"方式或切断电源时保持输出状态,则应选择使用保持型内部继电器。

11. NOP 指令

(1)指令功能:空操作。

(2)程序用法举例

梯形图程序:

注意:此梯形图程序中 NOP 指令有 3 个。在梯形图程序中输入 NOP 指令时必须指明空操作的数量。

指令表程序:

地址	指　令
0	ST　X　0
1	NOP　3
3	OT　Y　0

解释：当 X1 接通时，Y0 输出为 ON。

（3）指令使用说明

1）NOP 指令可用来使程序在检查或修改时易读。

2）当插入 NOP 指令时，程序的容量稍稍增加，但对运算结果无影响。

5.4.2　功能指令

一、基本功能指令

1. TMR，TMX 和 TMY 指令（定时器）

（1）指令功能

TMR：以 0.01s 为单位设置延时 ON 定时器。

TMX：以 0.1s 为单位设置延时 ON 定时器。

TNY：以 1s 为单位设置延时 ON 定时器。

（2）程序用法举例

梯形图程序：

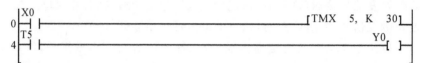

指令表程序：

地址	指　令
0	ST　X　0
1	TM　X　5
	K　30　（共 3 步）
4	ST　T　5
5	OT　Y　0

解释：X0 接通 3s 后，定时器 TMX5 的常开接点 T5 接通，且使 Y0 接通。

TM 指令是一减计数型预置定时器，定时器的预置时间为：延时时间单位×预置值。

如本例：TMX5 K30，延时时间＝0.1s×30＝3s。

（3）定时器指令编号

FP1 的 C14 和 C16 系列：可达 128 个。

所有 FP-M 和 FP1 的 C24，C40，C56 和 C72 系列：可达 144 个。

定时器的个数与计数器分享。通过系统寄存器 No.5 调整计数器的起始编号。定时器、计数器的默认值为

FP1 的 C14 和 C16 系列：定时器 0～99 共 100 个；计数器 100～127 共 28 个。

所有 FP-M 和 FP1 的 C24,C40,C56 和 C72 系列:定时器 0～99 共 100 个;计数器 100～143 共 44 个。

延时数字有效值范围:K0～K32767

定时器预置值区(SVn)的编号 n 与定时器的编号应相同,且都为十进制常数,而且仅当控制单元为 2.7 或 2.7 以上版本时,"SVn"才可被指定。

TM 指令的一般工作过程(以上例有关参数为例)如下:

当 PLC 的工作方式由"PROG"设置为"RUN"时,十进制常数"K30"传送到预置值寄存器"SV5"。当检测到"X0"上升沿(OFF→ON)时,预置值 K30 由"SV5"传送到经过值寄存器"EV5"。当"X0"为接通(ON)状态时,每次扫描,经过的时间从"EV5"中减去。当经过值区"EV5"的数据为 0 时,定时器接点(T5)接通,随后"Y0"接通。

如果预置值用"SVn"设置,当检测到"X0"上升沿(OFF→ON)时,预置值 K30 由预置值寄存器"SV5"传送到经过值寄存器"EV5"。当"X0"为接通(ON)状态时,每次扫描过去的时间从"EV5"中减去。当经过值区"EV5"的数据为 0 时,定时器接点(T5)接通(ON),随后"Y0"接通(ON)。

使用 TM 指令时还应注意:如果在定时器工作期间断开定时器触发信号(X0),则其运行中断,且已经过的时间被复位为 0。

当定时器的经过值区(EV)的值变 0 时,定时器的接点动作,且定时器经过值区(EV)的值在复位条件下,也变为 0。每个 SV,EV 为一个字,即 16 位存储器区。对每个定时器号,对应有一组 SV,EV。

一旦断电工作方式从"RUN"切换为"PROG",则定时器被复位。若想保持其运行中的状态,则可通过设置系统寄存器 No.6 来实现。

因定时操作是在定时器指令扫描期间执行的,故用定时器指令编程时,应使 TM 指令每次扫描只执行一次(当程序中有 INT,JP,LOOP 和某些其他这类指令时,应确保 TM 指令每次扫描只执行一次)。

改变预置值区(SV)的值。利用 F0(MV)指令或编程工具(FP 编程器Ⅱ或 NPST. GR FP WIN-GR)均可改变所有的控制单元预置值区(SV)的值,甚至在"RUN"方式下亦可。预置值区中,SV 编号规定的取值和 TM 的取值范围一致。

当用两个定时器指令串接时,前一定时器延时完毕,后一定时器才开始延时。

梯形图程序:

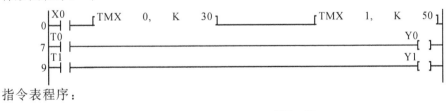

指令表程序:

0	ST X 0		7	ST T 0
1	TMX 0		8	OT Y 0
	K 30		9	ST T 1
4	TMX 1		10	OT Y 1

K 50

此程序的工作:X0 接通后 3s,常开接点 T0 接通,Y0 也接通,同时 TMX1 开始延时,5s 后即 X0 接通后 8s,常开接点 T1 接通,Y1 也接通。

2. STMB(F137)辅助定时器指令

(1)指令功能

以 0.01s 为单位设置延时 ON 定时器(0.01～327.67s),仅适于 FP1-C56,C72 使用。F137(STMR)是一减计数型定时器。

(2)程序用法举例

梯形图程序:

```
      X0                    S        D
0 ──┤├──────[ F137 STMR , K 300 , DT 5 ]                    ──┤├──
     R900D                                              R8
6 ──┤├──                                               ──( )──
```

其中:S 是设定定时器预置值的 16 位等值常数或 16 位数据区;D 是设定定时器经过值的 16 位数据区。

指令表程序:

```
ST        X   0
F137          (STMR)
K             300
DT            5
ST            R900D
OT            R8
```

解释:当触发信号 X0 接通时,十进制常数 K300 传送到数据寄存器 DT5。X0 接通 3s 后,特殊内部继电器 R900D 接通,随之内部继电器 R8 接通。使用特殊内部继电器 R900D 作为定时器的接点编程时,务必将 R900D 编写在紧随 F137(STMR)指令之后。

3. CT 计数器指令

(1)指令功能

为预置型减计数操作的计数器,当计数输入端信号从 OFF 变为 ON 时,计数值减 1,当计数值减为零时,计数器为 ON,使其常开接点闭合,常闭接点打开。

(2)程序用法举例

梯形图程序:

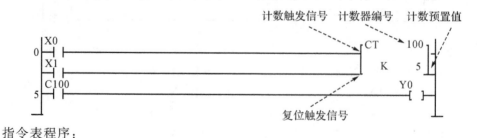

指令表程序:

地址	指　令		
0	ST	X	0
1	ST	X	1
2	CT	1 0	0
	K		5
5	ST	C 1 0 0	
6	OT	Y	0

解释：当计数器的计数端"X0"的上升沿检测到 10 次时，计数器接点"C100"接通，随后 Y0 接通。

当"X1"接通时，经过值"EV100"复位。若要使计数器恢复计数，则需将复位触发信号接通复位后，再断开。

（3）计数器的数量

FP1 的 C14 和 C16 系列：最多是 128 个。

所有 FP-M 和 FP1 的 C24，C40，C56 和 C72 系列：最多 144 个。

计数器的个数与定时器分享，通过设置系统寄存器可改变计数器起始编号。定时器和计数器的默认值为

FP1 的 C14 和 C16 系列：定时器 0～99 共 100 个；计数器 100～127 共 28 个。

所有 FP-M 和 FP1 的 C24，C40，C56 和 C72 系列：定时器 0～99 共 100 个；计数器 100～143 共 44 个。

所有系列的预置值：K0～K32767。

定时器、计数器的预置值区（SVn）的编号 n 与定时器的编号应相同，且都为十进制常数，仅当控制单元为 2.7 或者 2.7 以上版本时"SVn"才可被指定。

（4）指令使用说明

1）CT 指令是一减计数型预置计数器。

2）如果 CT 个数不够，可通过改变系统寄存器 No.5 的设置来增加其个数。

3）当用 CT 指令编程时，一定要编入计数和复位信号。

4）计数触发信号：每检测到计数触发信号一次上升沿时，则从经过值区"EV"减 1。（例题中 X0 为计数触发信号）。

5）复位触发信号：当该触发信号"ON"，时，计数器复位（例题中 X1 为复位触发信号）。

（5）计数器运行

1）预置值用十进制常数设定

①当 PLC 的工作方式设置为"RUN"时，十进制常数"K5"被送到预置值区"SV100"。

如果这时复位触发信号"X1"为"OFF"，则预置区"SV100"中的"K5"被传送到经过值区"EV100"。

②每次检测到计数触发信号"X0"的上升沿，经过值区"EV100"的值减 1。

③当经过值区"EV"变为 0 时，计数器接点"C100"接通，随后 Y0 接通。

④当复位触发信号"X1"接通（ON）时，经过值区"EV100"复位。当检测到 X1 的下降沿时，"SV100"中的值再次被送到"EV100"。

2)预置值用"SVn"设定

①当 PLC 的工作方式设置为"RUN",且复位触发信号"X1"为 OFF 时,预置值区 "SV100"中的"K5"被传送到经过值区"EV100"中。

②每次检测到计数触发信号"X0"的上升沿,经过值区"EV100"的值减 1。

③当经过值"EV"变为 0 时,计数器接点"C100"接通,随后 Y0 接通。

④当复位触发信号"X1"接通(ON)时,经过值区"EV100"复位。当检测到 X1 的下降沿时,"SV100"中的值再次被送到"EV100"。

3)使用计数器指令时应注意的问题

①如果在用 FP 编程器Ⅱ的 OP-0(全清)功能或 NPST-GR 的(程序清除)功能进行程序清除之后使用计数器,且当开关切换到"RUN",且复位输入(X1)由 ON→OFF 时,其值自动传送到经过值寄存器(EV)。

②计数器的预置值区(SV)是计数器预置值的存储区。

③当计数器的经过值区(EV)的值变为 0 时,计数器的接点动作。且计数器经过值区 (EV)的值在复位条件下,也变为 0。

④每个 SV,EV 为一个字,即 16 位存储器区。对每个计数器号,对应有一组 SV,EV。

⑤即使断电或工作方式由"RUN"切换到"PROG.",计数器也不复位。如果需要将计数器设置为非保持型,则可设置系统寄存器 No.6(关于系统寄存器详见本章末附录"系统寄存器表")。

⑥当同时检测到计数触发信号和复位触发信号时,复位信号优先。

(6)改变预置值区(SV)的值

利用高级指令 F0(MV)或编程工具(FP 编程器 H,或 NPST-GR 或 FP Win-GR),所有的控制单元均可改变预置值区(SV)的值,甚至在 RUN 方式亦可。

4.UDC(F118)加/减计数器指令

(1)指令功能

作为加/减计数器使用。当加/减触发信号输入为 OFF 时,在计数触发信号的上升沿到来时作减 1 计数。当加/减触发信号输入为 ON 时,在计数触发信号的上升沿到来时作加 1 计数。当复位触发信号到来时(OFF→ON)计数器复位(计数器经过值寄存器 D 变为零)。当复位触发信号由 ON→OFF 时,预置值寄存器 S 中的值传送给 D。

(2)控制程序用法举例

梯形图:

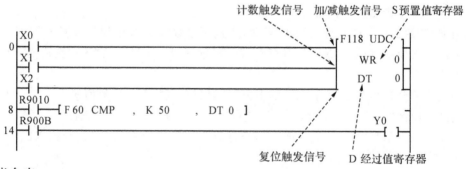

指令表:

地址	指　令	地址	指　令
0	ST　X　0	9	F60(CMP)
1	ST　X　1		K　50
2	ST　X　2		DT　0
3	F118(UDC)	14	ST　R900B
	WR　0	15	OT　Y　0
	DT　0		
8	ST　R9010		

解释：当检测到复位触发信号 X2 的上升沿(OFF→ON)时，"0"被传送到数据寄存器 DT0。若此时检测到 X2 的下降沿(ON→OFF)，预置值寄存器 S(内部字继电器 WR0)中的数据传送给经过值寄存器 D(内部字继电器 DT0)。

在加/减触发信号处于 ON 状态下，这时是加计数器，每当检测到计数触发信号 X1 的上升沿时，DT0 就加 1。

在加/减触发信号处于 OFF 状态下，这时是减计数器，当检测到 X1 的上升沿时，DT0 就减 1。指令 UDC 功能就是如此。为了说明其应用，程序下方使用 F60(CMP)指令，将 DT0 中的数据与 K50 进行比较。如果经过值寄存器 D：DT0＝K50，特殊内部继电器 R900B 接通，随之继电器 Y0 接通。

（3）指令使用说明

1）使用 F118(UDC)指令编程时，一定要有加/减，计数和复位触发三个信号。

2）加/减触发信号：当加/减触发信号未接通(OFF)时，进行减计数。当加/减触发信号接通(ON)时，进行加计数。

3）计数触发信号：在该触发信号上升沿到来时，作为加或减 1 计数。

4）复位触发信号：当该触发信号上升沿被检出(OFF→ON) 时，计数器经过值区 D 变为 0。当该触发信号下降沿被检出 (ON→OFF)时，S 中的值传送到 D。

5）预置值范围：K－32768～K32767。

（4）标志的状态

1）标志(R900B)

当辨认出计算结果为"0"时，立即接通。

2）进位标志(R9009)

当计算结果超出 16 位数的范围(上溢或下溢)时，立即接通。

16 位数据的范围：K－32768～＋K32767 (H8000～7FFFF)。

3）应注意的问题

①使用特殊数据继电器 R900B 和 R9009 作为这条指令的标志时，切记要将特殊继电器紧跟在指令后面编程。

②只有当复位触发信号的上升沿被检出时，S 中的值才被传送到 D。在电源接通时，如果需要将计数器复位，可用特殊内部继电器 R9013 编写一个程序(当可编程控制器的工作方式置为 RUN 或者当 PLC 处于 RUN 方式下，将电源接通时，R9013 只接通一个扫描周期)。

③当复位触发信号的下降沿和计数触发信号的上升沿同时被检测到时，复位触发信号优先。

5. SR *左移寄存器指令*

(1)指令功能

相当于一个串行输入移位寄存器。移位寄存器必须按数据输入,移位脉冲输入,复位输入和SR指令的顺序编程。移位寄存器的数据在移位脉冲输入的上升沿逐位向高位移位一次,最高位溢出,当复位信号输入到来时,移位寄存器的数据内容复位全部变为"0"。该指令的功能只能为内部字继电器WR的16位数据左移1位。

(2)程序应用举例

梯形图:

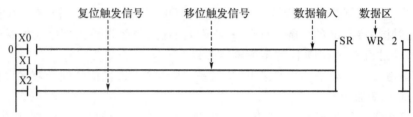

指令表:

地址	指 令	地址	指令表
0	ST X 0	2	ST X 2
1	ST X 1	3	SR WR 2

解释:如果当X2为OFF状态时移位输入(X1)接通(ON),内部继电器WR2(即内部继电器R20到R2F)的所有内容,向左移动1位。

这时如果数据输入(X0)为ON,则左移1位后,R20置为1,如果数据输入(X0)为OFF,则左移1位后,R20置为0。

如果复位输入X2接通(上升沿),则WR2的内容全被清除(WR2的所有各位均变为"0")。

(3)指令使用说明

1)指定的数据区左移1位(往高位移)。

2)在用SR指令编程时,一定要有数据输入、移位和复位触发三个信号。

3)数据输入信号:当输入为ON时,新移进数据为1。当输入为OFF时,新移进数据为0。

4)移位触发信号:在该触发信号上升沿时数据左移1位。

5)复位信号:在该触发信号为ON时,数据区所有位变为"0"。

6)该指令只限用于内部字继电器(WR)。

内部字继电器(WR)编号范围为

FP1C14和C16系列:WR0~WR15共16个字。

所有FP1的C24,C40,C56和C72系列:WR0~WR62共63个字。

6. LRSR(F119)*左/右移位寄存器指令*

(1)指令功能

可指定数据在某一个或几个寄存器区(16位数据区)进行左右移位。

(2)程序应用举例

梯形图：

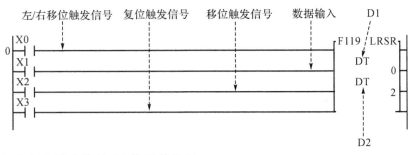

D1:向左或向右移 1 位的 16 位区首地址；

D2:向左或向右移 1 位的 16 位区末地址。

指令表：

地址	指 令	地址	指 令
0	ST X 0	4	F119 (LRSR)
1	ST X 1		DT 0
2	ST X 2		DT 2
3	ST X 3		

程序解释:当左/右移触发信号 X0 处于接通状态（ X0＝1 ）时,检测到移位触发信号 X2 的上升沿(OFF→ON),数据区从 DT0 向 DT2 左移 1 位;当左/右移触发信号分别处于断开状态（ X0＝10)时,检测到移位触发信号 X2 的上升沿(OFF→ON),数据区从 DT2 向 DT0 右移 1 位。

若 X1 处于接通状态,"1"被移到数据区的最低有效位(LSB)或最高有效位(MSB),若 X1 处于断开状态,"0"被移到数据区的最低有效位(LSB)或最高有效位(MSB)。

移出位传送到特殊内部继电器 R9009(进位标志) 。

当检测到复位触发信号 X3 的上升沿(OFF→ON)时,从 DT0～DT2 数据区的所有位均变为"0"。

(3)指令使用说明

1)用 F119(LRSR)编程时,一定要有左/右移触发信号,数据输入。移位和复位触发 4 个信号。

2)左/右移触发信号:规定移动方向。ON:向左移;OFF:向右移。

3)数据输入:规定新移入的数据。当数据输入信号接通时:新移入的数据为"1";当数据输入信号断开时:新移入的数据为"0"。

4)移位触发信号:当该触发信号的上升沿被检出(OFF→ON)时,向左或向右移 1 位。

5)复位触发信号:当该触发信号接通时,数据区规定 D1 至 D2 的所有各位均变为"0"。

(4)标志的状态

1)错误标志 R9007。当被指定的 16 位首地址(D1)大于被指定的 16 位区末地址(D2)(即 D1＞D2)时,R9007 接通并保持接通状态。错误地址被传送到 DT9017 并保持。

2)错误标志 R9008。当被指定的 16 位区首地址(D1)大于被指定的 16 位区末地址

(D2)（即 D1＞D2）时，R9008 接通一瞬间，错误地址传送到 DT9018。

3）进位标志 R9009。当移出被识别为"1"时，R9009 立即接通。

注意：

①特殊数据寄存器 DT9017 和 DT9018 可用于 CPU 为 2.7 或 2.7 以上版本的 FP1 型机（所有型号后带"B"的 FP1 型机均具有此功能）。

②当使用特殊内部继电器 R9008 和 R9009 作为该指令的标志时，务必将标志地址紧挨指令之后。

③规定 D1 和 D2 在同类数据区，且数据区地址务必满足 D1≤D2。

④如果指定区设置为保持型，当工作方式置为 RUN 状态时，数据区中的数据不复位。如果需要所有数据复位，可用特殊内部继电器 R9013 作为复位触发信号。当可编程控制器置为 RUN 工作方式时，R9013 只接通一个（第一个）扫描周期的时间。

二、控制指令

1. MC（主控继电器）和 MCE（主控继电器结束）指令

（1）指令功能

当预置触发信号接通时，执行 MC 至 MCE 之间的指令。

（2）程序用法举例

梯形图：

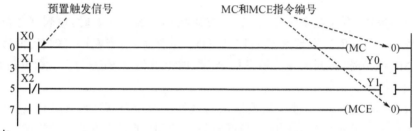

指令表：

地址	指令		地址	指令	
0	ST	X 0	4	ST/	X 2
1	MC	0	5	OT	Y 1
2	ST	X 1	6	MCE	0
3	OT	Y 0			

解释：当预置触发（X0）接通时，执行 MC0 指令至 MCE0 指令之间的程序。

否则不执行 MC0 指令至 MCE0 指令之间的指令。

MC 指令个数为

FP1 的 C14 和 C16 系列：0～15（16 点）。

所有 FP-M 和 FP1 的 C24，C40，C56 和 C72 系列：0～31（32 点）。

（3）指令使用说明

1）当预置触发为 OFF 时，MC 和 MCE 之间的指令操作如下：

OT 指令全 OFF。

KP，SET，RST 指令在预置触发信号 OFF 之前，保持状态。

TM,F137(STMR)指令复位。

CT,SR,F118(UDC),F119(LRSR)指令在预置触发信号 OFF 之前,保持经过值。

对于其他指令均不执行。

2)如下图所示,在一对主控指令(MC0,MCE0)之间可以有另一对主控指令(MC1,MCE1),这种结构称为"嵌套"。

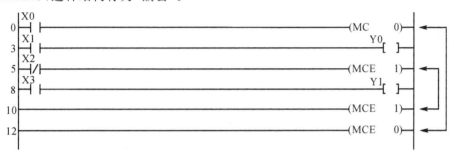

3)在主控指令对之间应用 DF,DF/指令,且当主控指令对为 OFF 状态时,微分指令存储并保持其在 MC 指令触发信号断开之前的状态(ON 或 OFF)。在用微分指令编程时,还要注意:

①当 MC 指令执行条件为 OFF 时,则在 MC,MCE 指令之间的微分指令无效。

②如果需要在 MC,MCE 指令之间的微分指令有输出,则应将微分指令放在 MC,MCE 指令对之外。

③如果 MC 和微分指令为同一触发信号,则输出不动作。若需要输出动作,应将微分指令放在 MC,MCE 指令对之外。

4)MC 指令之前一定要有一接点输入。此指令不能直接从左母线开始。

5)在下列条件下,程序不能执行:有两个或多个同号的主控指令对;MC 和 MCE 指令的顺序颠倒或不成对使用。

2.JP(跳转)和 LBL(标号)指令

(1)指令功能

当预置触发信号接通时,跳转到与 JP 指令编号相同的 LBL 指令。

(2)程序用法举例

梯形图:

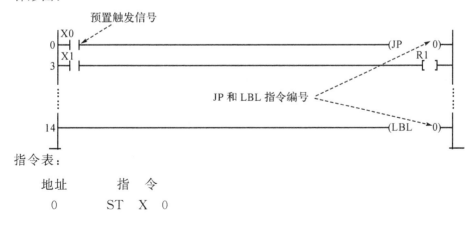

指令表:

地址	指　令
0	ST　X　0

```
1          JP     0
3          ST  X  1
⋮          ⋮
14         LBL    0
```

解释：当触发信号 X0 接通时，程序由 JP0 跳转到 LBL0。其中间的程序不执行。

JP1 指令个数为

FP1 的 C14 和 C16 系列：0～31（共 32 点）。

所有的 FP-M 和 FP1 的 C24，C40，C56 和 C72 系列：0～63（共 64 点）。

（3）指令使用说明

1）JP 指令跳过位于 JP 和编号相同的 LBL 指令间的所有指令。当执行 JP 指令时，跳转指令执行的时间不计入扫描时间。

2）编号相同的两个或多个 JP 指令可以用在同一程序里。但是，在同一程序中，不可能使用相同编号的两个或多个 LBL 指令。

3）LBL 指令专门用作 JP 和 LOOP 指令的目标指令。

4）如下图所示，在一对 JP 和 LBL 指令间，可以编入另一 JP 和 LBL 指令对。该图示结构称为"嵌套"。

5）在执行 JP 指令期间，TM，CT 和 SR 指令的运行说明：

· LBL 指令位于 JP 指令之后：

TM 指令：不执行定时器指令，如果该指令每次扫描都没有被执行，则不能保证准确的时间。

CT 指令：即使计数输入接通，也不执行计数操作，经过值保持不变。

SR 指令：即使移位输入接通，也不执行移位操作，特殊寄存器的内容保持不变。

· LBL 指令位于 JP 指令之前：

TM 指令：由于定时器指令每次扫描都执行多次，故不能保证准确的时间。

CT 指令：在扫描期间，如果计数输入的状态不改变，则计数操作照常运行。

SR 指令：在扫描期间，如果移位输入的状态没有变化，则移位操作照常进行。

6）在 JP 和 LBL 指令间使用 DF 或 DF/指令：当 JP 的触发信号"ON"时，触发 JP 和 LBL 间的 DF 或 DF/指令无效。

7）如果 JP 和 Df 或 Df/指令使用同一触发信号，将不会有输出。若需要输出，应将 DF

或 DF/指令放在 JP 和 LBL 指令对外面。

应该注意的问题是:若 LBL 指令的地址放在 JP 指令地址之前,扫描不会终止,会发生运行死循环错误。

以下几种情况下,程序不能执行:

- JP 指令的触发信号被遗漏;
- 存在两个或多个相同编号的 LBL 指令;
- 遗漏 JP 和 LBL 指令对中的一个指令;
- 从主程序区跳转到 ED 指令之后的个地址;
- 从步进程序区之外跳转到步进程序区;
- 从子程序或中断程序区跳转到子程序或中断程序区之外。

3.LOOP(循环)和 LBL(标号)指令

(1)指令功能

跳转到与 LOOP 指令相同编号的 LBL 指令,并反复执行 LBL 指令之后的程序,直到规定的操作数变为"0"。

(2)程序应用举例

梯形图:

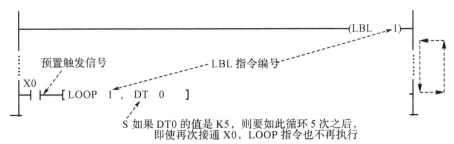

S:预置循环次数的 16 位区

指令表:

⋮

LBL1

⋮

ST　X　0

LOOP　　1

　　DT　0

解释:LOOP 指令跳过 LOOP1 和 LBL1 指令间的所有程序。该指令每执行一次,数据寄存器 DT0 置值减 1。重复执行相同的操作直到 DT0 的数据变为"0"。如果 DT0 的数值是 K5,如此执行跳转 5 次之后,即使接通 X0,LOOP 指令也不再执行。

LBL 指令个数为

FP1 的 C14 和 C16 系列:0~31(共 32 点)。

所有 FP-M 及 FP1 的 C24,C40,C56 和 C72 系列:0~63(共 64 点)。

(3)指令使用说明

1)规定 LBL 指令为 LOOP 指令的目标指令。

2)在一个程序里,规定不能有两个或多个编号相同的 LBL 指令。

3)如果从一开始,数据区的预置值就为 0,LOOP 指令不执行(无效)。

(4)执行 LOOP 指令期间 TM/CT 和 SR 指令的运行说明

·LBL 指令位于 LOOP 指令之后

TM 指令:不执行定时器指令,如果该指令每次扫描都没被执行,则不能保证准确的时间。

CT 指令:即使计数输入接通,也不执行计数操作。经过值保持不变。

SR 指令:即使移位输入接通,也不执行移位操作。特殊寄存器的内部保持不变。

·LBL 指令位于 LOOP 指令之前

TM 指令:由于定时器指令每次扫描执行多次,故不能保证准确的时间。

CT 指令:在扫描期间,如果计数输入的状态不改变,则计数操作照常运行。

SR 指令:在扫描期间,如果移位输入的状态没有变化,则移位操作照常运行。

(5)在 LOOP 和 LBL 指令间使用 DF 或 DF/指令

①当 LOOP 指令的触发信号"ON"时,触发 LOOP 和 LBL 间的 DF 或 DF/指令无效;

②如果 LOOP 和 DF 或 DF/指令使用同一触发信号,将不会有输出。若需要输出,应将 DF 或 DF/指令放在 LOOP 和 LBL 指令对之外。

4.ED(结束)和 CNDE(条件终结)指令

(1)指令功能

二者均为程序结束的标志,但使用的条件不同(见下图)。

(2)程序应用举例

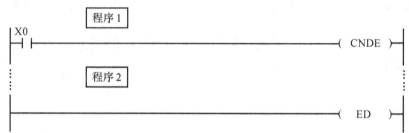

解释:当 X0 断开时,CPU 执行完程序 1 后并不结束,仍继续执行程序 2,直到程序 2 执行完后才结束全部程序,并返回起始地址;此时 CNDE 不起作用,只有 ED 起作用。

当 X0 接通时,CPU 执行完程序 1 后,遇到 CNDE 指令不再继续向下执行,而是返回起始地址,重新执行程序 1。CNDE 指令仅适于在主程序中使用。

5.SSTP,NSTP,NSTL,CSTP 和 STPE 指令(步进指令)

(1)指令功能

SSTP:表示进入步进程序。

NSTP:当检测到该触发信号的上升沿时(脉冲执行方式),执行 NSTP 指令,即开始执行步进过程,并将包括该指令本身在内的整个步进过程复位。

NSTL:若该指令的触发信号接通(扫描执行方式),则每次扫描均执行 NSTL 指令。开始执行步进过程,并将包括该指令本身在内的整个步进过程复位。

CSTP:复位指定的步进过程。

STPE:关闭步进程序区,并返回一般梯形图程序。

(2)程序用法举例

梯形图：

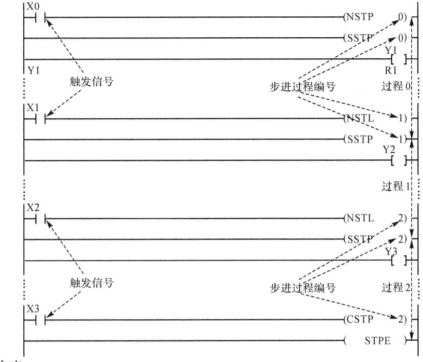

指令表：

地址	指　令	地址	指　令
10	ST　X　0	33	ST　X　2
11	NSTP　　0	34	NSTL　　2
14	SSTP　　0	37	SSTP　　2
17	OT　Y　1	40	OT　Y　3
22	ST　X　1	45	ST　X　3
23	NSTL　　1	46	CSTP　　2
26	SSTP　　1	49	STPE
29	OT　Y　2		

解释：当检测到 X0 的上升沿时，执行过程 0(从 SSTP0～SSTP1)。当 X1 接通(不仅为上升沿)时，清除过程 0，并执行过程 1(由 SSTP1 开始)。当 X2 接通时，清除过程 1，并执行过程 2(由 SSTP2 开始)。当 X3 接通时，清除过程 2，步进程序执行完毕。

可用步进程序个数为

FP1 的 C14 和 C16 系列：64 个(过程 0～63)。

所有 FP-M 和 FP1 的 C24，C40，C56 和 C72 系列：128 个(过程 0～127)。

(3)指令使用说明

在步进程序中，识别一个过程是从一个 SSTP 指令开始到下一个 SSTP 指令，或一个 SSTP 指令到 STPE 指令。

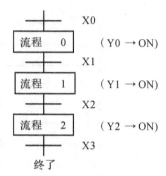

1）NSTP/NSTL：在一般梯形图程序区，执行 NSTP 或 NSTL 时，步进过程从与 NSTP 或 NSTL 指令编号相同的过程开始。在步进过程中，当执行 NSTP 或 NSTL 时，先将由 NSTP(NSTL)编程的那个过程清除，再将与 NSTP(NSTL)指令相同的过程打开。NSTP 指令只有在检测出该触发信号上升沿时，方可执行。NSTL 指令在该触发信号接通的状态下，每次扫描均执行。

2）SSTP：表示进入步进程序。当有一个与 NSTP 或 NSTL 指令编号相同的步进过程被检出时，这个过程开始。

3）CSTP：清除与该指令编号相同的过程。

4）STPE：表示步进过程结束。

（4）应用举例

1）顺序控制

该程序重复相同的过程直到指定的工作过程完结，这个工作过程一完成，就切换到下一个过程。

在每个过程中，使用一个 NSTL 指令触发下一过程。执行 NSTL 指令时，下一过程被激活，当前正执行的过程被清除。

顺序控制可不必按过程编号的顺序执行。在影响当前的状态时，也可用 NSTL 指令触发前一个过程。

图 5-44 顺序控制流程图

顺序控制的流程图如图 5-44 所示。

顺序控制的梯形图如图 5-45 所示。

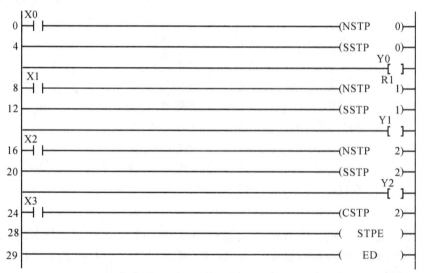

图 5-45 顺序控制梯形图

例题解释：当检测到 X0 上升沿时，激活流程 0（从 NSTP0→NSTP1），SSTP0 使流程 0 开始，随后 Y0 接通。只有执行了流程 0 才能执行流程 1 的操作。当流程 0 中的 X1 接通时，复位流程 0 并执行流程 1（从 SSTP1→NSTP2），随后 Y1 接通。当流程 1 中的 X2 接通时，复位过程 1 并执行过程 2（从 SSTP2→CSTP2），随后 Y2 接通。当过程 2 中的 X3 接通时，CSTP2 指令使过程 2 复位，Y2 断开，最后执行 STPE 指令，步进过程结束。

2)选择分支过程控制

根据特定过程的运行结果和动作选择并切换到下一个过程,每个过程循环执行直到工作任务完成。

在一个过程进行时,可用两个或多个 NSTL 指令触发下一个过程,下一个过程是否被选择、触发和转移,取决于过程执行的情况。

选择分支过程控制流程图如图5-46所示。

选择分支过程控制梯形图如图5-47所示。

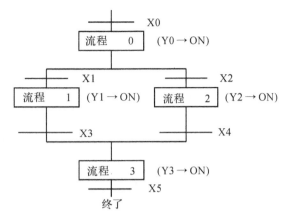

图 5-46　选择分支过程控制流程图

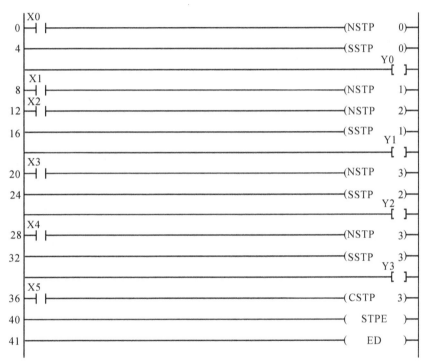

图 5-47　选择分支过程控制梯形图

解释:当检测到 X0 接通时,执行过程 0(从 NSTP0→SSTP1),SSTP0 激活流程 0,随后 Y0 接通。在执行流程 0 中选择执行过程 1 还是执行流程 2。

当 X1 接通时,执行流程 1(从 SSTP1→NSTP3),随后 Y1 接通,并清除流程 0。当 X3 接通时,执行流程 3(从 SSTP3→CSTP3),并清除流程 1,随后 Y3 接通。当流程 3 的 X5 接通时,清除流程 3,并执行 STPE 指令,结束步进程序。

当流程 0 中的 X2 接通时,清除流程 0,执行流程 2(从 SSTP2→NSTP3),随后 Y2 接通。当流程 2 的 X4 接通时,清除流程 2,执行流程 3(从 SSTP3→CSTP3),随后 Y3 接通。当流程 3 的 X5 接通时,执行 CSTP 指令,清除流程 3,执行 STPE 指令,步进程序结束。

3)并行分支合并过程控制

该程序同时触发多个过程。每个分支过程完成各自的任务后,在转换到下一个过程之前,又重新合并在一起。在一个过程中,多个 NSTL 指令可使用一个触发信号。多个过程合并,包括那些在转移到下一个过程时,指示各过程的标志。

程序举例的流程图如图 5-48 所示;梯形图如图 5-49 所示。

流程图:

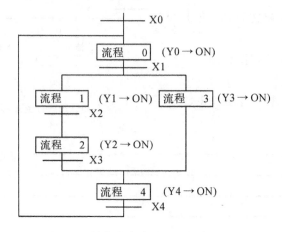

图 5-48 并行分支合并过程控制流程图

梯形图:

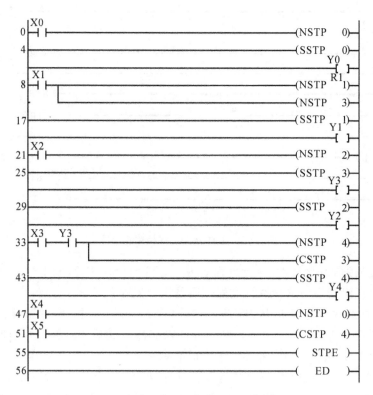

图 5-49 并行分支合并过程控制梯形图

解释:当检测到 X0 接通时,执行流程 0(从 NSTP0～NSTP1 或 NSTP3),SSTP0 激活流程 0,接着 Y0 接通。当 X1 接通时,流程 0 复位并同时执行流程 1(从 SSTP1～NSTP2)(Y1 接通)和流程 3(从 SSTP3～CSTP3)(Y3 接通)。当流程 1 中的 X2 接通时,清除流程 1,执行流程 2(从 SSTP2～NSTP4)。当流程 2 中的 X3 接通时,此时流程 3 的 Y3 仍接通,故起动流程 4,流程 2 和流程 3 复位,流程 4 被激活(从 SSTP4～CSTP4)。①当流程 4 中的 X4 接通时,清除流程 4,又执行最开始的流程 0。②当流程 4 中的 X5 接通时,清除流程 4,执行指令 STPE,结束步进指令。

6.子程序调用指令:CALL,SUB,RET

(1)指令功能

CALL:子程序调用的指令。

SUB:表示子程序开始的地址。

RET:子程序结束并返回到主程序指令。

可用子程序的数目为

FP1 的 C14 和 C16 系列:可用 8 个子程序(0～7)。

所有 FP-M 和 FP1 的 C24,C40,C56 和 C72 系列:可用 16 个子程序(0～15)。

(2)程序用法举例

梯形图:

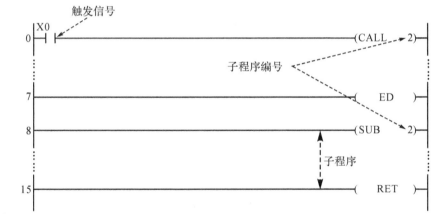

指令表:

地址	指　令
0	ST　X　0
1	CALL　2
7	ED
8	SUB　2
15	RET

解释:当预置触发信号 X0 接通时,执行 SUB2～RET 指令间的子程序。执行完子程序后,返回执行 CALL 指令后面的主程序。

(3)指令使用说明

1)CALL 指令:可用在主程序区、中断程序区和子程序区。两个或多个相同标号的

CALL 指令可用于同一程序。如果 CALL 指令的触发信号处于断开状态,则不执行子程序。

2) SUB 指令:不能使用相同标号的两个或多个 SUB 指令,还必须将 SUB 和 RET 指令,放在 ED 指令之后。

3) RET 指令:执行时子程序结束,并返回执行 CALL 地址后的下一条指令。使用同一条 RET 指令,可以控制多个子程序。

如下所示在一个子程序中,最多可以调用 4 个子程序。该结构叫作"嵌套"(从第一层嵌套~第四层嵌套)。

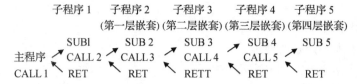

7. 中断指令 ICTL,INT,IRET

FP1C24 以上机型均有中断功能,其中断功能有两种类型:一种是外部中断,又叫硬件中断;一种是定时中断,又叫软件中断。

(1)指令功能

ICTL 指令:设置中断控制,中断控制字指令。

INT 指令:启动一中断程序,中断子程序的入口。

IRET 指令:中断程序结束并返回主控程序。

FP1 的 C14 和 C16 系列:无中断功能。

所有 FP-M 系列和 FP1 的 C24,C40,C56 和 C72 系列:有 9 个中断程序。

外部中断共有 8 个中断源。输入继电器 X0~X7 可以用系统寄存器 No.403 将它们设置成外部中断源的输入端。系统寄存器 No.403 的结构如下:

No.403 的低 8 位 bit0~bit7 对应输入继电器 X0~X7。当某位设定成 1 时,则该位对应的输入继电器 X 可以作为中断源使用;当某位设定成"0"时,则该位对应的输入继电器仍作为普通输入端使用。

8 个中断源所对应的中断入口分别是:

X0——INT0　　X1——INT1

X2——INT2　　X3——INT3

X4——INT4　　X5——INT5

X6——INT6　　X7——INT7

其中,INT0 的中断优先权最高,INT7 的中断优先权最低。FP1 规定中断信号的持续时间应大于等于 2ms。

当使用外部中断时,中断源脉冲信号的上升沿到来后即响应中断,停止执行主程序,并按中断优先权的高低依次执行各中断服务子程序。子程序结束后,返回到主程序。应该指出的是:与普通微机不同,PLC 的中断是非嵌套的,也就是说,在执行低级中断时,若有高级中断到来,并不立即响应高级中断,而是在执行完当前中断后,才响应高级中断。

另一种中断是内部定时中断,又叫软件中断。软件中断是通过编程来实现的,定时中断的时间由中断命令控制字 ICTL 设定。定时中断的入口是 INT24。

(2)梯形图符号

INT-(INTn)

n 是中断子程序的起始地址,即中断子程序的入口,它和中断源号一一对应。

IRET-(IRET)

中断子程序执行到 IRET,返回主程序。INTn 和 IRET 之间的程序,就是中断子程序。

ICTL-(ICTL S1,S2)

ICTL 是中断控制字指令,有两个操作数 S1 和 S2。它可以是常数 H,也可以是某个寄存器的数据。其中 S1 设置中断类型,S2 设置中断参数。

S1 的定义:

将 S1 分为 A,B,C,D 四组,高 8 位为 A,B,低 8 位为 C,D。A,B 中设置中断的屏蔽/清除状态;CD 设置外部中断/定时的中断方式,其控制代码意义为。

AB=00H:中断设定为屏蔽/非屏蔽状态;每一中断源是否屏蔽,由 S2 设定。

AB=01H:中断设定为中断触发源清除/非清除,选择清除哪些中断触发源,由 S2 设定。

CD=00H:设定为外部中断方式(硬中断)。

CD=02H:设定为内部定时中断方式(软中断)。

S2 的定义:

当中断方式为外部中断时,S2 的高 8 位无效,低 8 位用来设置 X0~X7 共 8 个中断源的允许/禁止。例如,S2 的 bit1 为"1"时,允许 X1 产生中断;反之,若 bit1 为"0",即使 X1 为"ON"也不产生中断。

当中断方式为内部中断时,S2 用来设置定时常数 K,K 为十进制数,其数值范围是 0~3000;定时单位为 10ms。K=0 时,为禁止定时中断。

例如,K=20,定时时间为 200ms,即每隔 200ms 产生一次中断。

定时中断的入口是:INT24。

中断功能的使用说明:

①使用外部中断之前,首先设置系统寄存器 No.403。

②ICTL 指令应和 DF 指令配合使用。

③中断子程序应放在主程序结束指令 ED 之后。

④INT 和 IRET 指令必须成对使用。

⑤中断子程序中不能使用定时器指令 TM。

⑥中断子程序的执行时间不受扫描周期的限制。中断子程序中可使用子程序调用指令。

【例 5-12】　定时中断。

图 5-50 为定时中断梯形图。当 X0 接通时，Y0 指示灯亮 5s，灭 1s，如此反复运行，直到 X0 断开后停止运行。

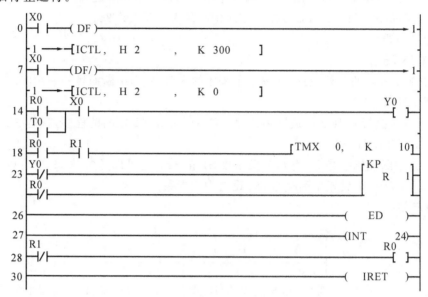

图 5-50　定时中断梯形图

【例 5-13】　外部中断（梯形图见图 5-51）。

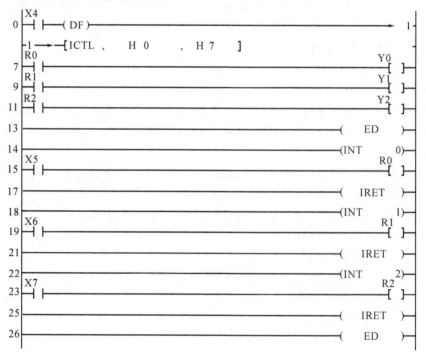

图 5-51　外部中断梯形图

由梯形图可知：中断控制字中，S1＝H0 为外部中断方式；S2＝H7 设定 X0，X1 和 X2 为中断源。程序运行前应将系统寄存器 No. 403 设置为 K7，设定 X0，X1 和 X2 为中断输入端。对 FPWIN GR 软件,在菜单"选项"中选择"PLC 系统寄存器设置"的"输入设置"选项卡中勾选 X0,X1 和 X2 即可。

程序运行后,若无中断发生,就是按压 X5,X6,X7 的输入按钮,输出继电器 Y0,Y1 和 Y2 也不会接通。按压 X4 的输入按钮后,才有中断发生,即按以下情况处理:

① X5 接通、X0 中断时,Y0 接通;X6 接通、X1 中断时,Y1 接通;X7 接通、X2 中断时,则 Y2 接通。

② X5 不通、X0 中断时,Y0 断开;X6 不通、X0 中断时,Y1 断开;X7 不通、X0 中断时,Y2 断开。

③ 当 X0,X1 和 X2 均中断时,按中断发生的先后顺序根据中断子程序的状态响应中断。

④ 当 X0,X1 和 X2 中断同时发生时,则按中断优先权顺序,依次响应。

三、比较指令

1. ST=,ST<>,ST>,ST>=,ST<,ST<=字比较指令

(1)指令功能

在比较条件下通过比较两个字数据来执行初始加载操作。继电器的 ON/OFF 取决于比较结果。

ST=:相等时加载。

ST<>:不等时加载。

ST>:大于时加载。

ST>=:大于等于(不小于)时加载。

ST <:小于时加载。

ST <=:小于等于(不大于)时加载。

(2)程序用法举例

梯形图:

$$
\begin{array}{ccccc}
\vdash = & DT\ 0 & , & K\ 50 & \qquad Y0 \\
 & \underbrace{\qquad}_{S1} & & \underbrace{\qquad}_{S2} & \dashv
\end{array}
$$

S1,S2:各是被比较的 16 位常数或存放 16 位常数的 16 位区。

指令表:

地址	指　令	
0	ST	=
	DT	0
	K	50
5	OT	Y　0

例题解释:将数据寄存器 DT0 的内容与常数 K50 比较,如果 DT0=K50 时,外部输出继电器 Y0 为 ON。

(3)指令使用说明

1)上述字比较指令从左母线开始编程。

2)根据比较条件,将 S1 规定的单字数据与 S2 规定的单字数据进行比较,继电器的通断取决于比较结果。

3)当由索引修正值所指定的区域越限时,R9007接通并保持此状态,错误地址传送到 DT9017 并保持。当索引修正值所指定的区域越限时,R9008 接通一瞬间,错误地址传送到 DT9018。

2. AN＝,AN＜＞,AN＞,AN＞＝,AN＜,AN＜＝字比较指令

(1)指令功能

在比较条件下,通过比较两个单字数据来执行 AND(与)运算。接点的 ON/OFF 取决于比较的结果。

AN＝:相等时进行与运算。

AN＜＞:不等时进行与运算。

AN＞:大于时进行与运算。

AN＞＝:不小于(大于等于)时进行与运算。

AN＜:小于时进行与运算。

AN＜＝:不大于(小于等于)时进行与运算。

(2)程序用法举例

梯形图:

```
0 ─┤┌< DT 0   , K 70  ┘┌<>  DT 1   , K 50  ┤        Y0
                             └─┬─┘   └─┬─┘
                              S1      S2
```

S1,S2:各是被比较的 16 位常数或存放常数的 16 位区。

指令表:

地址	指 令
0	ST ＜
	DT 0
	K 70
5	AN ＜＞
	DT 1
	K 50
10	OT Y 0

例题解释:将数据寄存器 DT0 的内容与常数 K70 比较,数据寄存器 DT1 的内容与常数 K50 比较。如果 DT0＜K70 且 DT1≠K50,则外部输出继电器 Y0 接通。

(3)指令使用说明

1)在程序中可连续使用多个 AN 比较指令。该指令中接点为串联。

2)根据比较条件将 S1 指定的单字数据与 S2 指定的单字数据进行比较。

3)当索引修正值所指定的区域越限时,特殊内部继电器 R9007 为 ON 并保持该状态。错误地址传送到 DT9017 并保持。

当索引修正值所指定的区域越限时,R9008 接通一瞬间,错误地址被传送到 DT9018,在编程时标志一定要紧跟在指令之后。

3. OR＝,OR＜＞,OR＞,OR＞＝,OR＜,OR＜＝字比较指令

(1)指令功能

在比较条件下,通过比较两个单字数据来执行 OR(或)运算。继电器接点的 ON/OFF

取决于比较结果。该指令功能使继电器接点并联。

OR＝:相等时进行或运算。

OR<>:不等时进行或运算。

OR>:大于时进行或运算。

OR>＝:不小于(大于等于)时进行或运算。

OR<:小于时进行或运算。

OR<＝:不大于(小于等于)时进行或运算。

(2)程序用法举例

梯形图:

```
      ┌─┤=    DT 1        , K 80     ┌──┐              Y0
 0    │                              │  └──┐         ┌─┤ ├─┐
      └─┤>    DT 2        , K 30     └──┘  │         │
                 └──┬──┘      └──┬──┘
                    S1           S2
```

S1,S2:均为被比较的 16 位常数或存放常数的 16 位区。

指令表:

地址	指　令
0	ST ＝
	DT 1
	K 80
5	OR >
	DT 2
	K 30
10	OT Y 0

例题解释:将数据寄存器 DT1 的内容与常数 K80 比较,数据寄存器 DT2 的内容与常数 K30 比较,如果 DT1＝K50 或 DT2>K30,则外部输出继电器 Y0 接通。

(3)指令使用说明

1)OR 比较指令从左母线开始编程,在一个程序中可连续使用多个 OR 比较指令。

2)接点的 ON/OFF 取决于比较结果。

3)错误标志(R9007)和错误标志(R9008)与 AN(与)比较指令中的情况相同。

4.双字比较指令 STD＝,STD<>,STD>,STD>＝,STD<,STD<＝

(1)指令功能

在比较条件下,通过比较两个双字数据来执行初始加载运算。继电器接点的 ON/OFF 取决于比较结果。

STD＝:双字比较,相等时加载。

STD<>:双字比较,不相等时加载。

STD>:双字比较,大于时加载。

STD>＝:双字比较,不小于(大于等于)时加载。

STD <:双字比较,小于时加载。

STD <＝:双字比较,不大于(小于等于)时加载。

（2）程序用法举例

梯形图：

```
     ┌─┤D=   DT 1    , K 10 ├───────────────────┤Y1├─┤
   0 │      └─┘        └──┘                          │
                S1         S2
```

S1，S2：均为被比较的32位常数或存放32位常数的低16位区，高16位区自动指定为（S1+1，S2+1）。

指令表：

地址	指 令
0	STD =
	DT 1
	K 10
9	OT Y 1

例题解释：将数据寄存器（DT2，DT1）的内容与常数K10比较，如果（DT2，DT1）=K50，则外部输出继电器Y1接通。

5.双字比较指令AND=，AND<>，AND>，AND>=，AND<，AND<=和ORD=，ORD<>，ORD>，ORD>=，ORD<，ORD<=

指令功能、用法和对应单字比较指令完全相同，只是这里用的是双字比较。

S1，S2：均为被比较的32位常数或存放32位常数的低16位区，高16位区自动指定为（S1+1，S2+1）。各双字比较指令在输入指令时不要忘掉输入"D"。

四、高级指令

1.高级指令的构成

（1）高级指令的类型

①数据传送指令：主要是完成对16位或32位数据的传送、拷贝、交换等功能。

②算术运算指令：完成二进制数和BCD码的加、减、乘、除等算术运算。

③逻辑运算指令：完成对16位数据的与、或、异或和同或运算。

④数据比较指令：完成对16位或32位数据的比较。

⑤数据转换指令：将16位或32数据按指定的格式进行转换。

⑥数据移位指令：将16位数据进行左移、右移、循环移位和数据块移位等。

⑦位操作指令：对16位数据以位为单位，进行置位、复位、求反、测试以及位状态统计等操作。

⑧特殊功能令：包括时间单位的变换、I/O刷新、进位标志的置位和复位、串口通信及高速计数器指令等等。

（2）高级指令的构成

高级指令由指令功能号、助记符和操作数组成，指令的格式如下：

$$[Fn \qquad * * * \qquad S,D]$$

$$\text{功能号} \qquad \text{助记符} \qquad \text{操作数}$$

其中，Fn是指令功能号，Fn=F0～F183，不同的功能号规定CPU进行不同的操作。

＊＊＊是助记符，它和指令功能号相对应，用缩写的英文字母表示，便于对指令的理解和记忆。

S 和 D 是操作数，S 是源操作数，D 是目的操作数，它们指定了操作数的地址、性质和内容。操作数可以是一个、两个或者三个，高级指令的操作数一般是 16 位或者 32 位。

2.高级指令的说明

(1)数据传送指令

1)F0(MV)16 位数据传送指令

功能：将一个 16 位常数或寄存器中的数据传送到另一个寄存器中去。

梯形图符号：

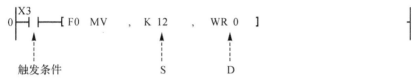

其中：

①Xn（X3）是指令的执行触发条件，可以是任意一个继电器的触点。

②F0 是 16 位数据传送的指令功能号。

②MV 是 16 位数据传送的指令的助记符。

④S,D 是操作数。

解释：执行触发条件 X3 接通时，用 F0 指令把十进制常数 K12 传送给 WR0，WR0 中的原数据被新数据 K12 覆盖。

F1 DMV 是 32 位数据传送指令；F2 MV/和 F3 MV/分别是 16 位和 32 位数据求反传送指令。它们的功能和 F0 相似。

2)F5(BTM)16 位二进制数的位传送指令

功能：将一个 16 位二进制数的任意位，传送到另一个 16 位二进制数据中的任意位中去。

指令格式：

$$[\ F5\ BTM\ S,n,D\ ]$$

其中：

①S 为源操作数，是被传送的 16 位常数或寄存器中的数据。

②n 是操作数，又称传输控制码，它指明了源操作数中哪一位数据将被传送以及传送到目的操作数中的哪一位置。n 是 16 位的操作数；bit0～bit3 位用以指定源操作数中哪一位将被传送；bit8～bit11 用以指定被传送数，放在目的操作数的什么位置。

③D 为目的操作数，是接收数据的目的寄存器。

【例 5-14】 把 DT1 中的某一位，传送给 DT0 的某一位。DT1 中的传送位地址和 DT0 中的接收位地址由 WR0 中的 bit0～bit3 和 bit8～bit11 的内容决定。现寄存器中的数据分别为：WR0=0E04H，DT0=E486H，DT1=ACAEH。

梯形图：

```
  |X2
 ─| |──[ F5  BTM  , DT 1 ,  WR 0 ,  DT 0  ]       |
```

解释：执行触发条件 X2 接通时将执行此操作。

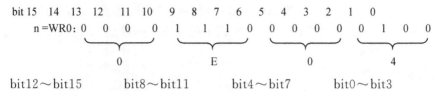

WR0 中的数据是传送控制码 n，低 4 位的数值为 4，说明要把 DT1 中的第 4 位传送给 DT0；WR0 中的 bit8～bit11 中的数据为 E，则表明了 DT0 中的第 14 位是接收位。当执行条件 X0 接通时，运行 F5 指令：进行位传送，把 DT1 中第 4 位的数"0"，传送到 DT0 的第 14 位中去。运行结果是 DT0＝A486H，运行过程如图 5-52 所示。

图 5-52 例 5-14 运行过程

3)F6(DGT)4 位 16 进制数的位传送指令

功能：把一个 4 位 16 进制数中的若干位，传送到一个指定的寄存器中去。

指令格式：

$$[\ F6\ DGT\ ,S,n,D\ ]$$

其中：S 是被传送的常数或寄存器中的数据。n 用以指定源操作数的哪几位传送到目的操作数 D 的什么位置上。n 的 bit0～bit3 指定被传送的源操作数的起始位号；bit4～bit7 指定传输的位数，bi18～bit11 用来指定目的操作数接收数据的起始位号，故 n 称为传输控制码。n 的 bit12～bit15 这最高 4 位不用。D 是传输的目的操作数。

【例 5-15】 把 DT1 中的 4 位十六进制数，按 WR0 所指定的方式传送给 DT0。若 WR0＝0301H，DT0＝B486H，DT1＝ACAEH。

梯形图：

```
 X1
─┤ ├─[ F6  DGT  ,  DT 1  ,  WR 0  ,  DT 0  ]──────────┤

  n=WR0=0301H: 0 0 0 0  0 0 1 1  0 0 0 0  0 0 0 1
               0        3        0        1    (H)
  DT1=ACAEH: 1 0 1 0  1 1 0 0  1 1 0 0  1 1 1 0
             A        C        A        E    (H)

  DT0=B486H: 1 0 1 1  0 1 0 0  1 0 0 0  0 1 1 0
             B        4        8        6    (H)

  DT0=A486H: 1 1 0 0  0 1 0 0  1 0 0 0  0 1 1 0
             A        4        8        6    (H)
```

WR0 ＝0301H 说明把 DT1 中的第 1 位(H)传送到 DT0 中的第 3 位(H)中去。X0 接

通后,运行结果是 DT0＝A486H。

4)F10(BKMV)数据块传送指令

功能:把某一数据区的数据传送到另一个数据区中。

指令格式:

$$[\text{F 10 BKMV}, S1, S2, D]$$

其中:S1 是被传送的数据区的起始地址,S2 是被传送的数据区的结束地址。D 是数据接收区的首地址。

【例 5-16】　把从 WR0 到 WR5 的六组数据传送到由 DT0 开始的数据区中去。

梯形图:

```
 ┤X0├─[F10  BKMV  ,  WR 1  ,  WR 5  ,  DT 1  ]───┤├
```

X0 接通时,F10 程序运行,WR1～WR5 中的数据,就被传送到 DT1～DT5 这 5 个寄存器中。

在使用 F10 指令时,S1 和 S2 应为同一性质的数据区,且 S2＞S1。在同一数据区内传送且 S2＜D 时,为向后传送;若 S1＞D,为向前传送,当 S1＝D 时,指令不执行。

5)F11(COPY)数据块拷贝指令

功能:将一个 16 位数据或者寄存器中的数据拷贝到指定的数据区中。

指令格式:

$$[\text{F 11 COPY}, S, D1, D2]$$

其中,S 为源操作数,即被拷贝的数据,可以是 16 位常数或寄存器中的数据。

D1:拷贝区的首地址。

D2:拷贝区的末地址。

D1 和 D2 应为同类性质的寄存器,且 D2≥D1。

梯形图:

```
 ┤X1├─[F11  COPY  ,  WR 1  ,  DT 0  ,  DT 1  ]───┤├
```

6)数据交换指令

数据交换指令有三条,它们是 F15,F16 和 F17。

指令的格式及功能为

[F15XCH,D1,D2]:将 D1 和 D2 寄存器中的 16 位数据互相交换。

[F16DXCH,D1,D2]:将 D1 寄存器及相邻的下一地址寄存器的 32 位数据与 D2 寄存器及其相邻的下一地址寄存器的 32 位数据互相交换。

[F17SWAP D]:将寄存器 D 中的高 8 位和低 8 位数据互相交换。

(2)算术运算指令

FP1 可编程控制器的算术运算指令可以进行多种形式的加、减、乘、除四则运算。按其进位制可以分为二进制和 BCD 码算术运算指令;按参与运算的操作数多少可以分为双操作和三操作数算术运算指令;按参与运算的数据位数可以分为 16 位、32 位二进制数和 4 位、8 位 BCD 码的算术运算指令;此外,还有二进制和 BCD 码的增 1、减 1 指令。

FP1 的算术运算指令共有 32 条,限于篇幅,不作一一介绍,仅将这些指令分门别类的加以说明。

①32 位二进制数和 8 位 BCD 码的算术运算指令中,参与运算的操作数若为寄存器,则是指相邻的两个寄存器参与运算。例如,指令中的操作数为 DT0,而实际参与运算的是 DT0 和 DT1 的 32 位二进制数或 8 位 BCD 码参与运算。

②操作数的数据范围。

16 位二进制数:K=-32768~+32767 或者 H8000~H7FFF。

32 位二进制数:K=-2147483648~+2147483647 或者 H80000000~H7FFFFFFF。

4 位 BCD 码:K=0~9999。

8 位 BCD 码:K=0~99999999。

③运算标志。特殊内部继电器 R9008、R9009、R900B 作为算术运算的各种标志。

R9008:错误标志。当除数为 0 时,R9008 接通一个扫描周期,并把发生错误的地址存入 DT9018 中。

R9009:进位或溢出标志。当运算结果溢出或有进位以及用负的最小值或-1 做除数时,R9009 接通一个扫描周期。

R900B:0 结果标志。当运算结果为 0 时,R900B 接通一个扫描周期。

④加法指令的算法。

两操作数:D=S+D;

三操作数:D=S1+S2。

⑤减法指令的算法。

两操作数:D=D-S;

三操作数:D=S1-S2。

⑥乘法指令算法。

D=S1×S2。

⑦除法指令算法。

D=S1÷S2。

余数的处理:除运算后若有余数,则将其存放在特殊数据寄存器 DT9015 和 DT9016 中。

16 位二进制或四位 BCD 码除法的余数,存入 DT9015 中。32 位二进制或 8 位 BCD 码除法的余数,其高 16 位(二进制)或高 4 位(BCD 码)存入 DT9016 中,低 16 位(二进制)或低 4 位(BCD 码)存入 DT9015 中。

⑧增 1 和减 1 指令算法。

D=D+1,D=D-1。

⑨算术运算指令常常和微分指令配合使用。

(3)数据比较指令

数据比较指令包括 16 位及 32 位数据比较指令和 16 位及 32 位窗口比较指令等四条指令。

①16 位及 32 位数据比较指令 F60,F61。

指令的格式如下

16 位数据比较指令：〔F60 CMP,S1,S2〕；

32 位数据比较指令：〔F61 DCMP,S1,S2〕；

其中,S1 和 S2 是参与比较的数据或含有比较数据的两个寄存器。

注意：S 可以是常数,也可以是存放数据的寄存器的(首)地址。

F60 和 F61 比较指令将比较的结果用特殊内部继电器 R9009,R900A,R900B 和 R900C 的状态来表示(见表 5-28)。

表 5-28　S1 和 S2 为比较数据时的比较状态

比较 S1 和 S2	标　　　志			
	R900A	R900B	R900C	R9009
S1<S2	OFF	OFF	ON	·
S1=S2	OFF	ON	OFF	OFF
S1>S2	ON	OFF	OFF	·

注："·"表示根据条件通/断

【例 5-17】　DT1 和常数 K110 进行比较的梯形图如下图所示。

```
   X0
0 ┤├──[F60 CMP      , DT 1      , K 110   ]
   X0    R900A                                            Y0
6 ┤├──┤├───────────────────────────────────────────(  )
   X0    R900B                                            Y1
9 ┤├──┤├───────────────────────────────────────────(  )
   X0    R900C                                            Y2
12┤├──┤├───────────────────────────────────────────(  )
15├──────────────────────────────────────────────( ED )
```

编程时,比较指令之后应马上使用这些结果标志,比较结果应与比较指令采用同一触发信号。

解释：当触发信号 X0 接通时,将数据寄存器 DT1 的内容与十进制常数 K110 进行比较,当 DT1>K110 时,R900A 为 ON,输出继电器 Y0 接通；当 DT1=K110 时,R900B 为 ON,输出继电器 Y1 接通；当 DT1<K110 时,R900C 为 ON,输出继电器 Y2 接通。

当 S1 和 S2 是 BCD 码或无符号二进制数时,标志 R9009、R900A、R900B、R900C 的状态变化列于表 5-29。

表 5-29　S1 和 S2 是 BCD 码时的比较状态

比较 S1 和 S2	标　　　志			
	R900A	R900B	R900C	R9009
S1<S2	OFF	OFF	ON	↕
S1=S2	OFF	ON	OFF	OFF
S1>S2	ON	OFF	OFF	↕

注："↕"表示根据条件通/断

【例 5-18】　DT1 和 DT2 中两个 BCD 码进行比较的梯形图如图 5-53 所示。

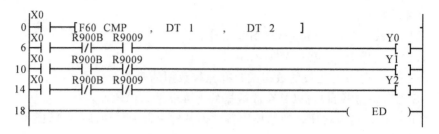

图 5-53 BCD 码的比较

解释：

当 DT1＜DT2 时,Y0＝1

当 DT1＝DT2 时,Y1＝1

当 DT1＞DT2 时,Y2＝1

②16 位和 32 位窗口比较指令 F62,F63

指令的格式如下：

[F 62WIN,S1,S2,S3]:16 位窗口比较指令。

[F 63DWIN,S1,S2,S3]:32 位窗口比较指令。

其中：

S1——被比较数据或含有此值的寄存器。

S2——比较窗口的下限值或含有此值的寄存器。

S3——比较窗口的上限值或含有此值的寄存器。

F62 和 F63 指令的比较结果,用内部特殊继电器 R9009,R900A,R900B 和 R900C 的状态表示,见表 5-30。

表 5-30 窗口比较标志的变化

状 态	标 志		
	R900A	R900B	R900C
S1＜S2	OFF	OFF	ON
S2≤S1≤S3	OFF	ON	OFF
S1＞S3	ON	OFF	OFF

在使用比较指令时,每进行一次比较,标志继电器就刷新一次,故在使用这些标志编程时,应在比较指令后立即采用。为保证比较结果的准确性,编程时,比较结果和比较指令应采用同一执行(触发)条件。

【例 5-19】 如图 5-54 所示为液位控制梯形图。

DT0 中的数据为液位的实际高度,当然这是经液位传感器再经 A/D 转换后传输给 DT0 的数据。寄存器 DT2 中的数据为液位下限设定值,DT4 中的数据为液位的上限设定值。Y2 为进液阀门,Y0 为泄放阀门。当液位在上下限值之间时,Y0、Y2 都关闭;当液位在下限值以下时,Y2 接通;当液位越过上限时,Y0 接通。

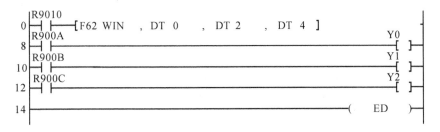

图 5-54 液位控制梯形图

（4）逻辑运算指令

逻辑运算指令有 4 条，它们都是对 16 位数据进行操作的：与操作指令 WAN，或操作指令 WOR，异或操作指令 XOR 和同或操作指令 XNR。

逻辑运算指令的算法如下：

与操作指令 WAN [F65 WAN S1,S2,D]：$D=S1 \cdot S2$。

或操作指令 WOR [F66 WOR S1,S2,D]：$D=S1+S2$。

异或操作指令 XOR [F67 XOR S1,S2,D]：$D=S1\oplus S2$。

同或操作指令 XNR [F68 XNR S1,S2,D]：$D=\overline{S1\oplus S2}$。

（5）数据转换指令

这类指令包括二进制码与 BCD 码的互相转换。二进制码及 BCD 码与 ASCII 码的互相转换、七段译码、数据的编码和译码、二进制数的求反和求补运算、二进制数求绝对值、16 位数据的扩展、16 位数据的组合和分离、字符与 ASCII 码转换和表数据查找等。数据变换指令可见附录的高级指令表。

数据变换指令的说明：

①F70 区块检查码计算指令

这条指令常用于数据通信时检查数据传输是否正确。

F70 指令的格式如下：

$$[F70 \ BCC \ S1,S2,S3,D]$$

其中：S1 为指定计算检查码的方法。

当 S1＝K0 时，做加法运算。

当 S1＝K1 时，做减法运算。

当 S1＝K2 时，做异或运算。

S2 为参与计算的数据区首地址。

S3 为参与计算的数据字节数。

D 为存放计算结果的寄存器。

②码制变换指令

F71～F78 是 8 条三操作数的码制变换指令，其操作数 S1,S2 和 D 的意义为

S1：参加变换的数据区首地址。

S2：指定参加变换的字节数（二进制）或字符数（ASCII）。

D：存放变换结果的寄存器区首地址。

F80～F83 是 4 条双操作数的码制变换指令，其操作数 S 和 D 的意义如下：

S:参加变换的数据或寄存器。

D:存放变换结果的寄存器。

值得注意的是:ASCII 码的一个字符占 7 位,最高位补 0,共占 8 位。因此,当 ASCII 码变换成十六进制数、二进制数和 BCD 码时,数据位应缩小一半;反之,数据位应扩大一倍。

此外,当一个负数变换成 ASCII 码时,负号以 2D 表示,将其放在 ASCII 码的最高位;若为正数,则符号位可省略。

③解码指令 F90

所谓解码,就是将若干位二进制数转换成具有特定意义的信息。

解码指令的格式如下:

$$[F90 \ DECO \ S,n,D]$$

S:参与解码的数据或寄存器。

n:解码控制字或存放控制字的寄存器。

n 的格式如下:

nL:为 n 的 bit0～bit3,设定 S 参与变换的位数,nL 取值为 1～8。

nH:为 n 的 bit8～bit11:设定 S 参与变换的起始位,nH 取值为 0 ～15、控制字 n 指明了参与解码的数据 S,从第位开始,有几位进行解码。

D:存放解码结果的寄存器首地址,它的有效位数和 nL 有关。

结果寄存器的位数 $= 2^{(nL)}$

【例 5-20】 对 WR0 中的数据进行解码。

```
 |X1
 ├─┤ ├──[F90 DECO  ,  WR 0  ,  DT 0  ,  WR 1]                    ─┤
```

已知 WR0 中的数据为 357AH;DT0 中的数据 4B4H,故解码控制字 n 的 nL=nH=4,表明从 bit4 开始的 4 位数参与解码。存放解码结果的寄存器 WR1 的有效位长 $= 2^4 = 16$bit。

在 WR0 中,参加解码的 4 位数的值是 7。因此,WR1 的数据应为 0080H。

④编码指令 F91

所谓编码,就是将具有特定意义的信息变成若干位二进制数。

编码指令的格式如下:

$$[F \ 92 \ ENCO \ S,n,D]$$

其中,S:被编码的数据或寄存器首地址;n:编码控制字或存放控制字的寄存器。

控制字 n 的格式:

nL 为 n 的 bit0～bit3,用于设定编码数据的有效位长度,nL 的取值范围为 1～8。S 的有效位长度 $= 2^{(nL)}$。

nH 是 n 的 bit8～bit11,取值范围为 0～15,nH 用于设定 D 寄存器从何位开始存放变换结果。

D:存放变换结果的寄存器。

【例 5-21】 对 WR0 中的数据进行编码。

```
 |X0
 ├─┤ ├──[F92 ENCO  ,  WR 0  ,  H 6  ,  DT 0]                    ─┤
```

此例中 n=6,说明 WR0 的有效位长度 $=2^6=64$,即编码的寄存器有 WR0,WR1,WR2,WR3 四个寄存器。nH=0,说明编码结果从 DT0 的第 0 位开始存放。设 WR3=0800H,WR0,WR1,WR2 的数据均为 0,则编码结果为:DT0=003BH。

5.5　常用的 PLC 单元程序

一个复杂的梯形图程序,往往由多个简单的典型梯形图组成。因此本节由浅入深,逐个介绍一些典型的梯形图程序,从而掌握如何利用 PLC 来实现各种控制功能。以下程序中继电器编号无括号的为 CPM1A 型 PLC,括号中为 FX2N 系列 PLC。

1.电动机起、停控制线路

【例 5-22】　根据图 5-55(a)的异步电动机直接起、停控制线路的电气原理图,用 PLC 程序设计相应的梯形图程序。

根据图(a)的原理图,首先画出各电器元件与 PLC 的接线图,如图(b)所示,然后根据原理图及接线图画出梯形图如图(c)所示。

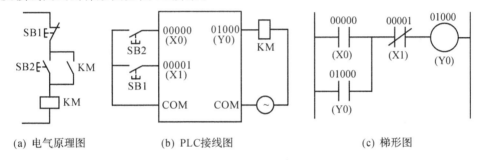

(a) 电气原理图　　　　(b) PLC接线图　　　　(c) 梯形图

图 5-55　异步电动机直接起、停控制线路

上面的编程方法完全从电气原理图演化而来,而实际上要实现上述功能,还可用其他方法来实现,如图 5-56 所示的方法。

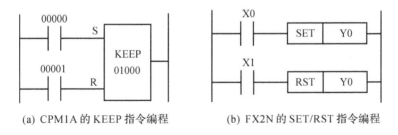

(a) CPM1A 的 KEEP 指令编程　　　(b) FX2N 的 SET/RST 指令编程

图 5-56　用 KEEP 指令或置位/复位指令编程

上面程序中用其他指令同样可实现起、停控制,只是将输入信号 00001(X1)由常闭改为常开。

2.脉冲发生电路

【例 5-23】　用 PLC 设计一个频率为 10Hz 的等脉冲发生器。

分析该题,根据题意,脉冲频率为 10Hz,则周期为 0.1s,等脉冲即占空比为 1。因此当输入信号 00000(X0)接通后,输出 01000(Y0)产生 0.05s 接通、0.05s 断开的方波,因此必须选择精度为 0.01s 的定时器,梯形图如图 5-57 所示。

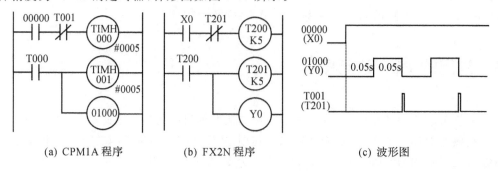

(a) CPM1A 程序　　　(b) FX2N 程序　　　(c) 波形图

图 5-57　占空比为 1 的等脉冲发生器电路

【例 5-24】　设计一个周期为 50s 的脉冲发生器,其中断开 30s,接通 20s。

分析该题,与上例的区别在于一方面接通和断开时间不相等,占空比不是为 1 的脉冲,另一方面由于定时时间较长,可用 0.1s 的定时器,因此只要改变时间常数就可实现,如图 5-58 所示。

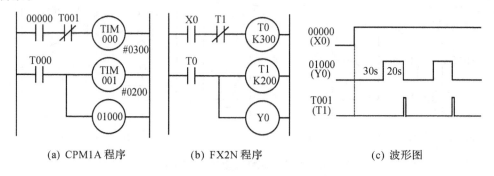

(a) CPM1A 程序　　　(b) FX2N 程序　　　(c) 波形图

图 5-58　占空比不为 1 的脉冲发生器电路

3. 延时接通程序

【例 5-25】　当按下起动按钮 00000(X0)后,延时 5s 后输出 01000(Y0)接通;当按下停止按钮 00001(X1)后,输出 01000(Y0)断开,试设计出 PLC 程序。

分析该题,由于按钮松开后,其对应的触点断开,因此要让定时器能正常工作,必须使用辅助继电器及自锁电路,使定时器线圈能保持通电。如图 5-59 所示。

4. 延时断开程序

【例 5-26】　某控制系统的控制要求为:输入信号 00000(X0)接通后,输出 01000(Y0)马上接通;当 00000(X0)断开后,输出延时 5s 后断开。要求设计出梯形图程序。

所设计程序如图 5-60 所示。

5. 延时程序

CPM1A 型 PLC 的定时器 TIM 的最长定时时间为 999.9s,FX2N 系列 PLC 的定时器最长定时时间为 3276.7s。有时系统需要超长延时,一个定时器无法满足需要,这时就需要考虑用多个定时器或定时器加计数器的方式来实现长延时。下面介绍几种用定时器/计数器设计长延时程序。

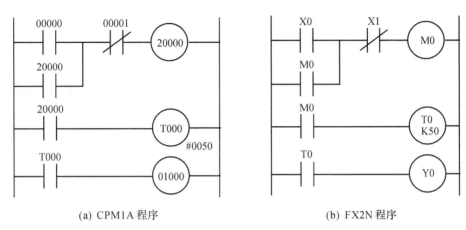

(a) CPM1A 程序　　　　　　　　　　　　　(b) FX2N 程序

图 5-59　延时 5s 接通程序

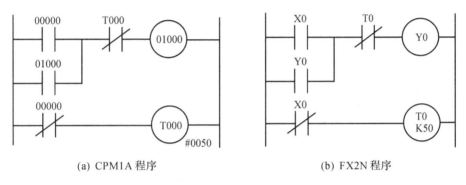

(a) CPM1A 程序　　　　　　　　　　　　　(b) FX2N 程序

图 5-60　延时断开程序

(1) 多个定时器组合

【例 5-27】　用 CPM1A 型 PLC 实现 1800s 的延时程序或者用 FX2N 系列 PLC 实现 5000s 的延时程序。

由于单个定时器均无法满足要求,用 2 个定时器的组合就可实现定时要求,如图 5-61 所示。

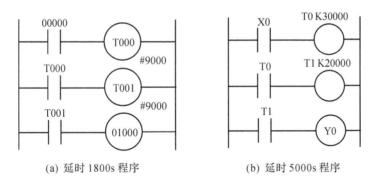

(a) 延时 1800s 程序　　　　　　　　　(b) 延时 5000s 程序

图 5-61　定时器加定时器实现的长延时程序

上面利用两个定时器的组合,可以实现 1800s 或 5000s 的定时功能,但这种方法要实现很长的定时,如几万秒甚至更长的定时就不适合了,因此如果需要更长时间的定时可用定时器与计数器的组合来实现。

（2）定时器与计数器的组合

【例 5-28】 控制要求为当 00000（X0）接通后，延时 20000s，输出 01000（Y0）接通；当 00000（X0）断开后，输出 01000（Y0）断开。要求设计 PLC 程序。

梯形图程序如图 5-62 所示。

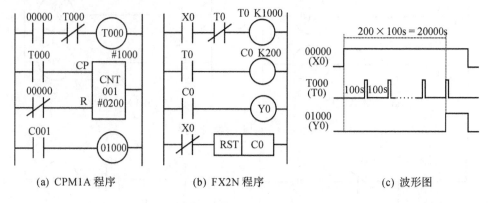

(a) CPM1A 程序　　　　(b) FX2N 程序　　　　(c) 波形图

图 5-62　定时器加计数器实现的延时 20000s 程序

（3）两个计数器组合

【例 5-29】 控制要求为当 00000（X0）接通后，延时 50000s，输出 01000（Y0）接通；当 00000（X0）断开后，输出 01000（Y0）断开。要求设计 PLC 程序。

梯形图程序如图 5-63 所示。

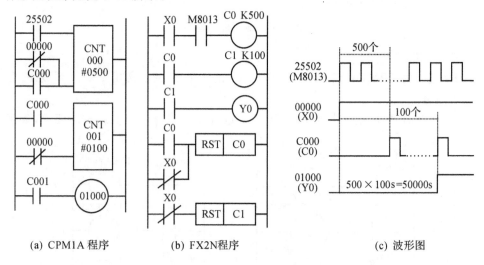

(a) CPM1A 程序　　　　(b) FX2N程序　　　　(c) 波形图

图 5-63　计数器加计数器实现的延时 50000s 程序

6. 顺序延时接通程序（见图 5-64）

【例 5-30】 用 PLC 实现下列控制要求：当 00000（X0）接通后，输出端 01000（Y0），01001（Y1），01002（Y2）按顺序每隔 10s 输出接通。

用三个定时器 TIM000（T0），TIM001（T1），TIM002（T2）设置不同的定时时间，可实现按顺序先后接通，当 00000（X0）断开后同时停止。

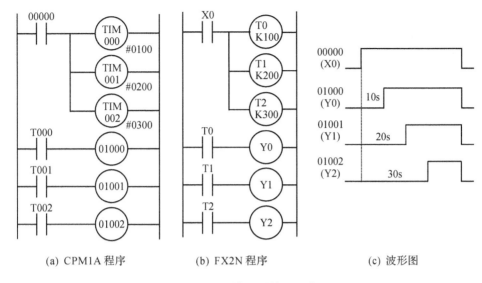

(a) CPM1A 程序　　　　(b) FX2N 程序　　　　(c) 波形图

图 5-64　顺序延时接通程序

7.顺序循环接通程序(见图 5-65)

【例 5-31】　当 00000(X0)接通后,01000～01002(Y0～Y2)三个输出端按顺序各接通 10s,如此循环直至 00000(X0)断开后,三个输出全部断开。

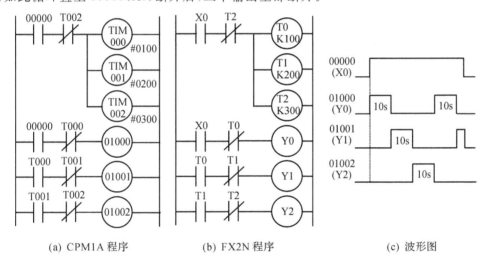

(a) CPM1A 程序　　　　(b) FX2N 程序　　　　(c) 波形图

图 5-65　顺序循环接通程序

8.二分频程序(见图 5-66)

【例 5-32】　输入端 00000(X0)输入一个频率为 f 的方波,要求输出端 01000(Y0)输出一个频率为 $f/2$ 的方波,即设计一个二分频程序。

由于 PLC 程序是按顺序执行的,所以当 00000(X0)的上升沿到来时,20000(M0)接通一个扫描周期,此时 20001(M1)线圈不会接通,01000(Y0)线圈接通并自锁,而当下一个扫描周期时,虽然 01000(Y0)是接通的,但此时 20000(M0)已经断开,所以 20001(M1)也不会接通,直到下一个 00000(X0)的上升沿到来时,20001(M1)才会接通,并把 01000(Y0)断开,从而实现二分频。

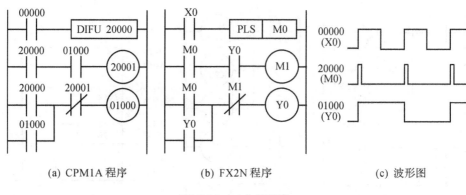

(a) CPM1A 程序　　　　　　(b) FX2N 程序　　　　　(c) 波形图

图 5-66　二分频程序

9. 正反转控制电路（见图 5-67）

【例 5-33】　根据电动机直接正反转原理，用 PLC 设计其控制程序。

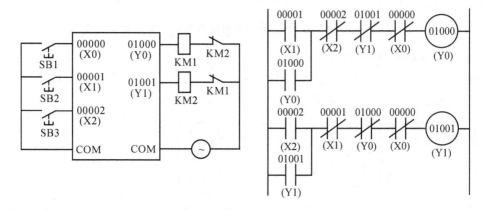

图 5-67　三相异步电动机正反转控制

图 5-56 中，SB1-00000（X0）为停止按钮，SB2-00001（X1）为正转起动按钮，SB3-00002（X2）为反转起动按钮，KM1-01000（Y0）为正转接触器，KM2-01001（Y1）为反转接触器。

虽然在程序中用了电互锁和机械互锁，但由于软件执行速度很快，而外部的硬件接触器触点的机械响应速度较慢，动作时间往往大于程序执行的一个扫描周期，因此，为防止正反转切换时主电路短路，故在 PLC 外的硬件输出电路中还要使用硬件互锁。

5.6　PLC 程序设计方法

在 PLC 控制系统中，由于采用了软件控制，故外部硬件接线较为简单，这样 PLC 程序设计就显得非常重要，PLC 程序设计的好坏直接影响到控制系统的性能及程序的可读性。

PLC 程序设计方法主要有经验设计法、顺序控制设计法及继电器控制线路移植法等。本节将主要介绍前两种设计方法。

5.6.1 经验设计法

经验设计法实际上是从传统的继电器控制系统的电气原理图演化而来的,顾名思义就是在一些典型单元电路的基础上,凭经验来设计控制线路,并不断修改和完善梯形图的一种设计方法。这种设计方法无规律可循,设计出的程序与设计者的经验和水平有很大的关系,所以每一个人设计出的程序会各不相同。

下面通过举例来说明这种设计方法的基本思路。

【例 5-34】 设计运料小车运动控制系统。

运料小车运动示意图及 PLC 接线图如图 5-68 所示。

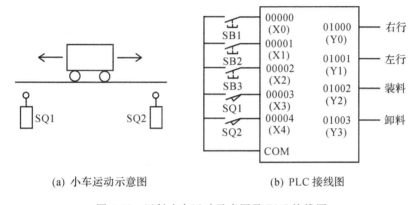

(a) 小车运动示意图   (b) PLC 接线图

图 5-68 运料小车运动示意图及 PLC 接线图

在图 5-57 中,SB1 为小车右行起动按钮,SB2 为小车左行起动按钮,SB3 为小车停止按钮,SQ1 和 SQ2 分别为运料小车左右终点的行程开关,SQ1 处装料,20s 后装料结束开始右行,碰到 SQ2 后停下卸料,15s 后小车左行,如此循环往复,直到按下停止按钮 SB3 时为止。

第一步:分析系统的工作过程。

小车的左行和右行过程不能同时进行,因此左行和右行动作必须互锁,包括机械互锁和电互锁,这与已学过的电动机正、反转控制原理一样,因此我们可以先画出控制小车左、右行的梯形图。

第二步:画梯形图。

①图 5-69 的梯形图即是左、右行的初步设计图。

②装料和卸料。

当小车碰到 SQ1 时,接通 01002(Y2)开始装料,并定时 20s。当小车右行碰到 SQ2 时,接通 01003(Y3)开始卸料,并定时 15s,可画出装料和卸料的梯形图如图 5-70 所示。

③考虑停止按钮 SB3 按下后,无论左行或右行都必须停止,则在左行和右行逻辑行中串入 SB3 的常闭触点 00002(X2)。

将①②③结合起来后,就得到如图 5-71 所示的梯形图。

④当小车碰到行程开关 SQ1 或 SQ2 时,除要开始装料或卸料的动作外,还要停止左行或右行,因此须将行程开关的常闭触点串入左行或右行的逻辑行中。

⑤考虑当小车装料或卸料结束后能自动起动右行或左行,因此必须将定时器的常开触

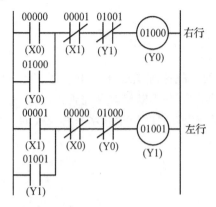

图 5-69　小车左、右行

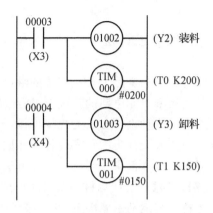

图 5-70　装料和卸料

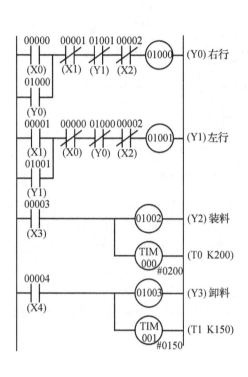

图 5-71　梯形图(①+②+③)

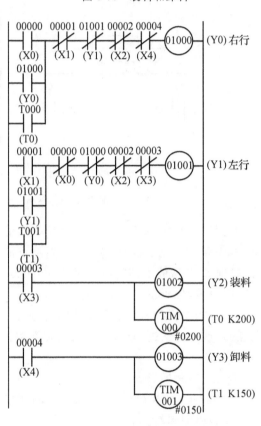

图 5-72　梯形图(最终程序①+②+③+④+⑤)

点并入手动开关的常开触点。

　　综上①～⑤,最后可得出如图 5-72 所示的完整的梯形图。

　　从这个例子中可以看出,用经验设计法设计梯形图非常麻烦,而且容易漏掉某些环节,设计出的梯形图可读性差,对比较复杂的控制系统会很难设计。因此,这种方法只能用来设计一些简单的程序,对于复杂系统往往采用顺序控制设计法。

5.6.2　顺序控制设计法

顺序状态流程图又称状态图或流程图,如图 5-73 所示,它是描述控制系统的控制过程、功能和特性的一种图形。它是一种通用的技术语言,这种先进的设计方法成为目前 PLC 程序设计的主要方法。下面介绍顺序状态流程图设计法的一些基本概念和设计步骤。

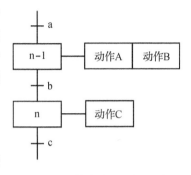

图 5-73　状态流程图的组成

(一)基本概念

1.步

用顺序控制法设计 PLC 程序时,根据系统输出量的变化,将系统的一个工作循环过程分解成若干个顺序相连的阶段,这些阶段就称为"步"。"步"在状态流程图中用方框来表示,如图 5-73 中的 n−1 和 n。

步是根据 PLC 输出量的状态来划分的,只要系统的输出量状态发生变化,系统就从原来的步进入新的步。

下面以图 5-74 所示的液压工作台的工作过程为例来说明如何划分步。

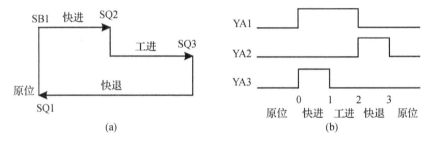

图 5-74　液压工作台的工作过程示意图

液压工作台初始状态是停在原位不动,当得到起动信号后开始快进,碰到 SQ2 后转为工进,当加工结束碰到 SQ3 后转为快退,快退回原位停止。图 5-74(b)为电磁阀 YA1,YA2,YA3 的状态。从图中可看出,该液压工作台的整个工作过程可划分为原位、快进、工进和快退四步,每一步其输出的状态都发生变化。

总之,只要 PLC 输出量发生变化,就产生新的一步。如果输出量保持不变,就不能划分步。

系统在控制过程刚开始阶段所处的步称为初始步。在状态流程图中,初始步用双线框表示,如⬚,每个状态流程图中至少应该有一个初始步。

当系统程序执行到某一步时,该步相应的动作被执行,则该步就称为活动步。

2.有向连线

步与步之间的连线称为有向连线。步的进展是按有向连线规定的路线进行的,进展方向一般是从上到下,如果不是这个方向,则应在有向连线上用箭头注明进展方向。

3.转换

从当前步进入下一步是由转换来完成的,转换是用与有向连线垂直的短画线表示。步与步之间实现转换必须具备以下两个条件：

① 前级步必须是"活动步"；

② 对应的转换条件成立。

以图 5-62 为例，当 n-1 步为活动步时，如果转换条件 b=1（为真），则实现从步 n-1 到步 n 的转换，转换后第 n 步变为活动步，而 n-1 步变为不活动步。

4. 转换条件

转换条件就是使系统从当前步进入下一步的条件。通常转换条件有按钮、行程开关、定时器或计数器动作等等。

例如：如图 5-63 所示的液压工作台从原位转为快进，其转换条件是起动按钮 SB1，由快进转为工进的转换条件是碰到行程开关 SQ2。

转换条件可以用文字语言、布尔代数表达式或图形符号标注在表示转换的短画线旁边，如图 5-62 中的 a，b，c 即是转换条件。转换条件也可以是若干个逻辑组合（与、或等），如 A1·A2，A1+A2，或者是某个信号的上升沿或下降沿，如转换条件 X↑ 和 X↓ 分别表示 X 从 0 到 1 的上升沿和从 1 到 0 的下降沿时条件成立。

5. 动作

动作是指某步活动时，PLC 向被控系统发出的命令，或系统应执行的动作，如输出继电器 01000（Y0）线圈得电。

动作用矩形框或圆，中间用文字或符号表示，如果某一步有几个动作，则可用图 5-75 的方法来表示。

图 5-75 动作的画法

其中动作 A 和动作 B 没有顺序之分。

（二）状态流程图的基本结构及编程技巧

1. 单序列结构

单序列结构，是指每一步后面只有一个转换，每一个转换后面只有一步的结构。单序列结构是最典型的顺序控制系统，下面以具体实例来说明这种结构的编程方法与编程技巧。

【例 5-35】 某组合机床液压工作台的自动工作过程如图 5-76（a）所示，工作台在原位时压下行程开关 SQ1，当按下起动按钮 SB1 后，工作台快进；碰到行程开关 SQ2 后转为工进；碰到行程开关 SQ3 后工作台快退；当碰到行程开关 SQ1 后工作台回原位停止。其液压阀的电磁铁动作表如图 5-76（b）所示，要求用状态流程图来编制程序实现工作台的工作循环。

在介绍步的时候已经介绍过了液压工作台分为原位、快进、工进、快退四步，且每一步的转换条件也已确定，因此根据工作台的工作过程可以画出其状态流程图如图 5-77 所示。

因 PLC 在工作开始时，其初始步必须被激活，通常采用在开始时加初始激活信号，专门

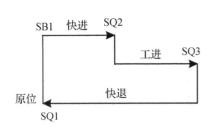

电磁铁 滑台	YA1	YA2	YA3	主令信号
原位	−	−	−	SQ1
快进	+	−	+	SB1
工进	+	−	−	SQ2
快退	−	+	−	SQ3

(a) 工作循环　　　　　　　　　　(b) 电磁铁工作表

图 5-76　液压工作台工作循环及电磁铁动作表

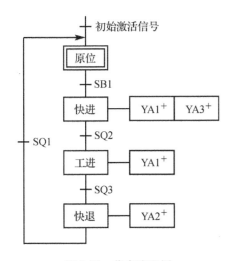

图 5-77　状态流程图

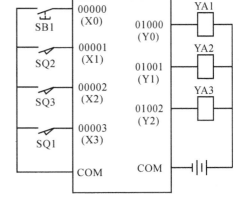

图 5-78　PLC 接线图

用于激活初始步。在 CPM1A 型 PLC 中,通常用特殊继电器 25315(M8002)作为初始激活信号。

现在我们根据工作台的输入输出信号连接到 PLC 的 I/O 端口,如图 5-78 的接线图。

编程时通常用辅助继电器来代表各步。这里我们用 20000～20003(M0～M3)分别代表原位、快进、工进、快退四步的状态。这样我们就可将图 5-77 的状态流程图改画为图 5-79 所示的状态流程图。

根据以上的状态流程图,下面我们来介绍几种编程方法。

(1)用基本逻辑指令的编程方式

所谓基本逻辑指令,就是指利用 PLC 与触点和线圈有关的指令,如 LD,AND,OUT 等来编程的编程方式。

利用这种编程方式画梯形图时,有两个步骤:

第一步:画出控制每一步激活的电路。

因为我们知道,要激活下一步必须满足两个条件:①前一步为活动步;②满足转换条件。例如:假定当前步为 m,下一步为 n,从步 m 到步 n 的转换条件为 a,则有布尔表达式 $n=ma$。因此,可将前一步的辅助继电器和转换条件串联作为激活下一步的条件。

另外要考虑到的是:当下一步被激活变为活动步时,前一步必须变为不活动步。因此,

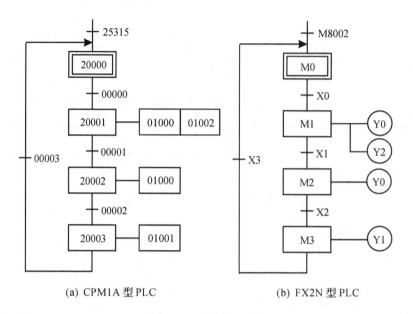

(a) CPM1A 型 PLC　　　　　(b) FX2N 型 PLC

图 5-79　状态流程图

将下一步的辅助继电器常闭触点串入前一步的激活电路中,当下一步被激活时切断前一步的辅助继电器线圈,使其变为不活动步。

为保证活动状态能保持到下一步被激活时为止,每一步的激活条件必须加自锁。

第二步:每一步对应的辅助继电器控制相应的动作。

用上面的两个步骤可以很容易地画出如图 5-80 所示的梯形图。

用这种方法编程时要注意的是要避免双线圈输出。若出现双线圈现象,则要将其合并,合并的办法是将驱动同一线圈前面的触点并联,如图 5-80 中的 20001(M1)和 20002(M2)。

用基本逻辑指令编程时可以按图 5-81 所示的格式画出梯形图。

(2)使用移位寄存器指令 SFT 的编程方式

由于我们用辅助继电器 20000～20003 代表原位、快进、工进、快退四步,因此根据移位寄存器指令的特点,我们用通道 200 作为移位通道,数据从 20000 向 20003 移位。由于每次只能有一个步激活,并按顺序依次激活,因此开始运行时初始步 20000 必须首先被激活,而后每移位一次,移入的数必须为 0,所以将 20000～20002 的常闭触点串联后作为数据输入端,将激活条件作为时钟输入信号,将四步的激活条件并联后接到时钟输入端,这样每激活一步,移位寄存器的数都往前移一位,从而实现逐步激活,并将上一步变为不活动步。为考虑编程简单,用辅助继电器 20100 作为时钟信号,由激活条件来控制 20100 的通断。

当移位到 20003＝1 时,即快退步被激活后,此时 20000～20002 三个常闭触点均闭合,若再来一个时钟脉冲,则 20000 位移入一个 1,即初始步又被激活,回到初始步。这里初始步激活的信号用特殊继电器 25315,它在 PLC 开始运行的首个扫描周期为 ON,使 20100 产生第一个移位时钟脉冲,将 1 移入 20000(实际上是在第二个扫描周期才激活初始步)。用特殊继电器 25315 接在 SFT 的复位端,使 SFT 在第一个扫描周期先复位,将 200 通道清 0。根据上面的分析,可画出梯形图如图 5-82 所示。

用移位寄存器指令 SFT 编程的基本电路可总结为:

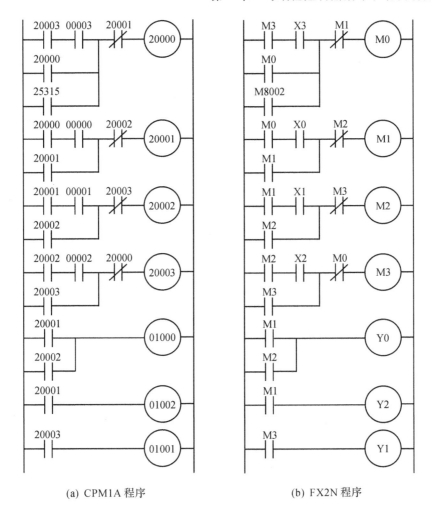

(a) CPM1A 程序　　　　　　　　　(b) FX2N 程序

图 5-80　用基本逻辑指令编程

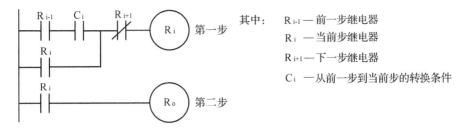

其中：　R_{i-1} —— 前一步继电器

R_i —— 当前步继电器

R_{i+1} —— 下一步继电器

C_i —— 从前一步到当前步的转换条件

图 5-81　梯形图套用格式

若系统有 i 步(初始步为 0 步)，则将 $R_0 \sim R_{i-1}$ 的常闭触点串联接到 IN 输入端，将每一步的激活条件并联后作为时钟信号输入，并将 25315 作为初始起动信号。

(3)用步进指令编程

由于 OMRON 的 CPM1A 用的步进指令与 MITSUBISHI 的 FX2N 系列的步进指令在使用时有较大差别，因此分别介绍这两个指令。

① CPM1A 型 PLC 的步进指令编程

在用步进指令编程前,首先介绍步进指令的用法。

步进指令由 STEP 和 SNXT 两个指令组成,其梯形图如图 5-83 所示。

步进指令是按步进行控制的指令,其中 STEPS 表示步的开始;SNXT S 表示将前一步变为不活动步,同时激活后一步;STEP 放在步进指令的最后,表示步进控制结束。其中 S 表示代表步的继电器编号,这些继电器可用 00000～01915,20000～25215,HR0000～1915,AR0000～1515,LR0000～1515。

STEP S 和 SNXT S 指令用来定义程序段,其中 S 的值是相同的(实际是程序段的标识符)。不带 S 的 STEP 表示一系列由 STEP S 和 SNXT S 所定义的程序段的结束。它们的具体使用是:步进程序段由 SNXT S 指令开头(它对前面用过的定时器复位,并把数据区清零),紧跟着是 STEP S 指令(S 是程序段的开始标记),然后是该程序段各指令集。在一系列步进程序段之后要紧跟一条 SNXT S 指令。这里的 S 值是无意义的,可使用任何未被使用过的数据区地址,在该指令之后还要用不带操作数的 STEP 指令来标志这一系列程序段的结束,如图 5-84 所示。

注意在步进程序中下列指令不能使用:END,IL/ILC,JMP/JME,SBN。

步进指令当一步完成后,该步中所有的继电器都为 OFF,定时器复位,计数器、移位寄存器和锁存器保持原状态。

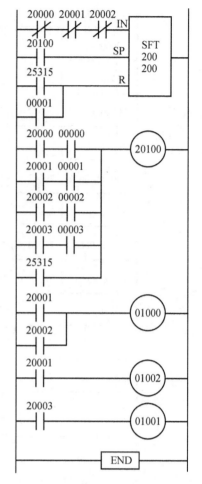

图 5-82 用移位指令编程

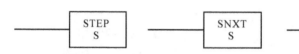

图 5-83 步进指令的梯形图

步进状态转移时,在一个扫描周期的时间内,两个相邻的步会同时接通。若要避免不能同时接通的触点同时输出,可在程序中设置互锁触点。

在步进梯形图中,可以出现双线圈输出。

根据上面的分析,图 5-85 的状态流程图可用步进指令编程,如图 5-85 所示。

图 5-85 省掉了 20000 步,是因为步进指令当执行到 SNXT 20115 这一步时,会将 20003 步复位,自动回到步进开始处,而无需用其他触点来复位最后一步。

如果在该例中用一个开关来控制半自动和全自动,该开关接在输入端的 00005 端子上,当该开关接通时为半自动,断开时为全自动,则可用图 5-86 的梯形图实现。

从上面的例子可以看出,用逻辑指令编程时程序较长,但很灵活;用移位指令编程时,要注意移位脉冲产生的先后次序；用步进指令编程时，可直接从状态流程图写出梯形图，这最方便。在复杂系统的实际应用时，可将几种编程方式综合应用，取长补短，从而设计出较为完善的程序。

② FX2N 系列 PLC 的步进指令编程

FX2N 系列 PLC 为步进顺序控制专门设置了状态寄存器和步进顺控指令，利用这些指令可以非常方便地编制顺序控制程序。FX2N 共有 1000 个状态寄存器，其编号及用途如表 5-24 所示。

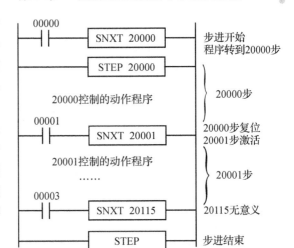

图 5-84 步进指令的应用示意图

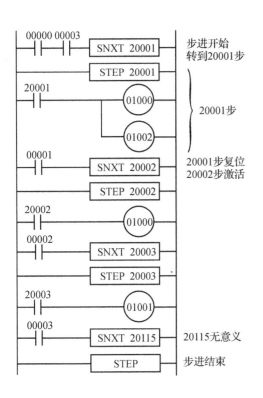

图 5-85 步进指令编程

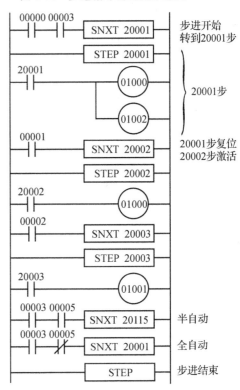

图 5-86 半自动和全自动的实现

表 5-24　FX2N 的状态寄存器

类　别	元件编号	个　数	用 途 及 特 点
初始状态	S0～S9	10	用作 SFC 的初始状态
返回状态	S10～S19	10	多运行模式控制当中,用作返回原点的状态
一般状态	S20～S499	480	用作 SFC 的中间状态
掉电保持状态	S500～S899	400	具有停电保持功能,用于停电恢复后需继续执行的场合
信号报警状态	S900～S999	100	用作报警元件使用

　　FX2N 系列 PLC 的步进指令有两条:步进接点指令 STL 和步进返回指令 RET。

　　STL 指令的梯形图符号如图 5-87 所示,其功能是激活某个状态或称某一步,在梯形图上表现为从主母线上引出的状态接点;RET 指令是当步进顺序控制程序执行完毕后返回主母线,步进顺序控制程序的结尾必须使用 RET 指令。步进指令 STL 的用法见图 5-87。

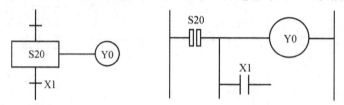

图 5-87　步进接点指令 STL 的用法

　　当程序执行完某一步要进入到下一步时,要用 SET 指令进行状态转移,激活下一步,并把前一步复位。但当状态需要转移到不连续步时,不能用 SET 指令,而要用 OUT 指令进行状态转移。如图 5-88 所示为非连续状态流程图。

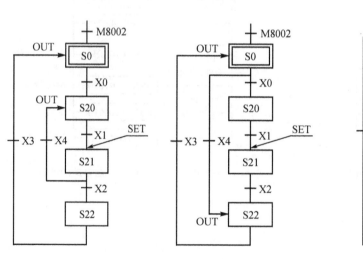

图 5-88　非连续状态流程图

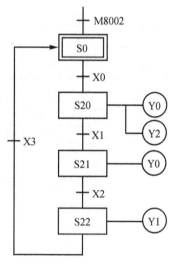

图 5-89　状态流程图

下面通过实例来说明实际控制系统的步进指令编程。

【**例 5-36**】　对图 5-76 所示的液压工作台用 FX2N 的步进指令编程。

这个系统的状态流程图与图 5-89 所示的状态流程图类似,只是当用 STL 步进指令时,要将每一步的状态用状态寄存器表示。所设计的梯形图及指令表程序如图 5-90 所示。

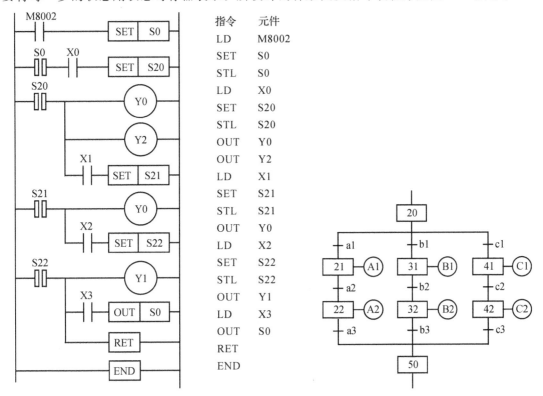

图 5-90　液压工作台的梯形图及指令表程序

图 5-91　选择序列结构

2. 选择序列结构

在图 5-91 中,分支开始时,步 20 在满足不同的转换条件时,将转换到不同的后续步。若满足转换条件 a1,则转换到 21 步;若满足 b1,则转换到 31 步;若满足 c1,则转换到 41 步。在分支结束时,无论哪条分支的最后一步为活动步时,只要相应的转换条件成立,都能转换到 50 步,因此可写出梯形图程序如图 5-92 所示。

从上面的例子可总结出选择序列用基本逻辑指令的编程规则。

(1)分支:如果某一步 R_i 的后面有一个由 n 条分支组成的选择序列,该步可能转换到 n 个不同的步去,则应将 n 个后续步对应的辅助继电器的常闭触点与 R_i 的线圈串联,作为结束步 R_i 的条件,如图 5-92(I)所示。

(2)合并:对于选择序列的合并,如果某一步之前有 n 个转换(即有 n 条分支合并到该步),则该步的起动电路由 n 条支路并联而成,如图 5-92(II)所示。

选择序列一般只允许选择其中一个序列,即 a1,b1,c1 中只能有一个为真。除了可用基本指令编程外,还可用置位/复位指令及步进指令编程,其梯形图如图 5-93 和 5-94 所示。

3. 并行序列结构

当 20 为活动步,而且转换条件 a＝1 成立,则同时激活多个后续步 21,31,41,此时 21,

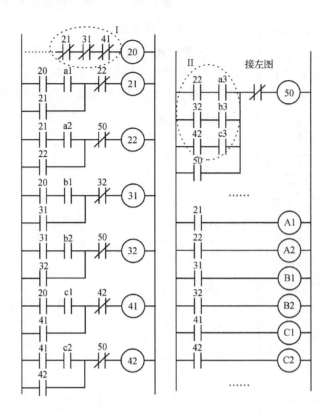

图 5-92 用基本指令编制的梯形图

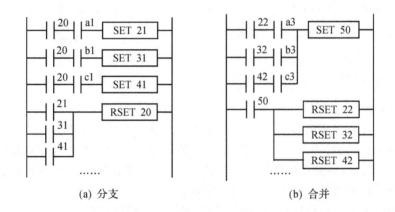

(a) 分支   (b) 合并

图 5-93 用置位/复位指令编写的梯形图程序

31,41 步同时变为活动步,而选择序列只能有一个后续步为活动步。并行序列合并时,只有当双线上的所有前级步 22,32,42 都为活动步时,且转换条件 d=1 成立,才能实现转换,使步 50 变为活动步,而双线以上的步变为不活动步。并行序列的分支转换条件(如 a)必须画在双线之上,合并的转换条件(如 d)必须画在双线之下(见图 5-95)。

并行序列在编程时也可用多种编程指令,图 5-96 为用基本指令编制的梯形图。图中在分支开始时,线圈 20 的断开触点可用 21 或 31 或 41,只要选其中之一即可,如图 5-96(I)所示;而在分支合并时,由于要满足前级步全部为活动步,并且对应的转换条件使这个条件成立,因此要将所有分支的最后一步触点与转换条件串联才能作为激活步 50 的条件,如图

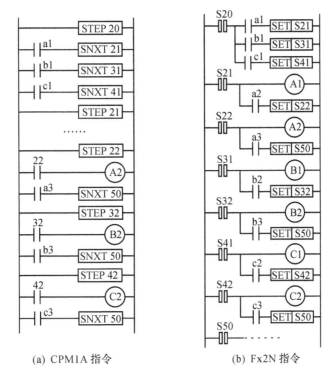

(a) CPM1A 指令　　　　　(b) Fx2N 指令

图 5-94　用步进指令编写的梯形图程序

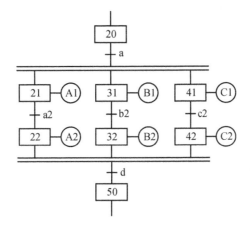

图 5-95　并行序列结构

5-96(Ⅱ)所示,只要分支中有一个分支还没有执行到最后一步,都不能实现合并。

由以上分析可总结出并行序列用通用逻辑指令的编程规则:

(1)如果某一步 R_i 的后面有一个由 n 条分支组成的并行序列,当 R_i 符合转换条件后,其后的 n 个后续步同时激活,所以只要选择 n 个后续步中任意一个常闭触点与 R_i 的线圈串联,作为结束步 R_i 的条件,如图 5-96(Ⅰ)所示。

(2)对于并行序列的合并,如果某一步 R_j 之前有 n 个分支,则将所有分支的最后一步的辅助继电器常开触点串联,再与转换条件串联作为步 R_j 线圈的得电条件,同时 R_j 的常闭触点分别作为 n 个分支最后一步断开的条件,如图 5-96(Ⅱ)。

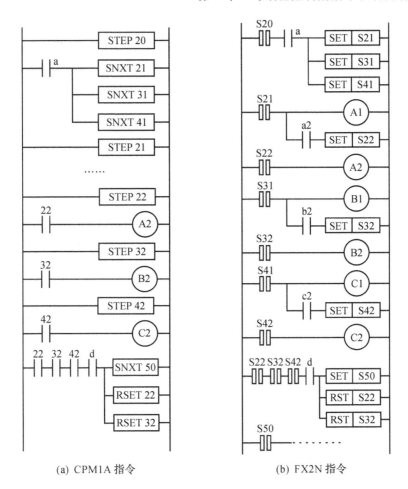

图 5-96　用基本指令编制的梯形图

(a) 分支　　(b) 合并

图 5-97　用置位/复位指令编写的梯形图程序

除了用基本逻辑指令编程外，还可用置位/复位指令和步进指令编程，分别如图5-86和5-87 所示。

如图 5-98 所示用步进指令编程时，梯形图最后步 50 的激活条件必须当其前级步 22，32，42 全为活动步，且满足转换条件 d 时，才能转换到 50 步，因此要将 22，32，42 和 d 串联去激活步 50。同时，因为步进指令 SNXT 50 只能使步 42 的状态复位，不能复位步 22 和 32，因此还要用复位指令使状态 22 和 32 复位。

4. 只有两步的重复序列的编程方法

如图 5-99(a)所示的状态流程图，画出其梯形图如图 5-99(b)所示，从梯形图中可以看

(a) CPM1A 指令　　　　　(b) FX2N 指令

图 5-98　用步进指令编写的梯形图程序

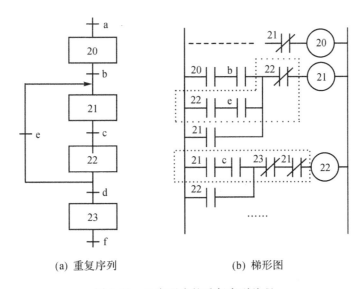

(a) 重复序列　　　　　(b) 梯形图

图 5-99　只有两步的重复序列编程

出,虚线框内的电路中包含了同一继电器的常开和常闭触点,所以 21 和 22 两个线圈无法接通。像这种只有两步的重复序列,通常可以用增加一步的办法来解决,如图 4-100 所示的步 24。

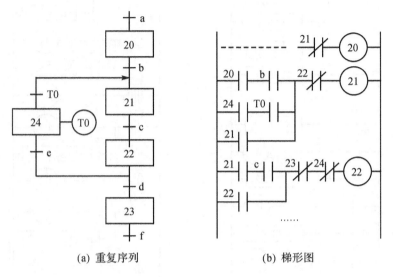

(a) 重复序列　　　　　　　　　(b) 梯形图

图 5-100　只有两步的重复序列处理方法

虽然增加了 24 这一步,但只要将定时器 T0 的定时时间取得很短,如 0.1s,这短暂的延时不会对系统的工作造成影响,从而解决了上面重复序列不能接通的问题。

除了上述几种结构外,在实际系统中还会碰到跳步序列、循环序列,或者各种序列的组合,在编制实际程序时可考虑各种方法灵活应用。

5.7　可编程控制器应用实例

前面几节已经介绍了 PLC 指令系统及程序的编程方法,在实际应用中要根据具体情况选择合适的编程方法,本节通过具体实例来介绍一些编程技巧。

【例 5-37】　用 CPM1A PLC 设计三台电动机顺序起停控制线路,起停顺序为:M1 先起动,M2 才能起动;M2 起动 30s 后,M3 自动起动;M3 起动 10min 后,M1 停止;M1 停止 10s 后,M2,M3 同时停止。当按下急停按钮时,M1,M2,M3 全部停止。其中按钮 SB1 控制 M1 的起动,SB2 控制 M2 起动,SB3 为急停按钮。要求画出 PLC 的接线图及梯形图程序。

分析:现有三个按钮,分别接在 PLC 的输入端;三台电动机由接触器控制,接触器线圈接在 PLC 的输出端,分别为 KM1,KM2,KM3。

由于 CPM1A 的输出端 01000,01001,01002 采用各自独立的 COM 端,因此在实际接线时,要将这些 COM 端接上各自的外接电源。若所用外接电源电压相同,则将其连在一起(见图 5-101(a))。

梯形图设计过程为:第一步先画出三台电动机的起动线路,其中 M2 的起动线路应考虑与 M1 的顺序起动,因此应将 01000 的常开触点串在 01001 的控制线路中;第二步画出定时器线路;第三步在三台电机的控制线路中按断开次序加上断开触点;第四步在每台电机的控

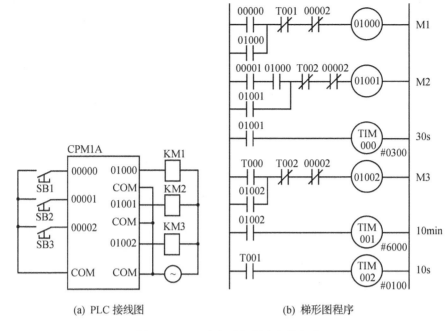

(a) PLC 接线图　　　　(b) 梯形图程序

图 5-101　三台电动机顺序起停程序

制线路中串入急停按钮 00002 的常闭触点。这样就完成了完整的梯形图(见图 5-101(b))。

【例 5-38】　用 FX2N 系列 PLC 设计某三工位钻床的控制系统。

如图 5-102 所示为某三工位钻床的示意图,按下起动按钮 SB1 后,其工作过程为

工位 1:由 YA1 控制机械手送料装工件,送料到位后,SQ1 接通,然后机械手退回,退回后 SQ2 接通。

工位 2:夹紧工件,由 YA3 控制,夹紧后,压力继电器 BP 动作,然后开始钻孔,由 KM1 控制钻头主轴旋转,KM2 控制钻头下行,钻孔完成后 SQ3 接通,然后钻头退回,由 KM3 控制钻头上行,碰到 SQ4 后由 YA4 控制工件松开,松开后 BP 断开。

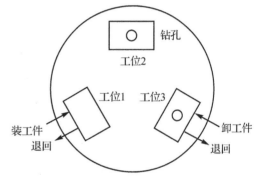

图 5-102　三工位钻床工位示意图

工位 3:接通 YA5 后开始卸料,卸料完成后 SQ5 接通,然后由 YA6 控制机械手退回,退回后 SQ6 接通。

当上面三个工位的工作全部完成后,由 KM4 控制工作台顺时针旋转 120°,旋转到位后 SQ7 接通,然后自动进入下一个循环,直至按下停止按钮 SB2 后停止。

根据上面的工作过程首先分析输入/输出电器的数量:输入电器有 SB1,SQ1,SQ2,BP,SQ3,SQ4,SQ5,SQ6,SQ7,SB2;输出电器有 YA1,YA2,YA3,KM1,KM2,KM3,YA4,YA5,YA6,KM4。

由于电磁铁线圈 YA 的电压通常为 DC24V,与接触器 KM 的线圈电压 AC380V 不同,为合理利用 FX2N 系列 PLC 的 COM 端,可通过中间继电器 KA 来控制 KM 工作,而 KA

线圈的工作电压有 DC24V 的,这样就可将 YA 和 KA 用同一个电源来供电。接线图如图 5-103 所示,其中 KA1 控制 KM1,KA2 控制 KM2,KA3 控制 KM3,KA4 控制 KM4。

由系统工作过程可知,三个工位的动作是同时进行的,而且必须当三个工位的加工全部完成后,工作台才可以旋转,因此可知该系统的三个工位的工作属于并行序列结构,其状态流程图如图 5-104 所示。

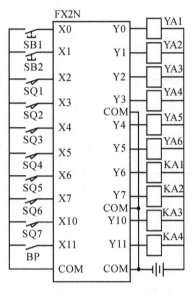

图 5-103 PLC 接线图

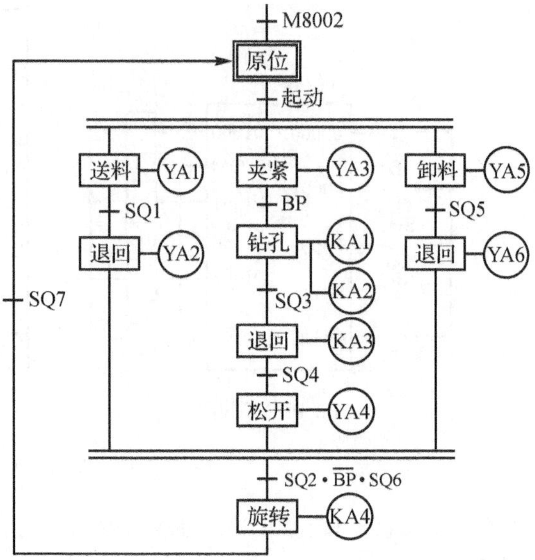

图 5-104 状态流程图

用继电器地址替换图 5-104 的状态流程图,可得到如图 5-105 所示的状态流程图,同时根据该状态流程图用步进指令可以很方便地写出梯形图,如图 5-106 所示。

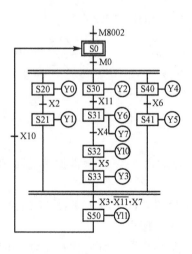

图 5-105 状态流程图

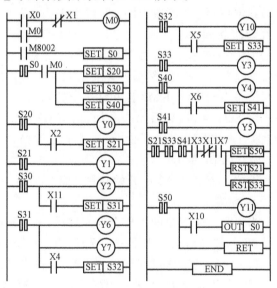

图 5-106 梯形图程序

在图 5-106 的梯形图中,为了能保证系统能够自动循环,起动按钮按下时用了辅助继电器 M0。当 SB1 按下后,M0 接通并自锁,系统始终保持自动循环,当停止按钮 SB2 按下后,M0 断开,系统回到原位后停止工作。

【例 5-39】 多种液体混合装置。

如图 5-107 所示,为多种液体混合装置,适合如饮料的生产、酒厂的配液、农药厂的配比等。SL1,SL2,SL3 为液面传感器,液面淹没时接通,两种液体的输入和混合液体的放出分别由电磁阀 YA,YB,YC 控制,M 为搅匀电动机。

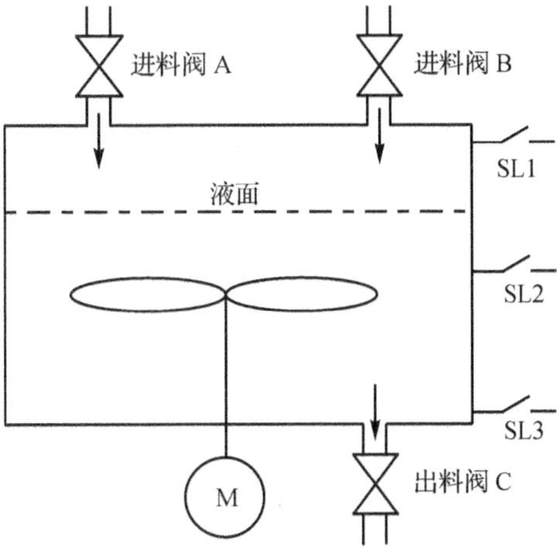

当按下起动按钮 SB1 后,液体混合装置开始按下列给定步骤进行工作:

(1) YA 接通为 ON,液体 A 流入容器,液面上升;当液面达到 SL2 处时,SL2＝ON,使 YA＝OFF,YB＝ON,即关闭液体 A 阀门,打开液体 B 阀门,停止液体 A 流入,液体 B 开始流入,液面上升。

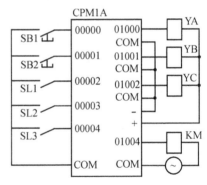

图 5-107　多种液体混合装置

(2) 当液面达到 SL1 处时,SL1＝ON,使 YB＝OFF,M＝ON,即关闭液体 B 阀门,液体停止流入,电动机起动,开始搅拌。

(3) 搅匀电动机工作 1min 后,停止搅拌,M＝OFF,放液阀门打开,YC＝ON,开始放液,液面开始下降。

(4) 当液面下降到 SL3 处时,放液阀门 YC 关闭,然后开始下一个工作循环。

(5) 在任何时候按下停止按钮 SB2 后,要将当前容器内的液体混合工作处理完毕后,才能停止工作,否则会造成废品。

根据上面的控制要求,首先画出该控制系统的接线图,如图 5-108 所示。

在 PLC 接线图中,电磁阀选择直流电磁铁,分别接在 01000～01002 三个输出端,电机由交流接触器控制,用交流电源,需单独用一个 COM 端,因此接在 01004 输出端。根据图 5-108 的接线图及工作过程,可画出状态流程图如图 5-109(a) 所示,图中上升沿和

图 5-108　PLC 接线图

下降沿以及起动信号用辅助继电器 20100～20103 代替,如图 5-109(b) 所示,这些辅助继电器线圈由相应的边沿触发信号驱动。

根据上面的状态流程图,可用 KEEP 指令画出梯形图如图 5-110 所示。

该程序还可用其他指令来编程,读者可自行练习。

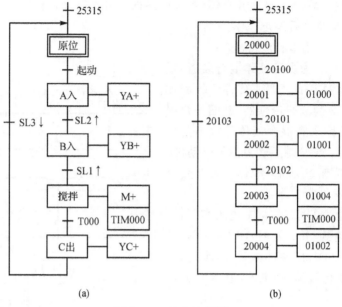

(a)　　　　　　　　　　　(b)

图 5-109　状态流程图

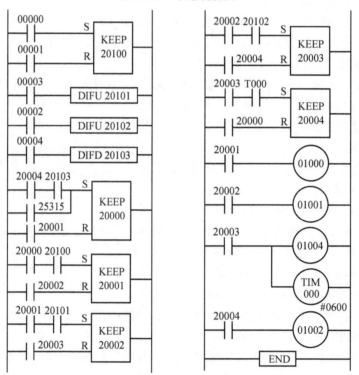

图 5-110　梯形图程序

习题与思考题

1. 根据如图 5-111 所示的梯形图写出指令表。

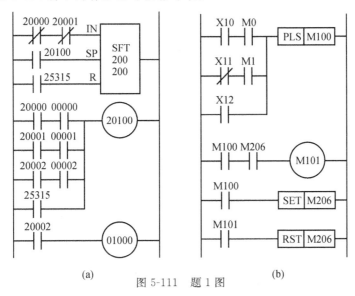

(a)　　　　　　　　　　　(b)

图 5-111　题 1 图

2. 当按一下起动按钮 SB1 后,输出线圈马上接通;按一下停止按钮 SB2 后,输出线圈延时 5s 后断开,试设计梯形图程序。

3. 试设计一个延时 24 小时的定时器。

4. 用 PLC 实现下列控制要求,分别设计出梯形图:(1)M1 起动后,M2 才能起动,M1、M2 可分别停机;(2)M1 起动后,延时 5s,M2 自动起动,M1、M2 要求同时停机;(3)M1 起动后,延时 10s 后,M2 自动起动,同时 M1 停机,M2 手动停机。

5. 设计一个梯形图:当按下按钮 SB1 后,指示灯 LED 点亮,按钮 SB2 按三次(计数)后,再延时 5s,LED 熄灭,计数器复位。

6. 现有四支队伍参加智力竞赛,要求用 PLC 设计一个抢答器,其中四个抢答按钮分别为 SB1~SB4,对应有四个指示灯分别为 L1~L4,SB5 为复位按钮。

7. 图 5-112 为某小车往返运动示意图。小车在初始位置时,压下行程开关 SQ1,按下起动按钮 SB1,小车按箭头所示的顺序运动,最后返回并停在初始位置。要求分别用经验设计法和顺序控制法设计梯形图程序。

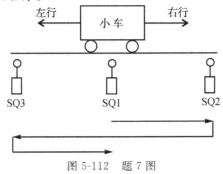

图 5-112　题 7 图

8.某车间运料传输带分为三段,由三台电动机驱动,使载有物品的传输带运行,没载物品的传输带停止运行,以节省能源。但要保证物品在整个运输过程中连续地从上段运行到下段,所以,既不能使下段电动机起动太迟,又不能使上段电动机停止太早。

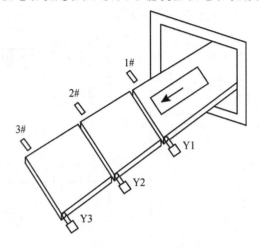

图 5-113 题 8 图

工作流程:按下起动按钮 SB1 → 电动机 Y1 开始运行 → 被运送的物品(金属板)前进 → 被 1# 传感器检测 → 起动电动机 Y2 运载物品运行 → 被 2# 传感器检测 → 起动电动机 Y3 运载物品前进 → 延时 2s 停止电动机 Y2 → 物品被 3# 传感器检测 → 延时 2s 停止电动机 Y3。按下停止按钮 SB2 后整个系统停止工作。试画出 PLC 接线图和梯形图程序(见图 5-113)。

9.某液压工作台在初始状态压下 SQ1,当按下起动按钮 SB1 后,工作台的进给运动如图 5-114 所示。工作一个循环后,返回初始位置停止。(1)要求画出状态流程图,并用基本逻辑指令和步进指令编程,画出梯形图。(2)若增加一个停止按钮 SB2,当按下 SB1 后,工作台进入自动循环,直到按下停止按钮 SB2 后,工作台在完成一个工作循环后回到原位停止,此时如何编程?

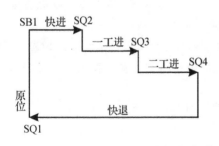

电磁铁 工作台	YA1	YA2	YA3	YA4	主令信号
原位	−	−	−	−	SQ1
快进	+	−	+	−	SB1
一工进	+	−	−	−	SQ2
二工进	+	−	−	+	SQ3
快退	−	+	−	−	SQ4

图 5-114 题 9 图

10.用 PLC 设计一个交通灯控制系统,其时序要求如图 5-115 所示,要求画出 PLC 接线图并编写梯形图程序。

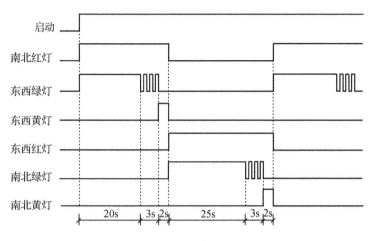

图 5-115　题 10 图

11. 某注塑机由 8 个电磁阀 YV1～YV8 控制整个注塑工序,注塑模板在原点压下行程开关 SQ1,当按下起动按钮 SB 后,通过 YV1,YV3 将模子关闭,限位开关 SQ2 动作后表示模子关闭完成,此时由 YV2,YV8 控制射台前进,准备射入热塑料,限位开关 SQ3 动作后表示射台到位,YV3,YV7 动作并开始注塑,延时 10s 后 YV7,YV8 动作进行保压,保压 5s后,由 YV1,YV7 执行预塑,等加料限位开关 SQ4 动作后由 YV6 执行射台的后退,限位开关 SQ5 动作后停止后退,由 YV2,YV4 执行开模,限位开关 SQ6 动作后开模完成,YV3,YV5 动作使顶针前进,将塑料件顶出,顶针终止限位 SQ7 动作后,YV4,YV5 使顶针后退,顶针后退限位开关 SQ8 动作后,动作结束,完成一个工作循环。要求画出 PLC 接线图及梯形图程序。

附录 5-1 FP1 系列高级指令表

一、数据传输指令

指令格式	说　明	操作数	可使用的寄存器
[F0 MV,S,D]	16bit 数据传送指令 S:被传送的常数或寄存器数据原地址 D:传送数据的目的(首)地址	S	WX,WY,WR,SV,EV,DT,IX,IY 及常数
		D2	WY,WR,SV,EV,DT,IX 及 IY
[F1 DMV,S,D]	32bit 数据传送指令 S:被传送的常数或寄存器数据原地址 D:传送数据的目的(首)地址	S D	除 IY 不能用,其他均同上
[F2 MV/,S,D]	16bit 数据求反传送指令 S:被传送的常数或寄存器数据原地址 D:传送数据的目的(首)地址	S D	同 F0
[F3 DMV/,S,D]	32bit 数据求反传送指令 S:被传送的常数或寄存器数据原地址 D:传送数据的目的(首)地址	S D	同 F0
[F5 BTM,S,n,D]	bit 传送(位)(二进制数据位传输)指令 S,D 同 F0,n 见注①	S n D	S 和 n:所有寄存器均能用 D:同 F0
[F6 DGT,S,n,D]	digit 传送(位)(十六进制数据位传输)指令 S,D:同 F0 n 见注②	S n D	同 F5
[F10 BKMV,S1,S2,D]	block 传送(区块)(数据块传输)指令 S1:被传送的原数据首地址 S2:被传送的原数据末地址 D:同 F0	S1 S2 D	S1 和 S2:除 IX,IY 和常数外均能用; D 除 WX 不能用,其余用法同 S1,S2

指令格式	说　明	操作数	可使用的寄存器
[F11 COPY,S,D1,D2]	区块拷贝指令 S:同上 S1 D1:传送数据的目的首地址 D2:传送数据的目的末地址	S D1 D2	同 F10
[F15 XCH,D1,D2]	十六位数据交换指令 D1:要交换的数据存放地址 D2:同 D1	D1 D2	除 WX 和常数外均能用
[F16 DXCH,D1,D2]	32 位数据交换指令 D1:要交换的数据存放首地址 D2:同 D1	D1 D2	除 WX,IY 和常数外均能用
[F17 SWAP,D]	十六位数据的高/低字节交换指令 D:要交换高位元(8bit)与低位元 (8bit)的地址	D	同 F15

　　注①:n 是传送的原 bit 位置与目的 bit 位置的数据或其存放地址,以 bit0～bit3 指定原 bit 位置,bit8～bit11 指定目的 bit 位置。

　　注②:n 是传送的原 digit 位置与目的 digit 位置的数据或其存放地址,以 bit0,bit1 指定原 digit 位置,bit4,bit5 指定传送 digit 数,bit8,bit9 指定目的 digit 位置。

二、BIN(二进制)算术运算指令

指令格式	说　明	操作数	可使用的寄存器
[F20 +,S,D]	16 位数据加 S:加数,D:被加数及结果 [D+S→D]	S	WX,WY,WR,SV,EV,DT,IX,IY 及常数
		D	WY,WR,SV,EV,DT,IX 及 IY
[F21 D+,S,D]	32 位数据加 S:加数,D:被加数及结果 [(D+1,D)+(S+1,S)→(D+1,D)]	S D	除 IY 不能用,其余同上
[F22 +,S1,S2,D]	16 位数据加 S1:被加数,S2:加数, D:加法结果 [S1+S2→D]	S1 S2 D	S1,S2 同 F20 中的 S 用法 D 同 F20

续表

指令格式	说　　明	操作数	可使用的寄存器
[F23 D+,S1,S2,D]	32 位数据加 S1:被加数,S2:加数, D:加法结果 [(S1+1,S1)+(S2+1,S2)→(D+1,D)]	S1 S2 D	除 IY 不能用,其余同 F22
[F25-,S,D]	16 位数据减 S:减数,D:被减数及结果 [D-S→D]	S D	同 F20
[F26 D-,S,D]	32 位数据减 S:减数,D:被减数及结果 [(D+1,D)-(S+1,S)→(D+1,D)]	S D	除 IY 不能用,其余同 F25
[F27-,S1,S2,D]	16 位数据减 S1:被减数 S2:减数, D:结果 [S1-S2→D]	S1 S2 D	同 F22
[F28 D-,S1,S2,D]	32 位数据减 S1:被减数 S2:减数, D:结果 [(S1+1,S1)-(S2+1,S2)→(D+1,D)]	S1 S2 D	除 IY 不能用,其余同 F22
[F30 *,S1,S2,D]	16 位数据乘 S1:被乘数,S2:乘数, D:结果 [(S1×S2)→(D+1,D)]	S1 S2 D	同 F22
[F31D *,S1,S2,D]	32 位数据乘 S1:被乘数,S2:乘数, D:结果 [(S1+1,S1)×(S2+1,S2)→ (D+3,D+2,D+1,D)]	S1 S2 D	同 F28
[F32 %,S1,S2,D]	16 位数据除 S1:被除数,S2:除数, D:结果 [S1/S2→D…DT9015(余数)]	S1 S2	WX,WY,WR,SV,EV,DT,IX,IY 及常数
		D	WY,WR,SV,EV,DT,IX 及 IY

续表

指令格式	说　　明	操作数	可使用的寄存器
[F33 D ％,S1,S2,D]	32 位数据除 S1:被除数,S2:除数, D:结果 [(S1+1,S1)/(S2+1,S2) →(D+1,D) ⋯ DT9016,DT9015 (余数)]	S1 S2 D	同 F32
[F35 +1,D]	16 位数据加 1 D:要+1 的数值及结果 [D+1→D]	D	除 WX 和常数外均可用
[F36 D+1,D]	32 位数据加 1 D,D+1:要+1 的数值及结果 [(D+1,D)+1→(D+1,D)]	D	除 WX,IY 和常数外均可用
[F37 −,1,D]	16 位数据递减 1 D:要−1 的数值及结果 [D−1→D]	D	同 F35
[F38 D−1,D]	32 位数据递减 1 D+1,D:要−1 的数值及结果 [(D+1,D)−1→(D+1,D)]	D	同 F36

三、BCD 码算术运算指令

指令格式	说　　明	操作数	可使用的寄存器
[F40,B+,S,D]	4 位(digit)BCD 码数据加 S:加数,D:被加数及结果。 [D+S→D]	S	同 F20
		D	同 F20
[F41,DB+,S,D]	8 位(digit)BCD 码数据加 S:加数,D:被加数及结果。 [(D+1,D)+(S+1,S)→(D+1,D)]	S	除 IY 外均能用
		D	除 WX,IY 和常数外均能用
[F42,B+,S1,S2,D]	4 位(digit)BCD 码数据加 S1:被加数,S2:加数,D:结果。 [(S1+S2)→D]	S1 S2 D	同 F32
[F43,DB+,S1,S2,D]	8 位(digit)BCD 码数据加 S1:被加数,S2:加数,D:结果。 [(S1+1,S1)+(S2+1,S2)→(D+1,D)]	S1 S2 D	除 IY 外均能用 除 IY 外均能用 除 WX,IY 和常数外均能用

283

续表

指令格式	说　明	操作数	可使用的寄存器
[F45,B−,S,D]	4 位(digit)BCD 码数据减 S:减数,D:被减数及结果。 [D−S→D]	S D	同 F20 同 F20
[F46,DB−,S,D]	8 位(digit)BCD 码数据减 S:减数,D:被减数及结果。 [(D+1,D)−(S+1,S)→(D+1,D)]	S D	除 IY 不能用外,其余同 F20
[F47,B−,S1,S2,D]	4 位(digit)BCD 码数据减 S1:被减数,S2:减数,D:结果。 [(S1+S2)→D]	S1 S2 D	同 F32
[F48,DB-,S1,S2,D]	8 位(digit)BCD 码数据减 S1:被减数,S2:减数,D:结果。 [(S1+1,S1) −(S2+1,S2)→(D+1,D)]	S1 S2 D	除 IY 外均能用 除 IY 外均能用 除 WX,IY 和常数外均能用
[F50,B∗,S1,S2,D]	4 位(digit)BCD 码数据乘 S1:被乘数,S2:乘数,D:结果。 [(S1×S2)→(D+1,D)]	S1 S2 D	除 D 不能用 IX 外,其余同 F42
[F51,DB∗,S1,S2,D]	8 位(digit)BCD 码数据乘 S1:被乘数,S2:乘数,D:结果。 [(S1+1,S1) ×(S2+1,S2)→(D+3,D+2,D+1,D)]	S1 S2 D	除 IY 不能用外,其余同 F50
[F52,B%,S1,S2,D]	4 位(digit)BCD 码数据除 S1:被除数,S2:除数,D:结果 [(S1/S2)→D …DT9015(余数)]	S1 S2 D	同 F32
[F53,DB%,S1,S2,D]	8 位(digit)BCD 码数据除 S1:被除数,S2:除数,D:结果。 [(S1+1,S1) /(S2+1,S2)→(D+1,D) …DT9016,DT9015(余数)]	S1 S2 D	除 IY 不能用外,其余同 F52
[F55 B+1,D]	4 位(digit)BCD 码数据加 1 D:要+1 的数值及结果 [D+1→D]	D	除 WX 和常数外,均能用
[F56 DB+1,D]	8 位(digit)BCD 码数据加 1 D:要+1 的数值及结果 [(D+1,D)+1→(D+1,D)]	D	除 WX,IY 和常数外,均能用

续表

指令格式	说　明	操作数	可使用的寄存器
[F57 B−1,D]	4 位(digit)BCD 码数据减 1 D:要−1 的数值及结果 [D−1→D]	D	除 WX 和常数外,均能用
[F58 DB−1,D]	8 位(digit)BCD 码数据减 1 D:要−1 的数值及结果 [(D+1,D) −1→(D+1,D)]	D	除 WX,IY 和常数外,均能用

四、数据比较指令

指令格式	说　明					操作数	可使用的寄存器
[F60 CMP,S1,S2]	16 位数据比较 S1:比较数据 1,S2:比较数据 2					S1 S2	所有寄存器均能和
	结果	> R900A	= R900B	< R900C	进位 R9009		
	有符号:S1<S2	0	0	1	×		
	S1=S2	0	1	0	0		
	S1>S2	1	0	0	×		
	无符号:S1<S2	×	0	×	1		
	S1=S2	0	1	0	0		
	S1>S2	×	0	×	0		
[F61 DCMP,S1,S2]	32 位数据比较。同上					S1、S2	除 IY 外均能用
[F62 WIN,S1,S2,S3]	16 位数据区段比较 S1:比较数据;S2:下限数据;S3:上限数据。					S1 S2 S3	所有寄存器均能用
	结果	> R900A	= R900B	< R900C	进位 R9009		
	S1<S2	0	0	1	×		
	S2≤S1≤S3	0	1	0	×		
	S3<S1	1	0	0	×		
	S2>S3	×	×	×	×		
[F63 DWIN, S1, S2, S3]	32 位数据区段比较 同上					S1 S2 S3	除 IY 外均能用
[F64 BCMP, S1, S2, S3]	16 位数据块比较 S1:16 位常数或 16 位区(指定起始字节位置和要比较的字节数);S2,S3:要比较的起始的位区。					S1	均能用
						S2	除 IX,IY 和常数外均能用
						S3	

五、逻辑运算指令

指令格式	说　　明	操作数	可使用的寄存器
[F65 WAN,S1,S2,D]	16位数据"与"运算 S1,S2:16位常数或16位区;D:存储与 (AND)操作结果的16位区 S1×S2→D	S1,S2	所有寄存器均能用
		D	WX和常数外均能用
[F66 WOR,S1,S2,D]	16位数据"或"运算 S1,S2:16位常数或16位区;D:存储或 (OR)操作结果的16位区 S1+S2→D	S1,S2	所有寄存器均能用
		D	WX和常数外均能用
[F67 XOR,S1,S2,D]	16位数据"异或"运算 S1,S2:16位常数或16位区;D:存储异 或(XOR)操作结果的16位区 S1⊕S2→D	S1,S2	所有寄存器均能用
		D	WX和常数外均能用
[F68 XNR,S1,S2,D]	16位数据"异或非"运算 S1,S2:16位常数或16位区;D:存储异 或非(XNR)操作结果的16位区 $\overline{S1\oplus S2}$→D	S1	除IX,IY和常数外均能用
		S2	所有寄存器均能用
		D	除WX,IX,IY和常数外均能用

六、数据转换指令

指令格式	说　　明	操作数	可使用的寄存器
[F70 BCC,S1,S2,S3,D]	区块检查码计算 用于检测信息传输过程中的错误	S1,S3	所有寄存器均能用
		S2	除IX,IY和常数外
		D	除WX,IX,IY和常数
[F71 HEXA,S1,S2,D]	16进制数→16进制ASCII码	S1,S2,D	
[F72 AHEX,S1,S2,D]	16进制ASCII码→十六进制数	S1,S2,D	
[F73 BCDA,S1,S2,D]	BCD数码→十进制ASCII码变换	S1,S2,D	
[F74 ABCD,S1,S2,D]	十进制ASCII码→BCD数码变换	S1,S2,D	
[F75 BINA,S1,S2,D]	16位二进制数→十进制ASCII码变换	S1,S2,D	
[F76 ABIN,S1,S2,D]	十进制ASCII码→16位二进制数	S1,S2,D	
[F77 DBIA,S1,S2,D]	32位二进制数→十六进制ASCII码	S1,S2,D	
[F78 DABI,S1,S2,D]	十六进制ASCII码→32位二进制数	S1,S2,D	
[F80 BCD,S,D]	16位二进制数→4位BCD码	S,D	
[F81 BIN,S,D]	4位BCD码→16位二进制数	S,D	

续表

指令格式	说　　明	操作数	可使用的寄存器
[F82 DBCD,S,D]	32 位二进制数→8 位 BCD 码	S,D	
[F83 DBIN,S,D]	8 位 BCD 码→32 位二进制数	S,D	
[F84 INV,D]	16 位二进制数求反	D	除 WX 和常数外均能用
[F85 NEG,D]	16 位二进制数求补	D	除 WX 和常数外均能用
[F86 DNEG,D]	32 位二进制数求补	D	除 WX,IY 和常数外能用
[F87 ABS,D]	16 位二进制数取绝对值	D	除 WX 和常数外均能用
[F88 DABS,D]	32 位二进制数取绝对值	D	除 WX 和常数外均能用
[F89 EXT,D]	16 位数据符号位扩展	D	除 WX,IY 和常数外能用
[F90 DECO,S,n,D]	解码	S,n,D	
[F91 SEGT,S,D]	16 位数据七段显示解码	S,D	
[F92 ENCO,S,D]	编码	S,D	
[F93 UNIT,S,n,D]	16 位数据组合	S,n,D	
[F94 DIST,S,n,D]	16 位数据分离	S,n,D	
[F95 ASC,S,D]	字符→ASCII 码	S,D	
[F96 SRC,S1,S2,S3]	表数据查找	S1,S2,S3	

七、数据移位指令

指令格式	说　　明	操作数	可使用的寄存器
[F100 SHR,D,n]	16 位数据右移 n	D	WX 和常数不可用
		n	所有寄存器均能用
[F101 SHL,D,n]	16 位数据左移 n	D	WX 和常数不可用
		n	所有寄存器均能用
[F105 BSR,D]	16 位数据右移一个十六进制位(4 位)	D	WX 和常数不可用
[F106 BSL,D]	16 位数据左移一个十六进制位(4 位)	D	WX 和常数不可用
[F110 WSHR,D1,D2]	16 位数据右移一个字 D1:首 16 位区 D2:末 16 位区	D1,D2	WX, IX, IY 和常数不可用
[F111 WSH1,D1,D2]	16 位数据右移一个字 D1:首 16 位区 D2:末 16 位区	D1,D2	WX, IX, IY 和常数不可用
[F112 WBSR,D1,D2]	16 位数据区右移 4 位 D1:首 16 位区 D2:末 16 位区	D1,D2	WX, IX, IY 和常数不可用
[F113 WBSL,D1,D2]	16 位数据区左移 4 位 D1:首 16 位区 D2:末 16 位区	D1,D2	WX, IX, IY 和常数不可用

八、可逆计数器和左/右移位寄存器指令

指令格式	说　　明	操作数	可使用的寄存器
[F118 UDC,S,D]	加/减可逆计数器 S:16 位等值常数或 16 位计数器预置值区 D:16 位计数器经过值区	S	IX,IY 不可用
		D	WX,IX,IY 和常数不可用
[F119 LRSR,D1,D2]	左/右移位寄存器 D1:向左或向右移 1 位的 16 位区首地址 D2:向左或向右移 1 位的 16 位区末地址	D1 D2	WX,IX,IY 和常数不可用

九、数据循环移位指令

指令格式	说　　明	操作数	可使用的寄存器
[F120 ROR,D,n]	16 位数据循环右移 D:右移的 16 位区 n:16 位常数或 16 位区(规定移位的位数)	D	除 WX 和常数外均可用
		n	均可用
[F121 ROL,D,n]	16 位数据循环左移 D:左移的 16 位区 n:16 位常数或 16 位区(规定移位的位数)	D	除 WX 和常数外均可用 3
		n	均可用
[F122 RCR,D,n]	16 位数据带进位位循环右移 D:右移的 16 位区 n:16 位常数或 16 位区(规定移位的位数)	D	除 WX 和常数外均可用
		n	均可用
[F123 RCL,D,n]	16 位数据带进位位循环左移 D:左移的 16 位区 n:16 位常数或 16 位区(规定移位的位数)	D	除 WX 和常数外均可用
		n	均可用

十、位操作指令

指令格式	说　　明	操作数	可使用的寄存器
[F130 BTS,D,n]	将 16 位数据规定的某位置位(置 1) D:16 位区 N:规定位址的 16 位常数或 16 位区	D	除 WX 和常数外均可用
		n	均可用,范围:K0～K15

续表

指令格式	说　明	操作数	可使用的寄存器
[F131 BTR,D,n]	将 16 位数据规定的某位断开(置 0) D:16 位区 N:规定位址的 16 位常数或 16 位区	D	除 WX 和常数外均可用
		n	均可用,范围:K0～K15
[F132 BTI,D,n]	将 16 位数据规定的某位址的条件求反 D:16 位区 N:规定位址的 16 位常数或 16 位区	D	除 WX 和常数外均可用
		n	均可用
[F133 BTT,D,n]	检查 16 位数据规定的某位址的状态(1或 0) D:16 位区 N:规定位址的 16 位常数或 16 位区	D	除 WX 和常数外均可用
		n	均可用
[F135 BCU,S,D]	计算规定的 16 位数据为 ON 状态的位数 S:16 位等值常数或 16 位区(源区) D:存储为 ON 状态(1)位数的 16 位区(目的区)	D	除 WX 和常数外均可用
		S	均可用
[F136 DBCU,S,D]	计算规定的 32 位数据为 ON 状态的位数 S:32 位等值常数或存放 32 数额的低16 位区(源区) D:存储为 ON 状态(1)位数的 16 位区(目的区)	D	除 WX,IY 和常数外均可用
		S	除 IY 外均可用

十一、辅助定时器指令

指令格式	说　明	操作数	可使用的寄存器
[F137 STMR,S,D]	辅助定时器指令 S:设定定时器预置值的 16 位常数或 16位区 D:设定定时器经过值的 16 位数据区	S	均可用
		D	除 WX,IY 和常数均可用

十二、特殊指令

指令格式	说　明	操作数	可使用的寄存器
[F138 HMSS,S,D]	时/分/秒数据转换为秒数据 S:存放时/分/秒数据的首 16 位区(源区) D:存放转换结果的首 16 位区(目的区)	S	除 IY 和常数外均可用
		D	除 WX,IY 和常数外均可用
[F139 SHMS,S,D]	秒数据转换为时/分/秒数据 S:存放/秒数据的首 16 位区(源区) D:存放转换结果的首 16 位区(目的区)	S	除 IY 和常数外均可用
		D	除 WX,IY 和常数外均可用
[F140 STC]	进位标志(R9009)置位		
[F141CLC]	进位标志(R9009)复位		
[F143 IORF,D1,D2]	刷新部分 I/O D1:首字地址 D2:末字地址	D1 D2	只有 WX,WY 和索引修正值可用
[F144 TRNS,S,n]	串行口数据通信 S:存储被传送数据的首 16 位区 n:规定被传送字节数的 16 位常数或 16 位区	S	只有 DT 和索引修正值可用
		n	均可用
[F147 PR,S,D]	并行打印输出 S:存储 ASCII 码的 12 字节(6 字)的首址 D:用于输出 ASCII 码的字输出外部继电器	S	WX, WY, WR, SV, EV,DT
		D	WY
[F148 ERR,n]	将自诊断错误设置为指定的状态 n:自诊断错误代码号设置范围为 0 和 100~299	n	常数(K 或 H)
[F149 MSG,S]	信息显示。S:作为信息的字符常数	S	常数 M
[F157 CADD,S1,S2,D]	时间相加		
[F158 CSUB,S1,S2,D]	时间相减		

十三、高速计数器特殊指令

指令格式	说　明	操作数	可使用的寄存器
［F162 HCOS,S,D］	高速计数器的输出置位 S:32 位等值常数或存放高速计数器目标值的 32 位区的低 16 位区 设置范围:K－8388608～＋8399607 D:外部输出继电器:Y0～Y7	D	除 IY 外均可用
［F163 HCOR,S,D］	高速计数器的输出复位 S:同 F162 D:同 F162	D	除 IY 外均可用
［F164 SPDO,S］	脉冲输出控制状态输出控制（速度控制） S:存储控制数据的首 16 位区	S	DT 及索引修正值
［F165 SPDO,S］	凸轮控制 S:存储控制数据的首 16 位区	S	DT 及索引修正值

附录 5-2 FP1 系列特殊内部继电器表

位 址	名 称	说 明	适用性 FP1 C14 C16	C24 C40	C56 C72	FP-M
R9000	自诊断标志	正常时：OFF；错误发生时：ON；错误代码被存于 DT9000			可用	
R9005	电池错误标志（非保持型）	当电池错误发生时瞬间接通	不可		可用	
R9006	电池错误标志（保持型）	当电池错误发生时接通且保持此状态				
R9007	操作错误标志（保持型）	当操作错误发生时接通且保持此状态，错误地址存在于 DT9017 中				
R9008	操作错误标志（非保持型）	当操作错误发生时瞬间接通，错误地址存在于 DT9018 中			可用	
R9009	进位标志	当出现溢出时瞬间接通；当移位指令之一被置为"1"时，也可用于数据比较指令[F60/F61]的标志				
R900A	＞标志	在数据比较指令[F60/F61]中，S1＞S2 时瞬间接通				
R900B	＝在标志	在数据比较指令[F60/F61]中，S1＝S2 时瞬间接通				
R900C	＜标志	在数据比较指令[F60/F61]中，S1＜S2 时瞬间接通				
R900D	辅助定时器指令	当设定值递减到 0 时接通	不可		可用	
R900E	RS422 错误标志	当 RS422 错误发生时接通				
R900F	扫描常数错误标志	当扫描常数错误发生时接通				
R9010	常闭继电器	常闭				
R9011	常开继电器	常开				
R9012	扫描脉冲继电器	每次扫描交替开闭				
R9013	初始闭合继电器	只在运行开始的第一次扫描时接通，在以后的扫描中均为断开				
R9014	初始断开继电器	只在运行开始的第一次扫描时断开，在以后的扫描中均为接通				
R9015	步进开始时闭合的继电器	仅在开始执行步进指令 SSTP 的第一次扫描到来瞬间接通			可用	
R9018	0.01s 时钟脉冲继电器	以 0.01s 为周期（等宽脉冲）重复通断动作				
R9019	0.02s 时钟脉冲继电器	以 0.02s 为周期（等宽脉冲）重复通断动作				
R901A	0.1s 时钟脉冲继电器	以 0.1s 为周期（等宽脉冲）重复通断动作				
R901B	0.2s 时钟脉冲继电器	以 0.2s 为周期（等宽脉冲）重复通断动作				
R901C	1s 时钟脉冲继电器	以 1s 为周期（等宽脉冲）重复通断动作				
R901D	2s 时钟脉冲继电器	以 2s 为周期（等宽脉冲）重复通断动作				
R901E	1min 时钟脉冲继电器	以 1min 为周期（等宽脉冲）重复通断动作				
R9020	运行方式标志	当 PLC 工作方式置为"RUN"时合上				
R9026	信息显示标志	执行指令 MSG 时接通	不可		可用	
R9027	遥控模式标志	RUN/PROG 模式下转换为遥控操作时接通	可用			
R9029	强制标志	在强制通/断操作时接通	可用			

续表

位址	名称	说明	适用性			
			FP1			FP-M
			C14 C16	C24 C40	C56 C72	
R902A	外部中断标志	外部中断许可时接通	不可			可用
R902B	中断异常标志	当中断错误发生时接通				
R9032	选择 RS-232 口标志	在使用串行通信时接通				仅适用于 FP1 的 C24C～C72C
R9033	打印输出标志	执行 F147(PR)并行打印输出指令时接通				
R9036	I/O 链接错误标志	当发生 I/O 链接错误时接通				可用
R9037	RS232C 错误标志	当 RS232C 错误发生时接通,错误码存于 DT9059	不可			可用
R9038	RS232C 接收完毕标志	用 F144 接收到结束符时接通				
R9039	RS232C 发送完毕标志	用 F144 发送完毕时接通,发送请求时关断。				
R903A	高速计数器控制标志	当执行高速计数器相关指令时接通				可用
R903B	凸轮位置控制标志	执行凸轮位置控制指令 F165 时接通				

附录 5-3　FP1 系列特殊数据寄存器表

位址	名称	说明	可用性			
			FP1			FP-M
			C14 C16	C24 C40	C56 C72	
DT9000	自诊断错误代码寄存器	自诊断错误发生时存入错误代码	可用			
DT9014	运算用(F105 或 F106)辅助寄存器	F105 或 F106 指令用				
DT9015	辅助寄存器	用于 F32,F33,F52,F53 指令				
DT9016	辅助寄存器	用于 F33,F53 指令				
DT9017	保持型操作错误地址寄存器	操作错误被检出,存入错误地址且保持其状态				
DT9018	非保持型操作错误地址寄存器	操作错误被检出,存入最终错误地址				
DT9019	2.5ms 环形计数器	其数据每 2.5ms 加 1				
DT9022	当前值扫描时间寄存器	储存扫描时间的当前值				
DT9023	扫描时间寄存器(最小值)	储存扫描时间的最小值				
DT9024	扫描时间寄存器(最大值)	储存扫描时间的最大值				
DT9025	中断屏蔽状态寄存器	由 ICTL 指令设定:0 为禁止,1 为允许。	不可			可用
DT9027	定时中断的中断间隔时间寄存器	监视定时中断间隔时间＝数值(10ms)				
DT9030	信息 0 寄存器	当执行 F149 指令时,指定信息的内容被存于 DT9030～DT9035 中	不可			可用
DT9031	信息 1 寄存器					
DT9032	信息 2 寄存器					
DT9033	信息 3 寄存器					
DT9034	信息 4 寄存器					
DT9035	信息 5 寄存器					

续表

位 址	名 称		说 明	可用性			
				FP1			FP-M
				C14 C16	C24 C40	C56 C72	
DT9037	工作寄存器		用于 F96 指令	可用			
DT9038	工作寄存器		用于 F96 指令				
DT9040	手动电位器寄存器 V0		存放模拟手动电位器的当前数字值：V0 存放于 DT9040；V1 存放于 DT9041 V2 存放于 DT9042；V3 存放于 DT9043	不可	可用		可用
DT9041	手动电位器寄存器 V1						
DT9042	手动电位器寄存器 V2			不可	可用（C24 不可）		
DT9043	手动电位器寄存器 V3						
DT9044	高速计数器经过值寄存器		存放低 16 位高速计数器经过值	可用			
DT9045	高速计数器经过值寄存器		存放高 16 位高速计数器经过值				
DT9046	高速计数器预置值寄存器		存放低 16 位高速计数器预置值				
DT9047	高速计数器预置值寄存器		存放高 16 位高速计数器预置值				
DT9052	高速计数器控制方式寄存器		决定高速计数器指令的控制方式				
DT9053	时钟日历计时	显示	时、分监视	时、分监视区（无法写入区）	仅适于 FP1 的 C24C～C72C		
DT9054			分、秒	存放时间数据区（能写入区）			
DT9055		设定	日、时				
DT9056			年、月				
DT9057			星期				
DT9058			30s 补正	当对 bit0 写入 1，即可补正 30s	不可		
DT9059	RS232C 串行口通信错误代码寄存器		存放错误代码，低字节：RS422，高字节：RS232	可用			
DT9060	步进过程监视寄存器，过程号 0～15		DT9060～DT9067 用于监视步进程序的执行情况，对应于字的 16 位中的某一位：为 0 者表示停止，为 1 者表示工作	可用			
DT9061	步进过程监视寄存器，过程号 16～31						
DT9062	步进过程监视寄存器，过程号 32～47						
DT9063	步进过程监视寄存器，过程号 48～63						
DT9064	步进过程监视寄存器，过程号 64～79						
DT9065	步进过程监视寄存器，过程号 80～95						
DT9066	步进过程监视寄存器，过程号 96～111						
DT9067	步进过程监视寄存器，过程号 112～127						

附录 5-4　FP1 系列系统寄存器一览表

位址号	分类	说　明	默认值	设定范围的说明
0	用户存储区区设定	0 程序容量设定	K1 或 K3、K5	C16＝1;C24/C40＝3;C56/C72＝5
1		FP1 中无定义		
2				
3				
4		电池失效检测指示	K0	0:使能,1:禁止
5	内部 I/O 的设定	计数器的起始号码	K100	C16:0～127;C24～72:0～143
6		计时器/计数器保持区域的起始号码	K100	C16:0～127;C24～72:0～143
7		内部继电器保持区域的起始号码	K10	C16:0～16;C24～72:0～63
8		数据寄存器保持区域的起始号码	K0	C16:0～256;C24～72:0～1660
9～13		FP1 中无定义		
14		步进位址的保持与非保持设定	K1	0:保持,1:非保持
15～19		FP1 中无定义		
20	异模常式运设行定	双重输出时	K0	0:保持,1:非保持
21～25		FP1 中无定义		
26		操作错误发生时动作设定	K0	0:停止,1:继续
27～30		FP1 中无定义		
31	系统设计的定时间	界限处理等待时间的设定	K2600 (6500ms)	10ms～81.9s(设定值×2.5ms)
33				
34		FP1 中无定义		
35～46		扫描周期时间设定	K0	设定值×2.5ms
		FP1 中无定义		
400	高速计数器设定	高速计数器工作模式设定	H0	0 不使用高速计数,不可复位 1 2 相输入 X0,X1,不可复位 2 2 相输入 X0,X1,可复位 X2 3 X0 加输入,不可复位 4 X0 加输入,可复位 X2 5 X1 减输入,不可复位 6 X1 减输入,可复位 X2 7 X0/X1 加/减输入,不可复位 8 X0/X1 加/减输入,可复位 X2
401	高速计数器设定	未使用		
402		脉冲捕捉输入的设定	H0	
403		中断输入的设定	H0	
404		输入时间常数设定(X0～X1F)	H1111 (均 2ms)	0:1ms　1:2ms 2:4ms　3:8ms
405		输入时间常数设定(X20～X3F)	H1111 (均 2ms)	4:16ms　5:32ms
406		输入时间常数设定(X40～X5F)	H1111 (均 2ms)	6:64ms　7:128ms
407		输入时间常数设定(X60～X6F)	H0011H1111 (均 2ms)	

续表

位址号	分类	说　明		默认值	设定范围的说明
410	通信口设定	RS422 的设定	单元号码	K1	1～32
411		RS422 口传输格式及调制解调器连接设定		H0	0bit:0:8 位数据,1:7 位数据 15bit:0:不允许调制/解调器通讯 　　　1:允许调制/解调器通讯
412		RS232C 口传输功能选择		K1	0:不使用 1:与计算机相连 2:一般使用
413		RS232C 传输格式设定		H3	H0～H××FF
414		RS232C 传输速度设定(波特率)		K1	0:19200bps 1:9600bps 2:4800bps 3:2400bps 4:1200bps 5:600bps 6:300bps
415		RS232C 的设定	单元号码	K1	1～32
416		RS232C 调制解调器连接设定		H0	H0:使能,H8000:禁止
417		通用端口设定	接收缓冲器起始地址的设定	K0	C24C/C40C:K0—K1660 C56C/C72C:K0—K6144
418			接收缓冲器容量的设定	K1660	

注:系统寄存器的设定、变更必须在 PROG 模式下进行。

第6章 PLC 控制系统设计与应用实例

电气控制技术是随着科学技术的不断发展、生产工艺不断提出新的要求而迅速发展的，从最早的手动控制到自动控制，从简单的控制设备到复杂的控制系统，从有触点的硬接线控制系统到以计算机为核心的存储控制系统。目前在我国，继电接触器控制系统仍然是工厂设备的主要控制方式，但 PLC 控制系统应用十分普遍，PLC 是计算机技术和继电器接触器控制技术相结合的产物，PLC 控制系统具有修改程序改变控制方式、维修方便、可靠性高、扩展时原系统更改少等优点，已经成为电气控制装置的主导，已经成为实现工厂电气化的主要手段。

本章首先介绍 PLC 控制系统的设计以及在基本控制线路中的应用，然后通过一些典型的生产机械 PLC 控制系统的分析，使读者掌握 PLC 控制技术的基本应用，为实现对生产机械和生产过程的 PLC 控制打下基础。

6.1 PLC 控制系统设计

在学习了 PLC 的工作原理、PLC 的结构及编程技术后，本节将介绍如何利用 PLC 来设计控制系统。

6.1.1 PLC 控制系统的设计原则

可编程控制器与传统的继电器控制系统之间的本质区别就是采用了扫描工作方式和继电器的概念。

PLC 系统设计包括硬件设计和软件设计两部分。设计时可采用硬件与软件并行开发的设计方法，这样可以加快整个系统的开发速度。

系统设计的内容与原则如下：

1. 硬件设计

内容包括 PLC 机型的选择、输入/输出设备的选择以及各种图样（如接线图等）的绘制。

硬件设计应遵循的原则：

(1)经济性。在保证控制功能的前提下，对所选择的器件和设备应充分考虑其性价比，降低设计、使用和维护成本。

(2)可靠性。控制设备在运行过程中的故障率应为最低。

(3)先进性及可扩展性。在满足前面两个条件的前提下，应保证系统在一定时期内具有先进性，并且根据生产工艺的要求留有扩展功能的余地，以免重新设计整个系统。

2. 软件设计

软件就是编写满足生产控制要求的 PLC 用户程序，即绘制梯形图或编写语句表。

软件设计的原则：

（1）逻辑关系要简单明了，易于编程。如继电器的触点可使用无数次，只要在实现某个逻辑功能所需要的地方，可随时使用，使编制的程序具有可读性，但要避免使用不必要的触点。

（2）编程时，在保证程序功能的前提下尽量减少指令，运用各种技巧，来减少程序的运行时间。

6.1.2 PLC 系统设计的基本设计方法

PLC 系统设计的一般方法和步骤：

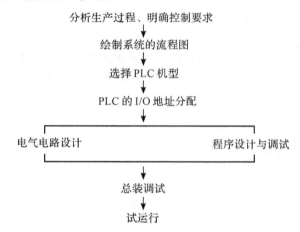

1. 确定方案

如果被控对象环境较差，系统工艺复杂，且输入输出量以开关量为主，则考虑用 PLC 控制系统，若控制很简单，如电动机正、反转，就可考虑用继电器控制系统。

用 PLC 控制，首先要了解系统的工作过程及所有功能要求，从而分析被控对象的控制过程，输入/输出量是开关量还是模拟量，明确控制要求，绘出控制系统的流程图。

2. 选择 PLC 机型

一般来说，PLC 在可靠性上是没有问题的，机型的选择主要是考虑在功能上满足系统的要求，首先要对控制对象进行估测：有多少输入量、电压分别是多少、有多少输出量、输出功率有多大、现场对系统的响应速度有何要求、控制室与现场的距离有多远等等。

3. 选择 I/O 设备，列出 I/O 地址分配表

根据生产设备现场需要，确定控制按钮、行程开关、接近开关等输入设备和接触器、电磁阀、信号灯等输出设备的型号和数量。

根据 PLC 型号，列写输入/输出设备与 PLC 的 I/O 地址对照表，以便绘制接线图及编程。

分配 I/O 地址时应注意以下几点：

（1）把所有按钮、行程开关等集中配置，按顺序分配 I/O 地址。

（2）每个 I/O 设备占用 1 个 I/O 地址。

（3）同一类型的 I/O 点应尽量安排在同一个区。

（4）彼此有关的输出器件，如电动机正反转，其输出地址应连续分配。

4. 设计电气线路图

（1）绘制电动机的主电路及 PLC 外部的其他控制电路图。

（2）绘制 PLC 的 I/O 接线图。

注意：接在 PLC 输入端的电器元件一律为常开触点，如停止按钮等。

（3）绘制 PLC 及 I/O 设备的供电系统图

输入电路一般由 PLC 内部提供电源，输出电路根据负载的额定电压外接电源。

5. 程序设计与调试

程序设计可用经验设计法或功能表图设计法，或者是两者的组合。

6. 总装调试

接好硬件线路，把程序输入 PLC 中，联机调试。

6.1.3　PLC 系统设计的继电器控制线路移植法

将继电器电路直接转换为具有相同功能的 PLC 的外部硬件接线图和梯形图。

1. 基本方法和步骤

（1）了解和熟悉被控设备的工艺过程和机械的动作情况，根据继电器电路图分析和掌握控制系统的工作原理。

（2）确定 PLC 的输入信号和输出负载，画出 PLC 的外部接线图。

（3）确定与继电器电路图中的中间继电器和时间继电器对应的梯形图中的辅助继电器和定时器的元件号。

（4）根据上述对应关系画出梯形图。

2. 设计注意事项

（1）应遵守梯形图语言中的语法规定。

（2）设置中间单元。

在梯形图中，若多个线圈都受某一触点串并联电路的控制，为简化电路，在梯形图中可设置用该电路控制的辅助继电器，类似于继电器电路中的中间继电器。

（3）分离交织在一起的电路。

设计梯形图时以线圈为单位，分别考虑继电器电路图中每个线圈受到哪些触点和电路的控制，然后画出相应的等效梯形图电路。

（4）常闭触点提供的输入信号的处理。

设计输入电路时，应尽量采用常开触点，如果只能用常闭触点，梯形图中对应触点的常开/常闭类型应与继电器电路相反。

（5）时间继电器的瞬动触点的处理。

对于有瞬动触点的时间继电器，可以在梯形图中对应的定时器的线圈两端并联辅助继电器，后者的触点相当于时间继电器的瞬动触点。

(6)断电延时的时间继电器的处理。

用通电后延时的定时器来实现断电延时功能。

(7)外部联锁电路的设计。

需要联锁功能时,除了在梯形图中设置对应的输出继电器的线圈串联的常闭触点组成的软件互锁电路外,还应在 PLC 外部设置硬件互锁电路。

(8)热继电器过载信号的处理。

自动复位型热继电器,其触点提供的过载信号必须通过输入电路提供给 PLC,用梯形图实现过载保护;手动复位型热继电器,其常闭触点可以在 PLC 的输出电路中与控制电机的交流接触器的线圈串联。

(9)尽量减少 PLC 的输入信号和输出信号。

(10)注意 PLC 输出模块的驱动能力能否满足外部负载的要求。

PLC 一般只能驱动额定电压在 AC220V 以下的负载,如果系统原来的交流接触器的线圈电压为 380V 的,应将线圈换成 220V 的,或者在 PLC 外部设置中间继电器。

【例 6-1】 用继电器控制线路移植法设计某摇臂钻床的 PLC 外部硬件接线图和梯形图。见图 6-1 至图 6-3。

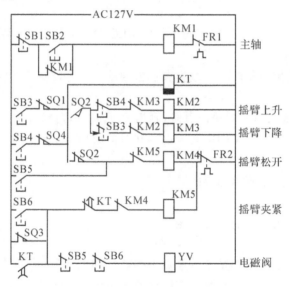

图 6-1 继电器电路图

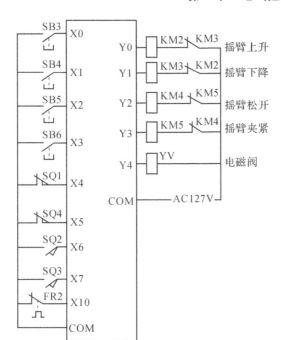

图 6-2 PLC 外部接线图

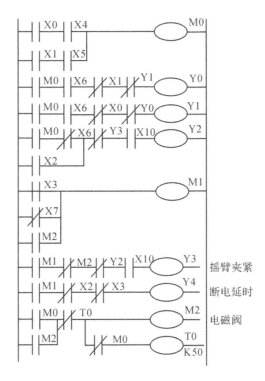

图 6-3 PLC 梯形图

6.1.4 PLC 系统的设计技巧

1. I/O 点数的估算

只有估算出系统所需的 I/O 点数,才可选择 PLC 机型,在选机型时,应保证 I/O 点数有 15%～20%的余量。

例:按钮开关——1 个 I 点;信号灯——1 个 O 点;行程开关——1 个 I 点。

2. 内存容量的估算

用户程序所占内存容量受 I/O 点数、用户程序编制水平等因素的影响,程序越短,程序执行的扫描周期就越短。估算内存大小可根据下列方法来确定:

(1)开关量 I/O 点数

一般 PLC 的开关量 I/O 点数的比值为 3/2(CPM1A)或 1/1(FX2N),因此根据 I/O 总点数所需的内存容量为:所需内存步数 = I/O 开关量总点数×(10～15)。

(2)模拟量 I/O 总点数

具有模拟量控制要求的系统要用到数据传送和运算等功能指令,所占内存较多,其内存容量可按下式计算:所需内存步数 = 模拟量 I/O 总点数×(200～250)。

(3)程序编写的质量

设计人员的编程水平直接影响到程序的长短及运行时间。

综上所述,估算 PLC 所需内存的总容量为:

开关量 I/O 总点数×(10～15)+模拟量 I/O 总点数×(200～250)+30%的余量。

3. 响应时间

系统响应时间,是指输入信号产生时刻与输出信号状态发生变化的时间间隔。若输入信号的变化频率快于一个扫描周期,系统就不能可靠地响应每个输入信号,这时应尽量缩短程序,提高响应速度。

4. 功能要求与 PLC 结构的合理性

选择 PLC 机型时,如果不需要 PLC 之间通信,系统规模较小,可考虑用整体式结构的 PLC。

如果既有开关量控制,又有模拟量控制,以及有通信要求等大中型控制系统,可考虑用模块式结构,易于功能的扩展,同时模块式结构一旦发生故障比较容易排除。

5. 输入/输出模块的选择

输入模块类型分为 DC5V,12V,24V,48V 和 AC110V,220V 等,一般如系统现场与主机之间距离小于 10m 时,可选择 DC5V 输入形式;10～30m 时,可用 DC12V,24V;大于 30m 时,可用 DC48V 等。

输出模块有继电器输出型、晶体管输出型、晶闸管输出型,可根据不同需要选择输出类型。

6. 程序设计方法

(1)经验设计法

这种设计方法其实就是依据继电器控制线路原理图翻译成梯形图的设计方法。这种设计方法用于对现有的继电器控制系统进行技术改造是一种很好的设计方法。此外,这种设计方法设计出的程序较短,运行速度快,对于较简单的系统可考虑选择这种设计方法。

（2）顺序控制设计法

对于复杂系统,尤其对于顺序控制系统,用功能图设计法可编制出可读性很强的程序,而且可减少编程时间。

（3）两种方法的结合

如图 6-4 所示的这种复杂系统,通常公共程序和手动程序相对较为简单,可用经验设计法设计,自动程序相对比较复杂,可用功能图设计法,然后把几个程序组合在一起,就构成整个系统程序。

总之,程序设计方法要根据具体情况选择相应的设计方法,不要拘泥于某一种设计方法,要灵活运用。

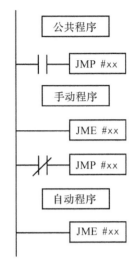

图 6-4　程序设计方法

6.1.5　PLC 控制系统设计的注意事项

1. 输入信号处理

（1）如果 PLC 输入设备采用两线式传感器（如接近开关）时,它们的漏电流较大,可能会出现错误的输入信号,因此要在输入端并联一旁路电阻 R。

（2）若 PLC 输入信号由晶体管提供,则要求晶体管截止电阻大于 $10\text{k}\Omega$,导通电阻应小于 800Ω。

2. PLC 的安全保护及提高可靠性的措施

（1）短路保护

如果负载发生短路,很容易烧坏 PLC,因此与继电器控制线路一样,在负载回路中要装熔断器。

（2）感性输入/输出的处理

若 PLC 的 I/O 端口接有感性元件时,对直流电路,应在两端并联续流二极管（见图 6-5(a)）;对交流电路,应并联阻容电路,以抑制电路断开时产生的电弧对 PLC 的影响（见图 6-5(b)）。通常续流二极管可选择 1A 的管子,额定电压应大于电源电压的 3 倍;电阻可取 $50\sim120\Omega$,电容取 $0.1\sim0.47\mu\text{F}$,电容的额定电压应大于电源峰值电压。

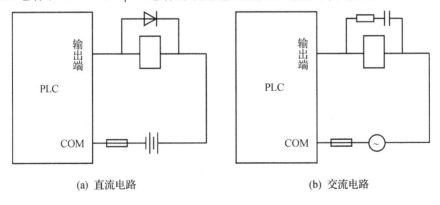

(a) 直流电路　　　　　　　　　　(b) 交流电路

图 6-5　感性负载的处理

（3）安装与布线

PLC 应远离强干扰源，如大功率可控硅装置、高频焊机等，PLC 不能与高压电器安装在同一个开关柜内，在柜内 PLC 应远离动力线（两者间距应大于 200mm）。与 PLC 装在同一开关柜内的不是由 PLC 控制的电感性元件，如接触器的线圈应并联 RC 消弧电路。

（4）PLC 的接地

PLC 应与其他设备分开接地，或接到同一接地端，禁止通过其他设备接地，以免产生干扰。接地线的截面应大于 2mm^2。

6.2　PLC 在电动机基本控制线路中的应用

6.2.1　电动机正、反转控制

具有电气互锁的电动机正、反转控制线路的原理图如图 6-6(a)所示。PLC 控制的输入

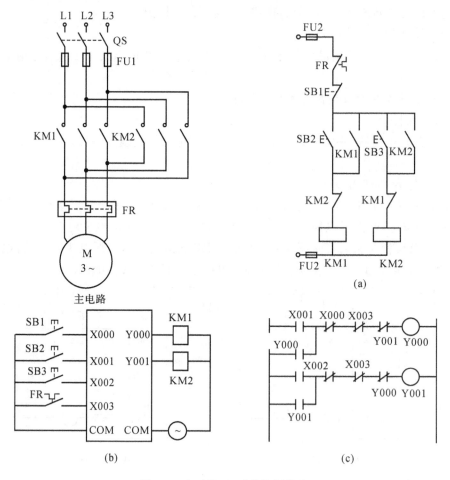

图 6-6　电动机正、反转控制线路

输出接线图如图 6-6(b)所示,梯形图如图 6-6(c)所示。

对应的指令程序为

0	LD	X001
1	OR	Y000
2	ANI	X000
3	ANI	X003
4	ANI	Y001
5	OUT	Y000
6	LD	X002
7	OR	Y001
8	ANI	X000
9	ANI	X003
10	ANI	Y000
11	OUT	Y001

采用 PLC 控制的工作过程如下:

合上电源开关 QS,按下正向起动按钮 SB2,输入继电器 X001 的常开触点闭合,输出继电器 Y000 线圈接通并自锁,接触器 KM1 得电吸合,电动机正转。与此同时,Y000 的长闭触点断开,确保 KM2 不能吸合,实现电气互锁。按下反向起动按钮 SB3 时,X002 常开触点闭合,Y000 线圈接通,KM2 得电,电动机反转。与此同时,Y001 的常闭触点断开 Y000 的线圈,KM1 不能吸合,实现电气互锁。停机时按下停止按钮 SB1,X000 常闭触点断开;过载时热继电器常开触点 FR 闭合,X003 的常闭触点断开,该两种情况都使 Y000 或 Y001 线圈断开,进而使 KM1 或 KM2 失电,电动机停止工作。

6.2.2　两台电动机顺序起动联锁控制线路

两台电动机顺序起动联锁控制线路的原理图如图 6-7(a)所示。PLC 控制的输入输出接线图如图 6-7(b)所示,梯形图如图 6-7(c)所示。

对应的指令程序为:

0	LD	X000
1	OR	Y000
2	ANI	X001
3	ANI	X002
4	OUT	Y000
5	LD	Y000
6	ANI	Y001
7	OUT	T0
8	K	10
9	LD	T0

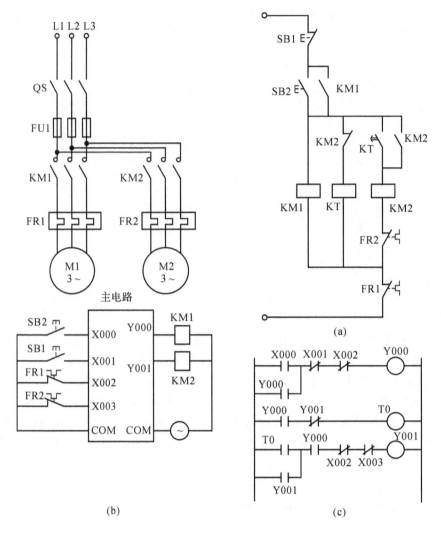

图 6-7 两台电动机顺序起动联锁控制线路

10	OR	Y001
11	AND	Y000
12	ANI	X002
13	ANI	X003
14	OUT	Y001

采用 PLC 控制的工作过程如下：

合上电源开关 QS，按下起动按钮 SB2，输入继电器 X000 常开触点闭合，输出继电器 Y000 线圈接通并自锁，接触器 KM1 得电吸合，电动机起动。同时 Y000 常开触点闭合，定时器 T0 开始计时（K 值由用户设定），延时 K 值后，T0 常开触点闭合，Y001 线圈接通并自锁，KM2 得电吸合，电动机 M2 起动。可见只有 M1 先起动，M2 才能起动。按下停止按钮 SB1，X001 常闭触点断开；M1 过载时，热继电器 FR1 常开触点闭合，X002 常闭触点断开，这两种情况都使 Y000、Y001、T0 线圈断电，KM1、KM2 失电释放，两台电动机都停止工作。

如果 M2 过载,TR2、X003 动作,Y000、KM2 线圈断电,M2 停止工作,但 M1 仍继续工作。

6.3　PLC 综合应用实例

6.3.1　Z3040 摇臂钻床电气控制系统的 PLC 应用改造

　　根据 Z3040 摇臂钻床的电气原理图(具体见第 3 章 3.4 节),控制电路中的输入/输出均为开关量,共有输入/输出设备如表 6-1 所示。

表 6-1　输入/输出点分配表

输　入			输　出		
电器名称、符号		输入点	电器名称、符号		输出点
主轴电机停止按钮	SB1	X0	主轴电机接触器	KM1	Y0
主轴电机起动按钮	SB2	X1	摇臂上升接触器	KM2	Y1
摇臂上升按钮	SB3	X2	摇臂下降接触器	KM3	Y2
摇臂下降按钮	SB4	X3	松开接触器	KM4	Y3
主轴箱与立柱的松开按钮	SB5	X4	夹紧接触器	KM5	Y4
主轴箱与立柱的夹紧按钮	SB6	X5	电磁阀	YV	Y5
摇臂上升限位开关	SQ1	X6	松开指示灯	HL1	Y10
摇臂松开行程开关	SQ2	X7	夹紧指示灯	HL2	Y11
摇臂夹紧行程开关	SQ3	X10	主轴指示灯	HL3	Y12
主轴夹紧行程开关	SQ4	X11			
限位开关	SQ5	X12			
摇臂下降限位开关	SQ6	X13			
主轴电机热继电器	FR1	X14			
升降电机热继电器	FR2	X15			
液压泵电机热继电器	FR3	X16			

　　从表 6-1 可知,共有输入设备 15 个,输出设备 9 个,根据 I/O 点数可选用 FX2N－32MR 型 PLC。图 3-11 电气原理图右半部分的控制线路用 PLC 替代,输入/输出设备与 PLC 的接线图如图 6-8 所示。
　　根据 Z3040 摇臂钻床的工作原理及图 6-8 的接线图,用基本指令编写的梯形图程序如图 6-9 所示。

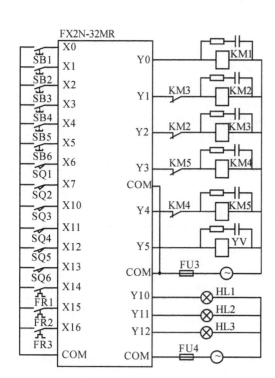

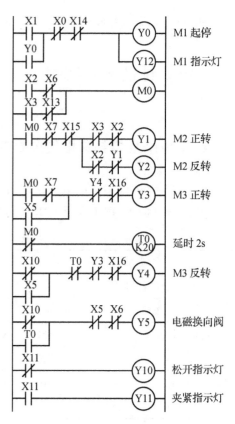

图 6-8　输入/输出设备与
PLC 的接线图

图 6-9　Z3040 摇臂钻床改造后的
PLC 梯形图程序

6.3.2　PLC 在四工位组合机床控制系统中的应用

四工位组合机床由四个工作滑台各载一个加工动力头,组成四个加工工位完成对零件进行铣端面、钻孔、扩孔和攻丝等工序的加工,采用回转工作台传送零件,有夹具、上、下料机械手和进料器四个辅助装置以及冷却和液压系统。系统中除加工动力头的主轴由电动机驱动以外,其余各运动部分均由液压驱动。机床的四个动力头同时对一个零件进行加工,一次加工完成一个零件。

1.控制要求和工作方式

本机床共有连续全自动工作循环、单机半自动循环和手动调整三种工作方式。连续全自动和单机半自动循环的控制要求为:按下起动按钮,上料机械手向前,将待加工零件送到夹具上,同时进料装置进料,然后上料机械手退回原位,进料装置放料,回转工作台自动微抬并转位,接着四个工作滑台向前,四个动力头同时加工,加工完成后,各工作滑台退回原位,下料机械手向前抓住零件,夹具松开,下料机械手退回原位并取走已加工完的零件,完成一个工作循环,并开始下一个工作循环,实现全自动工作方式。如果选择预停,则每个工作循环完成后,机床自动停止在初始位置,等到再次发出起动命令后,才开始下一个循环,这就是半自动循环工作方式。

2. 系统的硬件构成

本组合机床由 PLC 组成的电控系统共有各种输入信号约 37 个,输出信号 25 个。输入元件中包括工作方式选择开关、起动、预停、急停按钮,用于检测各工位工作进程的行程开关和压力继电器等等。输出元件包括控制各动力头主轴电动机运行的接触器线圈,控制各工位向前与向后、快速以及攻丝、退丝、夹紧、松开的电磁换向阀线圈。根据组合机床的工作特点,选用三菱 FX2N-64MR 型 PLC,即可满足输入输出信号的数量要求,同时由于各工位动作频率不是很高,但控制线路电流较大,故选用继电器输出方式的 PLC,系统的输入输出信号地址分配表如表 6-2 所示。

表 6-2　输入输出信号地址分配表

输入				输出			
回原点	X0	快转工	X24	动力头		快速	Y20
手动	X1	终点	X25	铣端面	Y0	扩孔	
半自动	X2	过载	X26	钻孔	Y1	向前	Y21
全自动	X3	点动	X27	扩孔	Y2	向后	Y22
夹紧	X4	钻孔动力头		攻丝	Y3	快速	Y23
进料	X6	已快进	X31	上料进	Y5	攻丝	Y24
放料	X7	已工进	X32	上料退	Y6	快退	Y25
润滑压力	X10	点动	X33	下料进	Y7		
总停	X11	扩孔动力头		下料退	Y10		
起动	X12	原位	X34	夹紧机构		润滑电机	Y26
预停	X13	已快进	X35	夹紧	Y11	冷却电机	Y27
紧急停止	X14	已工进	X36	松开	Y12	蜂鸣器	Y30
冷却泵开	X15	点动	X37	铣端面			
冷却泵停	X16	攻丝动力头		向前	Y13		
上料原位	X17	原位	X40	向后	Y14		
上料终点	X20	已快进	X41	快速	Y15		
下料原位	X21	已攻丝	X42	钻孔			
下料终点	X22	已退丝	X43	向前	Y16		
铣端面动力头		点动	X44	向后	Y17		
原位	X23						

3. PLC 控制系统的软件设计

本机床 PLC 控制系统的软件由公用程序、全自动程序、半自动程序、手动程序、全线自动回原点程序以及故障报警程序等六部分组成,程序总体结构图如图 6-10 所示。

公用程序主要用来处理组合机床的各种操作信号,如起动、预停、紧急停止以及各工位的原位信号、机床起动前应具备的各种初始信号、工作方式选择信号、各种复位信号,并将处理结果作为机床起动、停止、程序转换或故障报警等的依据,公用程序一般采用经验法设计,其流程图如图 6-11 所示。

故障报警程序包括故障的检测与显示,故障检测由传感器完成,再送入 PLC,故障显示采取分类组合显示的方法,将所有的故障检测信号按层次分成组,每组各包括几种故障,本系统分为:故障区域,故障部件(动力头、滑台、夹具等),故障元件三个层次。当具体的故障发生时,检测信号同时送往区域、部件、元件三个显示组。这样就可以指示故障发生在某区域、某部件、某元件上。

全自动程序是软件中最重要的部分,它用来实现组合机床在无人参与的情况下对成批工件进行自动地连续加工。在全自动工作方式下,当机床具备所有初始条件后,按下起动按钮(X12),机床即按控制要求所述工艺过程工作,各动力头进行各

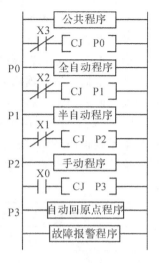

图 6-10 PLC 的总体结构图

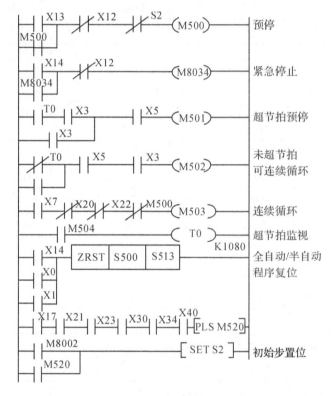

图 6-11 公用程序梯形图

自的工作循环,循环结束时重新回到各自的初始位置并停止。本节以铣端面和钻孔工位为例,着重分析全自动程序的设计,结合表 6-2I/O 地址的分配,可以画出这两个工位的状态流程图如图 6-12 所示。

需要指出的是:在图 6-12 中,设置了预停功能和超节拍保护功能。

(1)预停功能:当按下预停按钮 X13,M500 为"1"态,M503 为"0"态(图 6-13)。

这样当组合机床进展到 S513 步且 X21=1,将转入初始步 S2,并自动停止,而不会转入

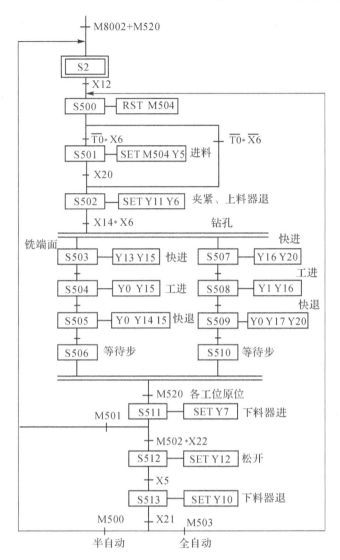

图 6-12　全自动/半自动程序流程图

S500 进入下一个循环。

（2）超节拍保护：当组合机床进行超节拍保护时，超节拍监控定时器 T0 将动作（由 S500 置位 M504），使 M501 为"1"态，M502 为"0"态（如图 6-11），当机床进行到 S511 步时，将转入初始步（S2）停止，不会继续往下运动。

依照上述方法，同样可以把其他几部分的程序流程图设计出来。

6.3.3　PLC 在压滤机控制系统中的应用

1.概述

压滤机是食品、酿造、制糖等自动化生产线中进行固液分离的关键设备，是一种间歇性的过滤装置。传统压滤机通常采用继电器—接触器式的控制系统，这种控制系统存在结构复杂,触点数量多,故障率高等缺点。PLC 作为新一代的工业控制装置,具有丰富的功能指令、完善的抗干扰措施和高可靠性等优点,用它来控制压滤机,不仅可大大提高系统的自动化程度,同时也减轻了工人的劳动强度,提高了生产效率。

2. 系统的工作原理

压滤机的工作过程分"保压"、"回程"、"拉板"三个阶段,工作时,油泵电机先起动,主接触器和压紧电磁阀得电,将板框压紧,同时进料泵将固液混合物输入各个板框内进行过滤,滤渣留在滤室内,滤液经滤布排出,此时系统压力开始上升。当液压系统达到上限压力 25MPa 时,油泵电机自动停机,此时压滤机进入自动保压状态,保压期间,当下限压力低于 21MPa 时,油泵电机自动起动,压紧电磁阀动作,压力回升,达到 25MPa 时,油泵电机又停止,如此循环。

进料过滤后,按下"回程"按钮,油泵电机重新起动,回程电磁阀动作,活塞回程,滤板松开,当活塞碰到回程限位开关后,回程电磁阀断电。固液混合物过滤后,须将固体滤渣卸下,此时系统进入拉板阶段。先将工作方式开关拨到"拉板"位置,按下按钮,起动油泵电机,同时前进电磁阀得电,液压系统驱动拉板架前进,定时时间到后(一般为 5s,期间卸下滤渣),后退电磁阀自动得电,驱动拉板架后退,同时起动第二个定时器,第二个定时器定时时间到后,拉板机构再自动返回拉第二块滤板,如此循环往返,直到拉完全部滤板,碰到前端限位开关后,后退电磁阀动作,拉板架后退,碰到末端限位开关自动停机。

3. 控制系统设计

根据上述工作原理,压滤机控制系统的操作元件主要有转换开关、起停按钮、行程开关、压力限位开关等,PLC 的输入点数为 15 个,控制元件主要为接触器线圈、电磁阀等,PLC 的输出点数为 5 个,根据控制系统的工作电流较大、动作频率不是很高的特点,同时适当留有一定的裕量,可选用三菱 FX2N-32MR 型 PLC。其 I/O 地址分配如表 6-3 所示。

表 6-3 I/O 地址分配表

输入部分

地址	代号	功能	地址	代号	功能
X0	SA	操作	X10	SB6	现场停止按钮
X1	SA	保压	X11	SL1	拉板前端限位
X2	SA	拉板	X12	SL2	拉板后端限位
X3	SB1	压紧	X13	SL3	回程限位
X4	SB2	回程	X14	SLP	压力上限位
X5	SB3	起动按钮	X15	SLP	压力下限位
X6	SB4	停止按钮	X16	FR	热继电器保护
X7	SB5	现场起动按钮			

输出部分

地址	代号	控制元件
Y0	KM	油泵接触器
Y1	YV1	压紧电磁阀
Y2	YV2	回程电磁阀
Y3	YV3	拉板前进电磁阀
Y4	YV4	拉板后退电磁阀

根据系统工作原理,可以设计出压滤机的 PLC 梯形图如图 6-13 所示,图 6-13 中,辅助继电器 M100 为操作保压时起动,Y0 控制油泵电机的主接触器 KM 的断合。T0 设定定时时间为 5s,前进定时。T1 定时时间同样为 5s,为后退定时。M101 用来控制现场操作拉板。

M102 控制拉板限位,为了提高操作可靠性,在图
6-13 中设置了"软件保护",即只有当 SA 转换到
"操作"位置,X0 为"1"状态,按下压紧和回程按
钮才有效,同时为了避免油泵电机频繁起动,便
于工人连续操作,程序设计中,当 SL3(X13)得电
时,回程电磁阀 YV2(Y2)断电,但油泵电机不停
止,直到卸下滤渣后,电机才停下来。

　　4. 抗干扰措施

　　本系统中,由于 PLC 的驱动元件主要是电磁
阀和交流接触器线圈,外界环境对这些元件的干
扰较大,直接影响系统正常的工作,为此在 PLC
输出端与驱动元件之间增加光电隔离的过零型
固态继电器 AC－SSR,如图 6-14 所示。

　　从图 6-14 可以看出,从 PLC 输出的控制信
号经晶体管放大,去驱动 AC－SSR,AC－SSR 的
输出经驱动元件连接 AC220V 电压,图中 MOV
为金属氧化物压敏电阻,用于保护 AC－SSR,其
中电压在标称值电压以下时,MOV 阻值很大,当
超过标称值时,阻值很小,在电压断开的瞬间,正
好可以吸收线圈存储的能量,实践证明,这种抗
干扰措施是非常有效的。

　　对于本系统自动控制操作的调试,首先应保
证手动调试成功后,再转入连续控制,且调试应
在低压下进行,待上述步骤均调好后,再连接整
个系统升压运行。

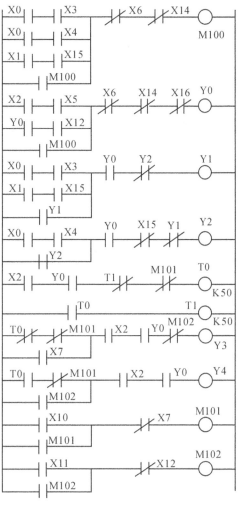

图 6-13 压滤机程序梯形图

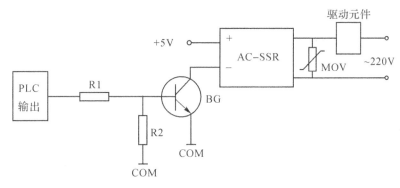

图 6-14 电磁阀及交流接触器的驱动电路

6.3.4 机械手臂 PLC 控制

1.控制说明

①工件的补充使用人工控制,可直接将工件放在 D 点(LS0 动作)。

②只要 D 点有工件,机械手臂即先下降(B 缸动作)将工件抓取(C 缸动作)后上升(B 缸复位),再将工件搬运(A 缸动作)到 E 点上方,机械手臂再次下降(B 缸动作)后放开(C 缸复位)工件,机械手臂上升(B 缸复位),最后机械手臂再回到原点(A 缸复位)。

③A,B,C 缸均为单作用气缸,使用电磁控制。

④C 缸在抓取或放开工件后,都需有 1 秒的间隔,机械手臂才能动作。

⑤当 E 点有工件且 B 缸已上升到 LS4 时,传送带马达转动以运走工件,经 2 秒后传送带马达自动停止。工件若未完全运走(计时未到时),则应等待传送带马达停止后才能将工件移走。

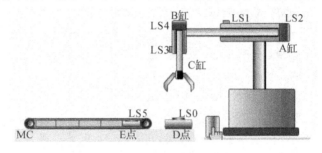

图 6-15 机械手臂示意图

⑥LS0→D 点有无工件侦测用限制开关。

LS1→A 缸前行限制开关(左极限);LS2→A 缸退回限制开关(右极限);

LS3→B 缸下降限制开关(下极限);LS4→B 缸上升限制开关(上极限);

LS5→E 点有无工件侦测用限制开关。

2.功能分析

①原点复位:选定以 A 缸退回至右极限位置(LS2 ON)、B 缸上升至上极限位置(LS4 ON)及 C 缸松开为机械手臂的原点。执行一个动作之后,应做原点复位的侦测(因为 A、B、C 缸均为单作用气缸,所以会自动退回原点)。

②工件搬运流程:依题意其动作为一循环式单一顺序流程。

③传送带流程:在侦测到 E 点有工件且 B 缸在上极限位置时,应驱动传送带转动。

④上述两个流程可以同时进行,因此使用并进分支流程来完成组合。

3.元件分配

D 点工件传感器 LS0,使用输入继电器;

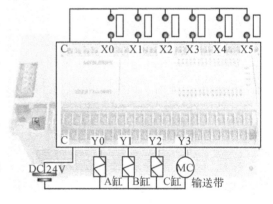

图 6-16

A 缸左限位传感器 LS1,使用输入继电器。

A 缸右限位传感器 LS2,使用输入继电器;B 缸下限位传感器 LS3,使用输入继电器。

B 缸上限位传感器 LS4,使用输入继电器 X4;E 点工件传感器 LS5,使用输入继电器 X5。

A 缸驱动,使用输出继电器 Y0;B 缸驱动,使用输出继电器 Y1。

C 缸驱动,使用输出继电器 Y2;传送带驱动,使用输出继电器 Y3。

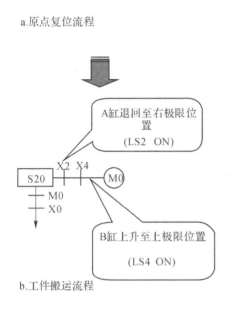

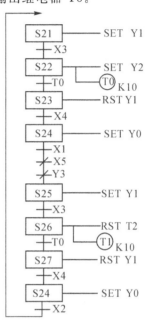

图 6-17

4. 绘制状态流程图(见图 6-18、6-19)

表 6-4　程序清单

指　　令		指　　令		指　　令		指　　令	
LD	M8002	OUT	T0,K10	SET	S26	AND	X4
SET	S20	LD	T0	STL	S26	SET	S31
SET	S30	SET	S23	RST	Y2	STL	S31
STL	S20	STL	S23	OUT	T1,K10	OUT	Y3
LD	X2	RST	Y1	LD	T1	OUT	T2,K20
AND	X4	LD	X4	SET	S27	LD	T2
OUT	M0	SET	S24	STL	S27	SET	S30
LD	M0	STL	S24	RST	Y1	RET	
AND	X0	SET	Y0	LD	X4	END	
SET	S21	LD	X1	SET	S28		
STL	S21	ANI	X5	STL	S28		
SET	Y1	ANI	Y3	RST	Y0		
LD	X3	SET	S25	LD	X2		
SET	S22	STL	S25	SET	S20		
STL	S22	SET	Y1	STL	S30		
SET	Y2	LD	X3	LD	X5		

步进阶梯转换

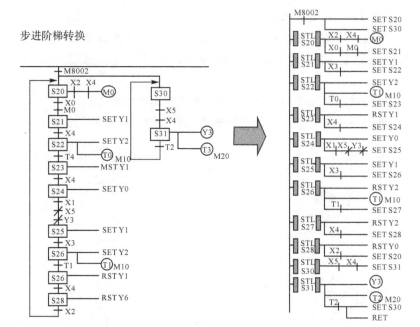

图 6-18

c.传递带流程

B缸在上极限位置
E点有工件

驱动传送带电
机并延时2秒

将工件搬运流程和
传送带流程做成并
进-合流分支结构

d.并进-合流分支

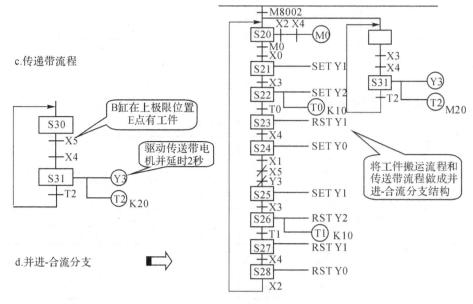

图 6-19

参考文献

[1]李桂和主编.电气及其控制.重庆:重庆大学出版社,1993

[2]李仁主编.电器控制.北京:机械工业出版社,1990

[3]熊葵容主编.电器逻辑控制技术.北京:科学出版社,1998

[4]刘敏主编.可编程控制器技术.北京:机械工业出版社,2001

[5]陈鼎宁主编.机械设备控制技术.北京:机械工业出版社,1999

[6]张万忠主编.可编程控制器应用技术.北京:化学工业出版社,2002

[7]周恩涛主编.可编程控制器原理及其在液压系统中的应用.北京:机械工业出版社,2003

[8]CPM1A 可编程控制器操作手册

[9]汪晓光,孙晓瑛,王艳丹编.可编程控制器原理及应用.北京:机械工业出版社,1995

[10]夏辛明编.可编程控制器技术及应用.北京:北京理工大学出版社,2001

[11]常斗南主编.可编程控制器原理·应用·实验.北京:机械工业出版社,2003

[12][日]松下电工株式会社.可编程控制器(FP 系列)FP1 硬件技术手册.1993

[13][日]松下电工株式会社.可编程控制器(FP 系列)FP-M/FP1 编程手册.1994